空间科学与技术研究丛书

航天器远程自主交会方法

SPACECRAFT REMOTE AUTONOMOUS
RENDEZVOUS METHOD

张景瑞　蔡　晗　赵书阁　编著

北京理工大学出版社
BEIJING INSTITUTE OF TECHNOLOGY PRESS

版权专有 侵权必究

图书在版编目(CIP)数据

航天器远程自主交会方法 / 张景瑞, 蔡晗, 赵书阁编著. -- 北京：北京理工大学出版社, 2023.2
 ISBN 978-7-5763-2270-5

Ⅰ. ①航… Ⅱ. ①张… ②蔡… ③赵… Ⅲ. ①航天器对接 – 交会对接 – 研究 Ⅳ. ①V526

中国国家版本馆 CIP 数据核字(2023)第 073858 号

责任编辑：李炳泉　　文案编辑：国　珊
责任校对：刘亚男　　责任印制：李志强

出版发行 / 北京理工大学出版社有限责任公司
社　　址 / 北京市丰台区四合庄路 6 号
邮　　编 / 100070
电　　话 / (010) 68944439（学术售后服务热线）
网　　址 / http://www.bitpress.com.cn

版 印 次 / 2023 年 2 月第 1 版第 1 次印刷
印　　刷 / 三河市华骏印务包装有限公司
开　　本 / 710 mm×1000 mm　1/16
印　　张 / 20
字　　数 / 313 千字
定　　价 / 98.00 元

图书出现印装质量问题，请拨打售后服务热线，负责调换

前　言

航天器交会是指在太空中，两个航天器在同一时间、以相同速度到达空间同一位置的过程。这项技术不仅代表着人类在太空探索领域的技术成就，更是实现太空任务的关键一环。通过交会技术，航天器可以实现载人和无人空间探测任务的互助合作，如太空站建设、货物补给、卫星维修等。这不仅拓展了人类对宇宙的认知，还促进了国家间的太空合作，为未来深空探索和人类登陆其他星球奠定了基础。因此，航天器交会的发展不仅推动着太空科技的进步，也为人类探索宇宙的壮举铺平了道路，是太空探索中不可或缺的重要环节。

本书以在轨服务中航天器的远程自主交会技术为重点，详细介绍了地球静止轨道航天器的交会调相策略，针对航天器远程自主交会调相制导，以时间最优或燃料最优为导向的交会设计，以及考虑摄动的多目标交会优化等复杂问题，系统地分析了可行的变轨策略，详细阐述了所设计的解决方案。

本书共分为 7 章。第 1 章讲述了航天器交会对接任务的概念和意义，并全面分析了远程自主交会方法的发展历程和趋势。第 2 章介绍了航天器的轨道动力学模型，通过参考坐标系定义，航天器质心运动方程、Kepler 轨道方程和相对运动方程，描述航天器的运动规律。第 3 章讨论了航天器产生轨道偏离的影响因素，以及影响航天器运行的轨道摄动模型，为实际的自主调相任务提供理论基础。第 4 章介绍了脉冲推力、连续推力和小推力三种典型的推力模式下的轨道机动原理及其实现方式。第 5 章详细介绍了航天器自主交会调相策略，给出了特殊点变轨的基本模型与变轨操作方式，以及多脉冲综合变轨的瞄准点偏差方程和变轨策略。第 6 章介绍了多场景下航天器交会轨道转移优化方法，包括小推力时间最优、燃料最优调相,以及考虑摄动因素的在轨服务多目标交会优化方法。第 7 章系统地总结了交会对接的不同任务阶段,阐述相关的要点问题。

本书系统地总结了作者从事在轨服务、交会对接研究以来的大量科研和工程实践经验,探讨了航天器自主交会的各种方法和技术,从基础概念到最新进展,涵盖了丰富的研究成果。希望通过本书的阐述,可以为读者提供航天器自主交会任务中系统全面的知识体系,帮助读者深入了解航天器自主交会的内涵与实践。通过阅读本书,读者能够深入理解远程自主交会所涉及的基本轨道模型和典型变轨方式,掌握典型的自主交会调相策略,并在此基础上对自主交会中考虑的实际问题有所了解,从而为读者深入研究奠定基础。愿本书能为广大读者提供启迪与指引,引领我们共同走向太空探索的新时代!

最后作者衷心感谢北京理工大学出版社在本书出版过程中给予的大力支持,感谢所有在本书编撰过程中关心、帮助和支持的人们!由于作者水平有限,书中难免出现纰漏,希望广大读者批评指正!

作　者

目 录

第 1 章 绪论 1
1.1 交会对接的基本概念 1
  1.1.1 交会对接飞行阶段划分 1
  1.1.2 交会对接的约束和条件 3
1.2 航天器自主交会任务历史发展 5
  1.2.1 国外交会对接技术发展和现状 5
  1.2.2 我国交会对接技术发展 10
  1.2.3 在轨服务领域中自主交会的应用 13
1.3 航天器远程自主交会方法现状及趋势 17
  1.3.1 远距离导引变轨策略 18
  1.3.2 航天器定点位置调整方法 22
  1.3.3 自主交会轨迹优化 23
  1.3.4 多目标交会优化方法 26
1.4 本书主要内容 27

第 2 章 航天器轨道运动方程 29
2.1 航天器质心运动方程 29
  2.1.1 坐标系与变量定义 29
  2.1.2 不同坐标系下航天器质心运动的动力学方程 34
2.2 Kepler 轨道方程 35
  2.2.1 在轨道平面内考察 Kepler 轨道 35

2.2.2　在惯性空间观察的 Kepler 轨道　44
2.3　航天器的相对运动方程　49
　2.3.1　航天器的近距离相对运动　49
　2.3.2　在轨道坐标系中的相对运动方程　50
　2.3.3　相对运动方程的解　52
　2.3.4　航天器伴随运动性质　53
　2.3.5　航天器近距离相对运动方程的推广　55

第3章　轨道偏离与摄动　57

3.1　轨道安全与轨道偏离　57
　3.1.1　故障公差和轨道设计要求　57
　3.1.2　轨道安全的设计原则　58
　3.1.3　轨道偏差的成因　59
3.2　航天器系统产生的轨道偏差　60
　3.2.1　导航偏差引起的轨道偏差　60
　3.2.2　推进偏差引起的轨道偏差　61
　3.2.3　推进器故障导致的轨道偏差　64
3.3　轨道摄动　65
　3.3.1　轨道摄动的概念　65
　3.3.2　轨道摄动的 Cowell 法和 Encke 法　66
　3.3.3　轨道要素变动法　69
　3.3.4　地球非球形引力摄动　77
　3.3.5　大气阻力摄动　84
　3.3.6　日月第三体引力摄动　87
　3.3.7　太阳光压摄动　98

第4章　航天器轨道转移交会　103

4.1　轨道机动的概念和分类　103
　4.1.1　轨道机动的概念　103
　4.1.2　轨道机动的分类　103
4.2　脉冲推力作用下的轨道机动　105

4.2.1　单脉冲机动　　106
　　4.2.2　双脉冲机动　　108
　　4.2.3　三脉冲机动　　113
4.3　连续（有限）推力作用下的轨道机动　　115
　　4.3.1　连续力轨道机动的动力学模型　　115
　　4.3.2　典型连续推力机动轨道　　124
4.4　（微）小推力作用下的轨道机动　　131
　　4.4.1　航天器轨道机动最优控制数学模型　　131
　　4.4.2　牛顿中心场中可变小推力非共面椭圆最优轨道控制　　138
　　4.4.3　地球扁率影响下可变小推力非共面椭圆最优轨道控制　　143

第5章　航天器自主交会调相策略　　144
5.1　特殊点变轨策略　　144
　　5.1.1　基于轨道预报的特殊点变轨基本模型　　145
　　5.1.2　自主调相过程描述　　147
　　5.1.3　远程调相各子飞行阶段的变轨操作　　150
　　5.1.4　预设参数确定　　154
　　5.1.5　案例分析　　155
5.2　综合变轨策略　　164
　　5.2.1　综合变轨的策略方法　　164
　　5.2.2　近圆Kepler轨道与基准圆轨道偏差方程和解析解　　164
　　5.2.3　多脉冲综合变轨的瞄准点偏差方程　　165
　　5.2.4　多脉冲综合变轨的数值求解　　166

第6章　航天器交会轨道转移优化问题　　168
6.1　航天器交会最优轨道转移　　168
　　6.1.1　时间最优问题建模　　169
　　6.1.2　协态初值估计　　174
　　6.1.3　案例分析　　179
6.2　考虑GEO主摄动的小推力燃料最优轨道调相　　191
　　6.2.1　考虑GEO主摄动的静止轨道模型　　192

6.2.2 燃料最优问题建模 198
6.2.3 案例分析 203
6.3 航天器交会轨道转移多目标优化 214
6.3.1 问题建模 216
6.3.2 考虑田谐项修正的长时间轨道平面内转移 219
6.3.3 用于修正轨道倾角的轨道法向脉冲 229
6.3.4 案例分析 236

第7章 航天器远距离自主交会任务分析与设计 244
7.1 发射段 245
7.1.1 发射窗口 245
7.1.2 发射作业的适应度 245
7.1.3 发射末段航天器的状态 246
7.2 远距离导引段 246
7.2.1 远距离导引设计约束条件 247
7.2.2 交会对接轨道设计 248
7.2.3 追踪航天器入轨轨道设计 248
7.2.4 远距离导引段终点状态设计 249
7.2.5 远距离导引轨道机动设计 249
7.3 近距离导引段 250
7.3.1 寻的段 251
7.3.2 交会时的相对导航 252
7.3.3 轨道因素和弹性时间因素 253
7.3.4 与目标航天器的通信联系 253
7.3.5 接近段与平移靠拢段 254
7.3.6 绕飞和 R 轴捕获 255
7.3.7 最后逼近段 257
7.4 对接或停靠段 259
7.4.1 目标或终极条件 260
7.4.2 关于捕获问题的讨论 260

7.5　组合体运行段　268
7.6　撤离段　270
　7.6.1　撤离段的目标和终端条件　270
　7.6.2　撤离的限制和问题　270

参考文献　273
附　录　284
　附录 A　地球非球形摄动主项在惯性坐标系的分量　284
　附录 B　Liu 半解析理论　286
　附录 C　转移时间整数倍轨道周期　288
　附录 D　Jacobian 矩阵 J_t　289
　附录 E　燃料最优开关函数 S 的一阶时间微分和二阶时间微分　292
　附录 F　Jacobian 矩阵 J_f　294
　附录 G　偏微分 $\partial S/\partial y$　299

第 1 章 绪 论

1.1 交会对接的基本概念

航天器交会对接也称空间交会对接（Rendezvous and docking，RVD），是两个航天器在轨道上按预定的位置、速度和时间交会，然后经过姿态对准、靠拢直至在结构上对接成一体的全部飞行动作过程。进行空间交会对接的两个航天器，通常一个被称作目标航天器（即被动航天器），另一个则被称作追踪航天器（即主动航天器）。在交会对接过程中，一般通过改变追踪航天器相对于目标航天器的位置和姿态，分阶段实现两个航天器的交会对接。

空间交会对接技术是当今航天领域最为复杂的技术之一，是实现空间站组建、空间往返运输、天体采样返回、载人登月、载人登火星、空间救援、在轨服务等航天任务的必要技术手段。随着人类探索太空的脚步不断前进，交会对接技术将发挥越来越重要的作用。

1.1.1 交会对接飞行阶段划分

交会对接过程由一系列轨道机动（orbital maneuvers）和姿态控制组成，要求能把追踪航天器导引到目标航天器附近，抵达位置、速度、飞行姿态和角速率都符合对接要求的对接走廊中，并最终与目标航天器完成对接。从追踪航天器发射入轨开始，交会对接飞行过程一般分为四个阶段：发射段、远距离导引段、近距离导引段、对接或停靠段。从广义来讲，交会对接还包括组合体运行段和撤离段，甚至还包括确保航天员与航天器安全返回着陆的返回准备段和返回段。本节对交会对接的飞行阶段进行简要介绍，具体内容将在第 7 章展开描述。

1. 发射段

发射段是指从运载火箭起飞至追踪航天器正常入轨的阶段。追踪航天器进入预定的轨道后，要求远地点、近地点，以及与目标航天器的相位角差、轨道倾角和升交点赤经（RAAN）等轨道参数满足一定约束。通过追踪航天器的导航制导与控制系统进行发射段的捷联惯性导航计算，实时给出所需信息。

2. 远距离导引段

远距离导引段是指追踪航天器入轨后，在控制系统作用下完成若干次轨道机动，从入轨点到捕获目标航天器为止的阶段。远距离导引段的主要任务为初轨修正、相位调整、提升轨道高度及建立相对导航体系。根据航天器轨道和测控系统的制导能力，该捕获范围从几十千米到 100 多千米。国际上通常将该阶段称为调相段（Phase modulation section），俄罗斯和我国则称之为远距离导引段或者地面导引段。

3. 近距离导引段

近距离导引段是指从星上敏感器捕获目标航天器，到星载交会控制系统将追踪航天器导引到目标航天器附近为止的阶段。根据星载敏感器的性能、目标航天器的控制区域和对接机构的对接轴指向，近距离导引段的终点通常位于目标航天器轨道平面内，距离目标航天器几百米处。根据控制目标及任务不同，近距离导引段还可以细分为三个子阶段：寻的段、接近段和平移靠拢段。

4. 对接或停靠段

对接或停靠段是指追踪航天器和目标航天器的对接机构接触碰撞实现捕获，经过缓冲过程耗散掉撞击能量、消除对接初始偏差，对接机构拉紧、进行刚性连接，组合体间电、气、液路实现连接并导通的阶段。在此阶段，两个航天器完成刚性对接。

5. 组合体运行段

组合体运行段是指从对接机构完成对接，经两个航天器作为一个组合体持续运行，直到追踪航天器和目标航天器分离为止的飞行阶段。该阶段的主要任务是对组合体进行精确的姿态控制。由于交会对接任务具有多样性，因此需要针对捕获后组合体的自身特性，设计相应的姿态控制方法。

6. 撤离段

撤离段是指从对接的两个航天器分离，到追踪航天器通过自主控制撤离至安全距离为止的阶段。根据两个航天器的相对距离，撤离段可以进一步划分为分离段、自由飞行段和远离段。撤离段的任务目标是确保两个航天器的相对距离达到绝对安全距离（约 100 km），避免两个航天器发生碰撞。

7. 返回准备段和返回段

返回准备段是指从追踪航天器撤离至绝对安全距离，到追踪航天器返回制动控制开始为止的阶段；返回段则是指从返回准备段结束，直至返回舱经过再入大气飞行，并着陆至预定着陆场为止的阶段。

组合体运行段、撤离段，以及返回准备段和返回段协同工作，为追踪航天器返回舱的安全返回和准确着陆提供必要的轨道条件。

1.1.2 交会对接的约束和条件

空间交会对接过程复杂，在不同阶段有着不同的飞行任务和控制目标，所面临的约束条件也不尽相同。在交会对接控制系统设计中，约束条件是必须考虑的重要影响因素。以下对交会对接不同阶段的主要约束条件进行简要介绍。

1. 追踪航天器的发射和调相约束

追踪航天器要接近目标航天器，必须被导入与目标航天器相同的轨道面，从而与目标航天器具有相同的轨道高度、相位角和偏心率。由于受地球非球形摄动影响，轨道面随时间漂移，漂移速度取决于轨道高度。因此，在选择轨道面进行发射时，必须考虑到追踪航天器在较低轨道高度的调相过程中轨道面漂移的差别。在追踪航天器发射后，还须根据目标航天器因姿态、轨道修正机动和轨道摄动等因素引起的轨道参数的变化，对逼近轨道做出相应的调整更新。

2. 逼近过程中追踪航天器的轨道约束

在近距离导引段，追踪航天器在某些特定点处的前进必须得到地勤人员或目标航天器发出的指令许可。这些特定点一般是在逼近沿途中设置的安全区、逼近走廊和停泊点用以检查追踪航天器的功能和其他条件。追踪航天器的任何动态参数（位置、速度、飞行姿态和角速率）超出逼近轨道的标称限制范围，都有可能导致交会对接任务失败甚至发生碰撞，这种情况会危及航天员的安全和航天器的完整。因此，应保证逼近轨道的固有安全性，或设计有效的避撞机动措施，以确保航天器在失去动力或失控情况下不会发生碰撞。

3. 有效载荷的要求和约束

追踪航天器在交会对接过程中的标准姿态由以下几个因素决定：姿态和轨道控制敏感器的作用范围，与地面和目标航天器通信的天线覆盖范围，太阳能电池板保持对日指向的要求，航天器上推进器配置等。

4. 与太阳光照条件和工作周期同步约束

交会过程需同步获得适宜的照明条件。为了保证航天员肉眼或摄像机监测到对接和停靠过程，在最后逼近阶段和捕捉全过程中必须具备合适的照明条件。人工照明是确保照明条件的有效途径，但需考虑可提供电量的限制。此外，目标航天器上航天员的作息时间也是考虑因素。这些限制条件导致最终实现捕获的时间窗口非常有限。

5. 通信链路的约束

在至少有一个航天器载人的对接任务中，出于安全考虑，地勤人员和航天员必须监控最终逼近段和对接操作。当通信覆盖（尤其是地面覆盖）不完全时，即使采用两颗通信中继卫星，也未必能完全覆盖地面。因此，保持与通信窗口同步给轨道设计又引入新的约束。此外，数据的传输速率通常只有几千比特/秒，而视频传输代价比较高，因此视频传输一般只用于逼近和接触的最后几米。在逼近过程的大部分时间内，只能人工监控主要关键数据，航天员对船载系统的操作也被限制在简单的指令下进行，如停止、前进和启动避撞机动操作等。

6. 对系统和操作的影响

船载系统必须通过主动控制才能满足所有约束条件，否则就需要由地面预先设计和控制整个时间进程。由于航天器发射以后与地面的交互非常有限，不载人航天器的船载系统在高度自动化的同时，也容易高度复杂化。在设计船载交会对接自动控制技术时，需综合考虑所有的要求、条件和约束，这使船载系统设计成为一项非常复杂和艰巨的任务。

除上述约束条件之外，追踪航天器和目标航天器大量的功能需求，以及各自的地面控制中心的监控和高层控制，都提高了交会对接过程的复杂程度。同时，对交会对接系统各功能进行单独验证,以及与系统整体的综合验证是最困难和最关键的任务。在执行交会对接任务前,难以在合适的环境中对整个系统中的各项功能加以测试。因此,系统测试在很大程度上只能通过模拟实验来完成,而确保模拟实验的有效性也是一个挑战。此外,两个航天器交会对接的末段操作比操控单个卫星更加复杂、更具有挑战性。应该在有关各方之间建立正确的合作关系,适度地分配任务,建立有序的控制级别,以此来完成任务操作,并应对所有可能发生的突发事件。

在空间交会对接的远距离导引段,由于追踪航天器与目标航天器相距较远,追踪航天器的跟瞄设备还无法捕获目标航天器。在这个阶段,通常通过地面测控站对追踪航天器进行导引控制,并实现大范围调相转移。为了提高追踪航天器轨道机动的可靠性,一般要求追踪航天器的轨道机动限定在地面测控站的测控区域内。而当前随着大型航天器的在轨组装和空间站的物资补给、航天员接送、设备更新和维护等任务的增多,航天器在远距离导引段对地面测控站的过度依赖将会增加地面支持系统的负担。因此,为了降低操作的复杂性、简化航天器的地面支持系统,星上自主交会调相制导策略也越来越受重视。

1.2 航天器自主交会任务历史发展

1.2.1 国外交会对接技术发展和现状

自 20 世纪 60 年代以来,美苏(俄)已经进行了几百次的交会对接。到 20 世纪 80 年代,载人航天已经发展到实用阶段,永久性的载人空间站和深空探测也在蓬勃发展,而这些都进一步促进了交会对接技术向更高水平、自主化和自动化方向发展。近年来,除美国和俄罗斯继续大力发展交会对接技术外,欧洲和日本也正在积极开展交会对接技术的研究工作。

美国为在空间竞赛中赶超苏联,决定实施"阿波罗"计划(1965—1972年),为此产生交会对接的概念和需要。其交会对接技术在诸多空间计划中得到了发展,除"阿波罗"计划外,还有天空实验室(1973—1974 年)、航天飞机(Space Shuttle)和卫星修复任务(开始于 1984 年的 Solar Max 卫星维修)、航天飞机与"和平"号空间站对接任务（1994—1998 年）、航天飞机与国际空间站（International Space Station，ISS）对接任务（1998—2011 年）等。

为实施"阿波罗"计划，美国必须先在近地轨道成功验证空间交会对接技术。世界上首次交会对接发生在 1966 年 3 月 16 日，美国航天员尼尔·阿姆斯特朗和戴夫·斯科特在双子座飞行器中手动完成了与无人驾驶的目标飞行器阿金纳号的对接。对接机构很简单，由"锥"与"环"组成，前者装在双子座号飞船的通道口，后者装在阿金纳号飞行器尾部。测量系统为交会雷达，另有光学瞄准镜，用于近距离测量，供航天员使用。双子座号飞船为"阿波罗"计划的交会对接完成了技术准备。

"阿波罗"号飞船采用的对接机构为"杆－锥"型结构，测量敏感器在交会阶段依靠微波雷达，在接近和对接阶段，依靠航天员目视目标航天器，由手控操作来完成对接。交会对接技术对完成"阿波罗"登月计划起到了关键作用。从 1969 年 7 月 16 日成功发射"阿波罗" 11 号飞船到 1972 年 12 月为止，美国相继 7 次发射"阿波罗"登月飞船，其中 6 次登月成功。这说明"阿波罗"飞船所使用的交会对接设备和技术是完全可靠的，而且适合多次使用。继"阿波罗"飞船登月，美国在 1973 年 5 月 14 日又成功发射了天空实验室，这是美国第一个实验性空间站。为了运送和接回空间站的航天员，美国同年先后发射了 3 艘"阿波罗"飞船与天空实验室进行交会对接。

1975 年 7 月，美国"阿波罗"号飞船与苏联"联盟"号飞船实现空间交会对接，如图 1 – 1 所示。由于"阿波罗"号飞船与"联盟"号飞船交会对接测量

图 1 – 1 "阿波罗"号飞船与"联盟"号飞船交会对接

系统不同，飞船增加了应答机、光点标志等设备。先以"阿波罗"号飞船作为追踪航天器、"联盟"号飞船作为目标航天器，两艘飞船顺利实现交会对接。然后再以"联盟"号飞船作为追踪航天器、"阿波罗"号飞船作为目标航天器又进行了第二次交会对接。这次空间"握手"意义重大，交会对接技术与操作实现了跨国兼容和国际化，特别是异体同构周边对接机构可以说是个创造性的进步，该机构至今还在使用。

美国航天飞机于 1980 年首次发射成功，到 20 世纪 90 年代，航天飞机开始具备空间交会/捕获和对接的能力。对接机构采用异体同构周边改进型，测量系统多为交会雷达，近距离采用光学敏感器和轻型摄像机。姿态控制基本上为自动，轨道控制多数为航天员通过目视手动操作，保证了对接的安全性和可靠性。进入 21 世纪后，航天飞机与国际空间站交会对接近距离还采用了激光雷达测量系统。

1984 年 1 月，美国开始研制永久载人空间站，并邀请加拿大、西欧和日本等参加空间站建设，该空间站即"自由"号空间站，也是现在国际空间站的原型。航天飞机和在轨组装的国际空间站的交会对接是美国交会对接最大的一个工程项目。1988—2006 年，航天飞机共完成 20 次与国际空间站的交会对接。

俄罗斯（苏联）是世界上进行交会对接活动最多的国家，其交会对接技术主要在下列计划中得到发展：飞船与飞船交会对接（1967—1971 年）、"礼炮"号系列空间站（1971—1986 年）、"联盟"号/"进步"号与"和平"号空间站的交会对接（1986—2001 年）、"联盟"号/"进步"号与国际空间站的交会对接（1998 年至今）。1967 年，苏联首先实现了无人航天器的自动交会对接。在这以后，苏联航天器交会对接经常采用自动方式。迄今为止，俄罗斯自动交会对接技术水平一直处于世界领先地位。

苏联于 1967 年 10 月 30 日用宇宙 – 186 和宇宙 – 188 不载人"联盟"号飞船完成了首次自动交会对接。1969 年"联盟" – 4、"联盟" – 5 飞船实现了载人交会对接。对接机构为"杆 – 锥"型，对接机构当中没有通道，航天员必须从舱外进入另一艘飞船。不久经过改进后，把"杆 – 锥"型对接机构转动 90°，航天员可以从舱内通过。"联盟"号飞船原计划以自动为主、手动为辅实现交会对接，但是由于系统复杂、技术难度大，一度影响了研制进度。在经过多次飞行试验与改进后，交会对接技术逐渐实用可靠，一直使用至今。苏联第一代空间站和第二代空间站在 11 年期间进行的交会对接活动约 70 次。"礼炮" 6 号空间站与各种航天器进行过 32 次交会对接，"礼炮" 7 号空间站与各种航天器进行了 25 次交会对接。

　　苏联取消登月计划后，主要以空间站为需求牵引发展交会对接技术，先后建立了"礼炮"号与"和平"号空间站。"礼炮"号交会对接测量系统采用"针"系统，对接机构全部采用"杆－锥"结构型式。在这段时间，苏联也出现了多次交会对接失败，但是不断排除故障，持续改进设计，最终使交会对接技术走向成熟。1986 年，苏联成功发射了"和平"号空间站核心舱和对接舱，它属于第三代空间站——永久性载人空间站。对接舱有 6 个对接口，这种多个对接口与对接方式是一个重大技术创新。对接机构有"杆－锥"型和异体同构型两种，敏感器从最开始使用的老式射频敏感器系统到 1989 年改为"航向"雷达测量系统，可测量相对距离与姿态，测量系统组成较齐全，作用距离从数百千米一直到对接。"和平"号空间站从发射到 2001 年 3 月坠毁，前后与它进行的交会对接达 30 多次。"和平"号空间站的这些交会对接活动把世界交会对接技术推到一个崭新的水平。1995 年 2 月 6 日，"发现"号航天飞机到达"和平"号空间站最近的距离 11.3 m，进入停靠阶段，航天飞机与"和平"号空间站进行了交会和停靠飞行。这是美国航天飞机与俄罗斯"和平"号空间站的首次交会飞行。1995 年 6 月 29 日，"阿特兰蒂斯"号航天飞机与"和平"号空间站实现了首次对接。1993 年 10 月 16 日，美国、欧洲、日本和加拿大等成员正式接受俄罗斯为空间站的合作伙伴，俄罗斯成为国际空间站的一员，并在其中发挥着重要作用。

　　欧洲航天局（European Space Agency，ESA）在 20 世纪 80 年代初开始研究和开发空间交会对接技术。ESA 从事航天活动虽然比美国和俄罗斯（苏联）晚，但是航天技术发展很快，大有超越美、俄的势头。尽管西欧各国至今尚无自己的在轨交会对接活动，但研制工作和地面试验在 20 世纪 80 年代就已经开始了。其交会对接主要采用自主自动方式，应用了多项新技术。

　　为了实现从参加美国"自由"号空间站（Space Station Freedom）起步，从而建立自主的载人航天系统的计划，1987 年 11 月，欧洲航天局成员正式批准了"阿里安"（Ariane）－5 运载火箭、"使神"号（Hermes）航天飞机和"哥伦布"（Columbus）号空间站三项载人航天计划。为了实现这些计划，欧洲航天局对自动交会对接技术进行了多方面的研究。但是由于欧洲政局的变化，加上东西方的空间站计划整合到国际空间站计划,"使神"号航天飞机和"哥伦布"号空间站计划相继取消。最近十几年内,欧洲航天局的交会对接技术项目主要是研制自动转移航天器(Automated Transfer Vehicle,ATV),主要是作为往返国际空间站的货运飞船。ATV 于 2008 年发射,并于 4 月成功与国际空间站对接。ATV 的优势在于,它是迄今为止运载能力最强的飞船。在未来,经过改进的 ATV 有可能成为往返地球和月球的运输器。ATV 的另一优势是具有自动交会对接能力,与国际空间站对接时不需要航天员或地面操作人员的干预。

日本的交会对接技术主要在两项工程任务中得到发展。首先,日本研制的空间实验舱在发射后与国际空间站成功实现交会对接,这种对接技术和美国航天飞机与空间站的交会对接技术基础一样,即先交会,后停泊在空间站附近,最后由空间站机械臂抓获,按要求组装在空间站上。其次,为了研究用于对国际空间站补给的 H-Ⅱ运输航天器(H-Ⅱ Transfer Vehicle,HTV),日本独立研制了一套交会对接系统。HTV 的主要任务是通过与日本空间实验舱进行对接,向国际空间运输货物。由于日本的空间实验舱和 HTV 都是无人航天器,因此日本第一代交会对接系统重点突破了不载人航天器自主交会对接的关键技术。HTV 于 2009 年月 11 日成功发射,7 天后成功与国际空间站对接。

21 世纪前 20 年,国际空间站可能是交会对接技术最重要的用户,除此之外还会有很多其他交会任务,如对航天器进行在轨保养(如哈勃太空望远镜等)、航天器的回收(如 EURECA、SPAS 等)和从月球/行星返回的任务等。空间站采用桁架与舱段式混合的结构模式,国际空间站交会对接测量系统没有统一规定,其对接机构也是各式各样,在对接过程中主要根据各国追踪航天器要求,目标航天器做相应配合。到现在为止,粗略统计国际空间站已有 100 多次有人无人交会对接,其技术水平和可靠性已经达到较高水平。

现代小卫星问世至今已有 30 多年,技术上飞快发展,应用领域全面展开,发射量逐年递增,现在每年发射量占全球总发射量 1/2 以上。发展无人小卫星交会对接,对其应用将产生很大影响。

日本工程试验技术-7 卫星的出现标志着交会对接技术开始由大型航天器向中小卫星过渡。工程试验技术-7 卫星于 1997 年 11 月发射,由追踪星(2.5 t)和目标星(0.5 t)组成,入轨后分离,成功进行了多次不同距离交会对接。敏感器由交会雷达、差分 GPS（global positioning system，全球定位系统）和激光雷达与接近光学敏感器组成，对接机构采用"撞锁－手柄"结构，质量轻、结构简单，适用于无人对接。

XXS－10、XSS－11 微小卫星由美国空军研究实验室负责研制，2003 年和 2005 年分别进行空间飞行试验，内容包括小卫星对非合作目标（non－cooperative target）交会、逼近、停留、绕飞，以及自动与手控等技术。欧洲航天局的通用支持技术演示卫星－3（Proba－3）计划 2023 年在轨进行双星空间交会与停留试验，测试在椭圆轨道与合作或非合作目标的交会对接。这项技术可以用于未来的火星样本返回任务和近地轨道卫星离轨任务。两颗卫星都装有推力器，相对位置精度控制在毫米级，在受到太阳辐射压等干扰时，两颗卫星可以迅速自主响应、验证自主控制。而小卫星的交会对接技术发展为航天器在轨服务提供了一定的技术基础。

1.2.2 我国交会对接技术发展

1992 年 1 月，中国载人航天工程办公室成立了交会对接工程总体方案论证组，对以我国飞船和空间实验室（空间站）为背景的交会对接技术进行了总体研究，标志着中国载人航天工程拉开序幕。中国空间技术研究院、上海航天技术研究院、国防科技大学、北京航空航天大学、哈尔滨工业大学等单位对交会对接技术进行了更为细致的研究，取得了面向工程实用的一系列研究成果。在此基础上，我国提出了载人航天工程分三步实施的目标。

（1）以飞船起步，发射几艘无人飞船和一艘有人飞船，将航天员安全送入近地轨道，进行适量的对地观测及空间实验，并使航天员安全返回地面，实现载人航天的历史突破。

（2）除继续进行对地观测和空间实验外，重点完成交会对接、出舱活动（Extra－vehicular Activity，EVA）实验和发射长期自主飞行、短期有人照料的空间实验室，尽早建成我国完整配套的空间工程大系统，解决我国一定规模的空间应用问题。

（3）建造更大的长期有人照料的空间站。中国载人航天工程从立项开始，就坚定地将发展目标确立为建设我国自己的载人空间站。而航天器的交会对接技术正是载人航天活动的三大基本技术之一。

2011年11月,"神舟"八号载人飞船与"天宫"一号目标飞行器完成了自动交会对接、组合体飞行并分离等任务后,飞船安全返回地面,标志着我国首次交会对接任务圆满成功,我国也因此成为第三个独立掌握交会对接技术的国家。"神舟"八号与"天宫"一号交会对接过程如图1-2所示。从技术发展角度来看,为了减轻航天员的负担,减少对地面站过多和过高的依赖,提高整个空间交会对接过程的平稳性和可靠性,交会对接技术未来将向自主快速这一方向发展。

图1-2 "神舟"八号与"天宫"一号交会对接过程

2012年,"神舟"九号和"天宫"一号成功实现了航天员手动对接。至此,我国突破了相对导航、相对制导、相对控制和交会对接相对测量敏感器等一系列关键技术,成为世界上第三个独立掌握自动、手动交会对接技术的国家。

2013年,在"神舟"十号与"天宫"一号交会对接任务结束后,交会对接控制团队启动了自主快速交会对接的技术调研、方案研究工作。973项目"全天时全方位多形式安全交会对接精确控制理论及方法研究"也于同年立项,为自主快速交会对接提供了理论基础。我国完成载人航天二期交会对接任务后,在载人三期空间站工程组建和维护空间站过程中,交会对接任务更加密集,开发高效、强适应性的自主快速交会对接方案具有非常重要的意义。

2015年5月,自主快速交会对接技术攻关团队成立,在原有载人航天二期远距离导引地面制导算法研究及前期远距离快速交会技术调研和方案研究的基础上,团队重点解决货运飞船、载人飞船等航天型号的近地快速交会对接问题。为了完成远距离自主快速交会对接技术攻关,研发团队设计了基于火箭入轨条件,适应性较好、具有较强故障容忍能力的自主远距离交会方案。2017 年，该方案在"天舟"一号货运飞船在轨飞行任务中进行了初步飞行验证。"天舟"一号与"天宫"二号的自主快速交会对接试验全程自主完成，飞行时间由原来的两天缩短到 6.5 小时。交会对接精度均全面优于技术指标要求，横向位置偏差和相对姿态偏差两项交会对接重要考核指标均优于国外同类航天器所能达到的水平。针对载人三期空间站工程存在批量化的货运飞船与空间站对接、载人飞船与空间站对接等任务，自主快速交会对接能大大减少地面飞控任务的工作量，但对发射窗口提出了新的要求，增加了对追踪航天器发射时间的约束。为了适应载人三期空间站工程频繁的交会对接任务，研发团队在前述自主快速交会对接技术的基础上，通过提升相位自适应能力，提出了全相位自主交会对接方案。

在此之后，我国又进行了多次交会对接技术的在轨试验，包括"嫦娥"五号、"天舟"二号以及"神舟"十二号等。2020 年 11 月 24 日，"嫦娥"五号（由轨道器、着陆器、上升器和返回器组成）发射入轨。12 月 6 日凌晨，轨返组合体作为追踪航天器与完成月球样品采样任务的上升器进行了月球轨道交会对接。12 月 7 日，携带月球样品的返回器安全着陆地球。图 1-3 为月球轨道交会对接飞行阶段划分示意图。其中，远程导引段采用地面导引，近程自主控制段由轨返组合体自主完成，这是世界首次进行无人环月轨道自主交会对接。

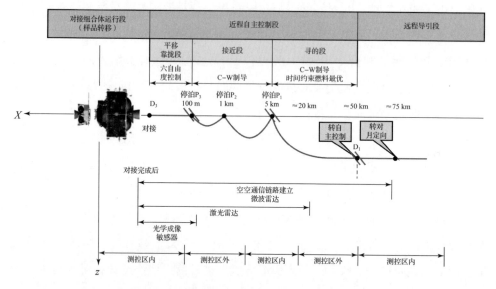

图 1-3 月球轨道交会对接飞行阶段划分示意图

2021年5月29日,"天舟"二号货运飞船在中国文昌发射场由"长征"七号遥三运载火箭成功发射。"天舟"二号采用自主快速交会对接模式与"天和"核心舱后向端口精准对接,历时约8小时。

2021年6月17日9时22分,"神舟"十二号载人飞船在酒泉卫星发射中心成功发射,将聂海胜、刘伯明、汤洪波3名航天员送入太空,发射取得圆满成功。15时54分,"神舟"十二号载人飞船采用自主快速交会对接模式成功对接"天和"核心舱前向端口,与此前已对接的"天舟"二号货运飞船一起构成三器组合体,整个交会对接过程历时约6.5小时。这是"天和"核心舱发射入轨后,首次与载人飞船进行交会对接。

经过30多年的坚持不懈、团结合作和刻苦攻关,我国已经逐步建立交会对接测量、导航、制导、控制、地面验证、在轨飞行控制等理论方法体系和工程实现途径,并先后在近地载人航天、月球探测领域取得了一系列令人瞩目的创新成果,突破了交会对接制导、导航与控制(Guidance Navigation and Control,GNC)核心关键技术,总体性能达到国际先进水平。在圆满完成国家重点航天任务的同时,不断推动我国交会对接技术的发展,实现从无到有、从先进到领先,并持续推动前沿技术创新。

未来,随着对人工智能研究的不断深入,可通过在航天器上建立远程智能体,不依赖外界的信息注入和控制,或尽量减少依赖外界控制而能够准确感知自身的状态和外部环境,实现航天器交会对接技术的自我管理,自行完成感知、决策和执行。

1.2.3 在轨服务领域中自主交会的应用

在交会对接技术的众多应用中,在轨服务技术是近年来受到较多关注的新兴技术,可用于有效拓展航天器功能、延长航天器使用寿命。在轨服务任务包括在轨燃料加注、可替换部件更换、常规维修、静止轨道定点位置改变以及辅助展开服务等[1-3],以上在轨服务任务可以归类为五类高级功能:在轨监测(Monitor)、定点位置调整(Relocate)、恢复(Restore)、增强(Augment)和组装(Assemble)[3],这些功能并不相互排斥,如交会活动和定点位置调整都需要在轨监视等。各功能简要介绍如下。

（1）在轨监测。空间监测功能包括近距离操作以评估空间物体的物理状态（即位置、指向和运行状态），对于卫星而言，在轨监测包括航天器载荷特性分析和平台表面明损伤评估。例如，在航天飞机的飞行任务中，Discovery 机械臂系统的相机和激光器用于检测航天飞机表面损伤[3]。

（2）定点位置调整。轨道定点位置调整在以下场景具有重要作用：星座重构、策略性轨道机动、将寿命末期的静止轨道卫星转移到坟墓轨道、低轨道卫星可控再入和发射失败后的卫星救援机动。

（3）恢复。将一个卫星恢复到前一状态（目标状态）可以扩展出一系列重要功能，恢复包括燃料加注延长航天器的寿命、航天器机动交会提供位置保持延长任务寿命、修复或替代故障硬件以及在寿命初期为未能成功进入运行状态的附件提供辅助展开服务。1984 年 10 月，挑战者号的宇航员验证了在轨燃料加注的可行性，并将 60 kg 联氨（hydrazine）燃料在两个燃料箱之间进行了转移，两个宇航员在 3 个小时的出仓活动中完成了这一操作[4]。

（4）增强。增强卫星的能力包括更换或增加硬件以提高航天器的性能。例如，哈勃望远镜的模块化设计使得 NASA 每隔几年都可以为空间望远镜安装最新的设备[5]。Joppin 和 Hastings[6] 开发了哈勃望远镜仪器的用途评价标准，并称之为搜索效率（search efficiency），定义为视场与设备工作量的乘积。应用这一评价标准，为在轨服务任务设计的第三代广视场行星相机（Wide Field Planetary Camera，WFPC）比第一代 WFPC 的搜索效率提高了 180 倍。因此，在轨服务大幅度地增强了望远镜的工作能力。

（5）组装。组装是指利用当前已有的发射系统提供部件，并将部件在轨进行交会对接建造较大的空间平台。例如，当前仍在进行在轨组装的国际空间站的总质量已经超过 200 t，但是，航天飞机向国际空间站（轨道倾角 51.6°）的运载能力为 18.3 t[7]，需要在轨组装操作才能实现如此大质量的平台入轨。

在轨服务技术对于延长地球静止轨道（Geostationary Earth Orbit，GEO）卫星使用寿命、增加卫星运营收益以及保护轨道资源具有重要作用。地球静止轨道是轨道倾角为零的特殊地球同步轨道，轨道周期与地球自转周期（23 小时 56 分 4 秒）相同。位于该轨道的卫星相对于地面是静止的，且覆盖面积大，因此在通信、导航、预警、气象等军用、民用领域正发挥越来越重要的作用[8]。但是，失效卫星的持续增多使得静止轨道越来越拥挤，而且由于地球静止轨道的通信、气象以及海洋卫星的成本较高，静止轨道卫星失效将导致巨大的经济损失。所以，静止轨道在轨服务可以产生可观的经济效益[9]，包括降低任务周期的成本、提升星载敏感器的可用性、延长航天器在轨寿命、提高航天器性能、增强任务的灵活性和操作便捷性以及发射前航天器集成灵活性[10]。本书提出的自主交会方法也主要面向地球静止轨道。

当前国际上提出了多项针对地球静止轨道卫星的在轨服务（on – orbit servicing, OOS）任务，致力于延长目标卫星在轨运行寿命[11]。这些任务包括：欧洲 ConeXpress 项目的轨道延寿飞行器（Orbital Life Extension Vehicle，OLEV）系统[12]，美国 ViviSat 公司的任务延寿飞行器（Mission Extension Vehicle，MEV）系统[13]，加拿大 McDonald Dettwiller and Associates（MDA）公司的空间基础设施服务飞行器（Space Infrastructure Servicing Vehicle）[14]。

1. ConeXpress 项目轨道延寿飞行器系统

鉴于未来静止轨道卫星应用领域对于在轨延寿技术的潜在市场需求，欧洲多家航天科研机构于 2002 年联合成立了轨道恢复公司，制定并启动了静止轨道卫星延寿飞行器系统研制计划。该系统的研制目的是在静止轨道卫星到达寿命末期之后，通过与目标卫星的对接，替代目标卫星姿态轨道控制系统，实现寿命末期卫星的定点位置保持及姿态控制功能，该系统能够将目标卫星的寿命延长 5～10 年[9]。2005 年，轨道恢复公司正式推出了 OLEV 飞行器系统设计方案。同年 10 月，该公司签署了第一个静止轨道在轨延寿服务备忘录，这是在轨延寿技术推广与应用的里程碑。但到目前为止，尚未有关于 OLEV 开展在轨试验的报道。

2. ViviSat 延寿飞行器系统

同样意识到静止轨道卫星在轨延寿技术潜在的重大需求，2011 年 1 月，美国宣布正式成立 ViviSat 公司，专门开展静止轨道通信卫星在轨延寿技术研究。ViviSat 公司的轨道延寿飞行器系统不仅能够为失效卫星提供延寿服务，而且能够开展辅助离轨、轨道重置等，帮助未能正常入轨的静止轨道卫星入轨。ViviSat 目前共研制了 MEV – 1 和 MEV – 2 两个在轨服务飞行器，并分别于 2020 年和 2021 年发射成功。MEV – 1 于 2020 年 2 月 25 日成功对接到国际通信卫星公司的一颗失效卫星 IS – 901 上，把 IS – 901 带离了地球静止轨道上方的坟墓轨道，并最终在 2020 年 4 月 2 日使其重新投入使用。MEV-1 任务在历史上首次实现了两颗商业卫星的交会对接。MEV-2 于 2021 年 4 月 12 日成功与国际通信卫星公司的静止轨道卫星 IS-10-02 实现对接，如图 1-4 所示，首次实现了在轨服务飞行器在静止轨道同现役商业卫星交会对接。两者未来 5 年将保持对接状态，以延长 IS-10-02 的使用寿命。MEV-2 随后将解除对接，以去执行一项新的任务。

图 1-4 "任务延寿飞行器"与用户卫星对接在一起（效果图）

3. MDA 空间基础设施服务系统

开展类似研究的还有加拿大的 MDA 公司，该公司曾经为美国国际空间站研制先进的空间机械臂系统。采用该机械臂系统，宇航员在 1992 年曾经成功地捕获并修复了 Intelsat-1 通信卫星。此外，该系统还参与了哈勃号望远镜的修复工作。在国际卫星组织的资助下，MDA 公司提出了利用空间机械臂对处于寿命末期的静止轨道卫星开展燃料加注延寿的设想，即利用空间机械臂系统首先完成对目标卫星远地点发动机喷管的抓捕，然后打开目标卫星的注排阀门，最后插入软管泵入适量燃料。此外，该系统还具备一些简单的维修功能，能够排除诸如太阳帆板打开等故障。MDA 公司将利用一颗已经或者即将到达寿命末期的 Intelsat 卫星开展在轨延寿技术试验，如果该试验取得成功，公司将在其他项目上推广在轨延寿技术。

当前，ConeXpress 项目、ViviSat 公司和 MDA 公司都在积极建造在轨服务系统延长在轨卫星的寿命，在轨服务项目包括故障静止轨道卫星辅助入轨、燃料加注以及将处于寿命末期的目标卫星移入坟墓轨道。ViviSat 公司目前已经成功实现两次在轨服务，验证了方案的合理性。美国国防部高级研究计划局（DARPA）2020 年与 ViviSat 公司签订合作协议，计划研制新一代"任务机器人飞行器"（Mission Robotic Vehicle，MRV）。ViviSat 公司称，MRV 将在 2024 年发射，除改变卫星位置外，还将开展在轨修理和其他在轨服务。此外，MRV 的一项主要应用是运输和安装"任务延寿吊舱"（Mission Extension Pods，MEP），用于为老旧卫星延寿。

上述在轨服务任务一般针对单个失效卫星，使用成本较高。多目标航天器交会对接是一种成本低、效率高的在轨服务方法，即一个服务航天器分别与多个目标航天器交会对接，执行多次在轨服务操作。在静止轨道多目标交会过程中，各项摄动会影响交会精度，因此，为改进轨道模型和提高相应机动交会的精度，需要考虑摄动的影响。此外，服务航天器需要在多个目标航天器间进行交会调相，以实现多目标在轨服务。由于目标航天器的相位差可能较大，服务航天器需要消耗较长的时间或较多的燃料实现目标间的相位调整。以电推进、离子推进为代表的连续小推力推进系统以其重量轻、比冲大和工作时间长的特点，相较于传统的化学推进系统更适合在轨服务多目标远距离调相。连续小推力静止轨道时间最优或燃料最优交会调相的收敛解一般难以获得，因此，需要研究该类优化问题的初值猜测方法以快速获得收敛解。

1.3 航天器远程自主交会方法现状及趋势

航天器交会对接任务通常需要经历发射段、远距离导引段、近距离导引段、对接或停靠段等过程[15-19]。在每一个阶段，一个飞行器作为目标航天器处于被动无控状态，另一个飞行器作为追踪航天器通过主动机动接近抓捕目标航天器并与其对接。在远距离导引段后，追踪航天器与目标航天器逐渐建立联系，而在远距离导引段，追踪航天器与目标航天器的距离大于十几千米或几十千米，追踪航天器的跟瞄设备还无法捕获目标航天器。因此，远距离导引段的轨道控制策略与近距离交会接近段的相对运动控制策略截然不同。

在近距离交会接近段，航天器间的相对位置和速度可以利用基于相对测量的自主导航获得[20-21]，这使航天器实现无地面测控站控制的星上自主交会成为可能。由于 Clohessy – Wiltshire（C – W）方程[22-25]和轨道要素偏差的运动方程[26-27]具有易于应用于轨道控制的性能，基于这两类运动方程的自主相对运动控制研究非常广泛，发展出多种在轨轨迹制导和任务规划算法[28-31]。

1.3.1 远距离导引变轨策略

远距离导引段的变轨策略主要包括特殊点变轨策略和综合变轨策略[15-18,32]，两种变轨策略已经分别应用在美国和俄罗斯（苏联）的交会对接任务[33-35]。远距离导引轨道方案设计和变轨参数规划是交会对接轨道设计与控制的关键技术问题之一[32]。其涉及运载火箭入轨参数、地面测控能力等诸多实际工程因素，该阶段的燃料消耗占交会对接全过程相当大的比重，终端控制精度对近距离导引段任务有较大的影响。本书对远距离导引变轨的主要方法总结如下。

1. 特殊点变轨策略

特殊点变轨的轨道机动位置一般选择在轨道的特殊点，如近地点、远地点、升交点和降交点等。特殊点变轨的实质是利用轨道动力学特性，将轨道面内外的调整分开，降低相互耦合性，便于轨控参数的计算。美国的货运飞船与自由号空间站交会[33]以及航天飞机与国际空间站交会[33]的远距离导引段均采用了特殊点变轨策略。

图 1 – 5 为美国航天飞机的远距离导引策略[15]，远距离导引策略包括一系列的标准机动用于获得可变的调相轨道，将航天飞机的轨道平面调整到与目标航天器相同的轨道平面，从而最终在特定的时刻到达与目标距离特定的初始目标点 Ti。OMS2（Orbital Maneuvering System 2）是航天器入轨后在第一个远地点执行的机动，用于提高近地点高度，避免大气阻力导致航天器高度快速衰减[36]；NC（Nominal Catch Phasing Maneuver，标称捕捉相位机动）是轨道平面内的远地点调相机动，用于调整近地点高度和消除前几个轨道机动的推力误差；NH（Nominal Height Adjust Maneuver，标称高度调整机动）是大幅轨道高度调整机动，是否需要执行此类机动主要取决于发射入轨条件和目标航天器的高度；NPC（Nominal Plane Change，轨道平面机动）代表轨道平面修正机动，这些轨道法向机动在调相轨道的最适合点施加以消除升交点赤经和轨道倾角的偏差。最后一个轨道平面内远地点调相机动（图 1 – 5 中的 NC3）前的所有轨道机动均由地面测控站进行

解算并上传到航天器,在机动 NC3 后,利用追踪航天器携带的星敏感器和交会雷达设备获得观测信息,建立追踪航天器和目标航天器间的联系,其后的机动都由追踪航天器的星上 GNC 系统自主执行。2010 年,特殊点交会调相策略改进到可以利用星载计算机实现的水平,可以用于无地面通信支持或月球背面猎户座飞船(Orion)的在轨自主交会调相[37]。

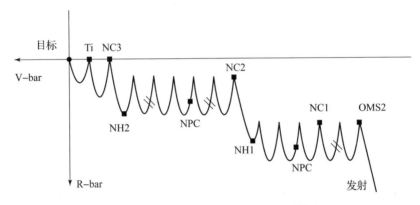

图 1-5　美国航天飞机的远距离导引策略

ESA 资助发展的无人货运飞船任务 ATV 于 2008 年 3 月 9 日发射入轨,并于 2008 年 4 月 3 日与 ISS 实现自主交会。ATV 任务设计了自主控制策略,以应用于自主调相、与 ISS 接近、交会和对接,然后分离并离轨[38-39],但当前 ESA 并没有公开 ATV 具体的自主调相控制策略。当前基于特殊点变轨的交会调相理论研究主要侧重于交会调相的轨道优化。其主要包括:利用遗传算法(Genetic Algorithm,GA)和牛顿算法混合优化策略求解基于特殊点变轨的最优调相策略[40],特殊点变轨策略的基本原理和基本轨道机动方案[41],以及摄动条件下交会调相特殊点变轨求解算法[42]。对于轨道要素偏差较小的航天器的远距离调相,通过半长轴调整和时间累积效应协调的方式实现对目标航天器三个方向的接近,可以节省轨道控制所需的燃料,但整个轨控过程耗时较长、快速性较差[43]。

2. 综合变轨策略

俄罗斯联盟/进步飞船的远程导引变轨冲量同时包含轨道面内和轨道面外的分量,多次变轨共同瞄准终端状态,每次变轨对终端均有综合的修正效果,也称为综合变轨策略。利用几何分析的优化方法可以设计针对近圆轨道偏差线性方程的综合变轨的求解策略,通过迭代,可求解出联盟/进步飞船的实际远程导引变轨轨道机动策略[35]。针对载人交会任务,为了给航天员创造更舒适的飞行条件,可以利用直接调相法设计快速变轨策略,以缩短俄罗斯载人任务自由飞行阶段的时长[44]。

相对于航天飞机,俄罗斯联盟/进步飞船的远距离导引变轨策略主要适用于近圆轨道,标准的综合变轨调相机动包括三组轨道机动,每组轨道机动包括 1~3 个机动,综合变轨调相策略考虑了通信可视窗口的位置限制。图 1-6 为俄罗斯联盟/进步飞船的远距离导引变轨策略[15]。第一组轨道机动(M1~M2)用于修正调相轨道的高度,目标高度确定主要考虑的因素包括:发射入轨后的相位角、目标空间站的高度、预计到达时间以及合适的对接条件,这一组机动类似于 Hohmann(霍曼)变轨,但同时包括轨道面外分量用于修正轨道平面。第二组轨道机动(M3)用于修正第一组轨道机动带来的轨迹误差。第三组轨道机动包括三次机动(M4~M6),M4 和 M5 用于保证追踪航天器与目标航天器的特定初始入轨点精确交会,最后一次机动将追踪航天器送入目标航天器轨道,并保持在目标航天器的前方大约 1.5 km。

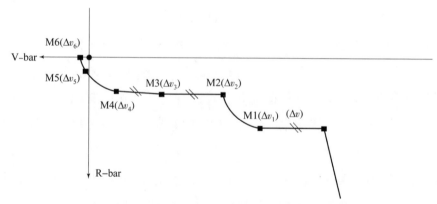

图 1-6 俄罗斯联盟/进步飞船的远距离导引变轨策略

调相机动的切向推力分量利用主发动机获得,轨道面外和轨道径向的分量通过调整相应的姿态角获得,轨道面外的分量通过调整偏航角(Yaw Angles)获得,轨道径向分量通过调整俯仰角(Pitch Angles)获得。前两组轨道机动由地面测控站执行,最后一组轨道机动由星载控制系统自主执行,轨道机动 M5 和 M6 利用交会敏感器测量系统确定,轨道机动 M4 基于轨道参数和上一个阶段上注到自主导航系统的条件计算。轨道机动 M5 和 M6 的初值在计算轨道机动 M4 前确定，M4 - M6 作为一个三脉冲转移问题共同求解。

针对综合变轨策略的调相机动，在 2004 年就有学者研究了空间交会远程导引段综合变轨问题的变轨策略方法和实用理论模型，同时描述了综合变轨的技术条件和策略方法，并重点建立了多脉冲综合变轨的轨道动力学模型[45]。也有学者基于近圆轨道偏差线性方程，进行了摄动交会调相综合变轨问题的研究，建立了综合变轨两层非线性优化模型，其中上层问题以变轨点的纬度幅角为优化变量，下层问题以脉冲向量为优化变量，并指出综合变轨相对于特殊点变轨可以显著地节省燃料[46]。基于两层优化策略也可以设计用于多脉冲-多圈轨道交会调相策略，首先利用 Lambert 算法和并行模拟退火算法获得无摄动的初始解，然后利用序列二次规划算法获得考虑摄动的综合变轨优化解[47]。针对目标机动的调相优化问题，也可利用分支定界和序列二次规划混合优化算法解决[48]。

3. Lambert 转移策略

对于给定初始位置和目标位置的交会调相，给定交会调相时间后，可以用 Lambert 方程求解转移轨道，然后根据初始速度和目标速度计算轨道机动所需的速度增量，简称 Lambert 法[49]。不同于霍曼转移仅适用于共面圆轨道间的转移，Lambert 法适用于普遍的二体轨道交会问题。对于时间较短的轨道交会问题，可以利用普适变量法求解追踪航天器的 Lambert 转移轨道[50]。但如果给定变轨时间比较长，直接利用普适变量法求解，求解的结果就会使追踪航天器完成 Lambert 交会所需的燃料消耗剧增，针对 Lambert 变轨时间比较长的情况，学者们通过引入多圈 Lambert 轨道的概念降低轨道转移的燃料消耗[51-54]。

关于多圈 Lambert 算法的研究主要侧重于如何快速获得燃料消耗最少的转移轨道[55]。利用遗传算法可以解决初始位置和转移时间不固定的 Lambert 双脉冲轨道转移优化问题，其寻找最优转移解是准确有效的[49]。结合优化算法，可以提高多圈 Lambert 算法的收敛效率，利用结合主矢量、Lambert 算法和并行模拟退火算法的综合优化方法就可以确定最优交会脉冲次数以及脉冲矢量[56]。2010 年还有学者采用引导性人工免疫算法（Guiding Artificial Immune Algorithm）研究了燃料最优的双脉冲变轨问题[57]，对普适量法进行改进以避免求解 Lambert 变轨问题过程中出现奇异，并将调相时间和转移时间作为 Lambert 变轨问题的优化变量。

以上策略都用于设计参考轨道，针对圆轨道多脉冲调相问题，有研究证明其燃料最优调相的脉冲次数是两次或四次，三脉冲机动不存在局部最优解，当调相时间短于一个轨道周期时，燃料最优的脉冲次数是两次；当调相时间长于一个轨道周期并持续延长时，燃料最优的脉冲次数在两次和四次之间切换。

基于Lambert转移的调相策略主要侧重于理论研究，实际工程中基于Lambert转移的交会调相策略的应用较少。

综上所述，当前关于航天器交会调相的研究主要侧重于利用优化策略获得燃料消耗最少的调相轨道，仅有的关于自主交会调相制导策略的研究仅仅概略性地给出了轨道机动策略和任务框架[37]。因此，本书将自主交会调相方法作为主要研究对象，以减少航天器交会调相对地面的依赖、提升航天器在轨自主运行性能、降低航天器交会调相任务成本。

1.3.2 航天器定点位置调整方法

为了实现航天器的多目标在轨服务，服务卫星完成对某颗目标航天器交会对接后，需要转移到下一颗目标航天器附近，进行交会对接和在轨服务，即服务卫星需要通过在目标卫星间进行定点位置调整实现多个目标航天器的接近。本书主要以静止轨道为例进行案例分析。

利用太阳帆板提供的电能驱动电机实现绳系质量块的伸展，可以实现无燃料消耗的定点经度改变，此法可以应用于静止轨道的定点位置调整。同时通过绳系储存能量，绳系系统还可以应用于小幅的轨道周期和偏心率修正。此外，利用勒让德伪谱法（Legendre Pseudospectral）可以求解考虑轨道高度约束的定点位置调整问题，以降低定点转移过程中转移卫星与其他卫星的碰撞概率。

由于电推进系统的比冲较大，利用电推进系统实现轨道控制可以大幅减少燃料消耗，定点位置调整、南北位置保持（North-South Station Keeping，NSSK）和大范围轨道高度提升（High Altitude Orbit Raising）等燃料消耗较大的静止轨道任务是电推进系统的三种主要在轨推进应用任务[58]。针对化学推进系统和电推进系统的定点经度改变问题，通过初末时刻的横向推力获得速度增量实现定点经度改变，可以处理四种经度改变量级的定点位置调整（30°、60°、120°和180°）[59]。对比化学推进系统与电推进系统的燃料消耗可知：所有的电推进系统都比化学推进系统需要的工质少。由于推力器的比冲决定了轨道控制的工质消耗,电推进系统的 Xenon Ion Propulsion System(XIPS)需要工质最少,Stationary Plasma Thruster-100(SPT-100)需要工质居中,Hydrazine Arcjet(HAJ)需要工质最多,三者比冲分别为 2 675 s、1 550 s 和 600 s。

早在 1961 年,就已经有小推力小偏心率轨道转移问题的相关研究,在推力导致的加速度相对于二体引力导致的加速度较小以及二体引力场(不考虑摄动)的假设条件下,转移轨道近似为圆轨道,可以应用最优控制来最大化半长轴、偏心率和轨道倾角的改变量。分析小推力作用一个轨道周期可以获得的轨道改变量以及相应的燃料消耗,并将其扩展到多圈轨道转移,就能够获得半长轴和轨道倾角同时改变的最优推力面外角。

此外,也有学者利用间接优化方法研究了小推力时间最短静止轨道定点位置调整问题。为了便于求解,将静止轨道定点位置调整问题建模为时间固定的定点经度改变最大化问题。由于在实际的静止轨道定点转移任务中,一般为初末经度固定的情况,需要计算最短转移时间,该方法需要一个额外步骤获得此最短转移时间。因此,可以通过获取多组固定时间的最大经度改变,并利用图形插值获得固定经度差转移的最短时间解[60]。

1.3.3 自主交会轨迹优化

电推进已经成为当前商业通信卫星在轨位置保持的重要技术[61],由于电推进系统的比冲大,将电推进应用于静止轨道转移将会大幅降低转移过程的燃料消耗。2015 年 3 月,Boeing 702-SP 航天器作为第一个全电推进平台由 Falcon 9 搭载发射。2015 年 9 月,Boeing 702-SP 提前于预计时间到达静止轨道,此次发射任务携带了两个商业卫星:ABS-3A 和 Eutelsat 115 West B[62],由于这两个商业卫星的定点工作经度不同,所以需要进行定点位置调整将一个卫星转移到给定的定点位置。利用优化方法处理电推进静止轨道时间/燃料最优定点位置调整问题将会进一步缩短转移时间或降低燃料消耗。

电推进静止轨道时间/燃料最优定点位置调整是小推力轨道转移优化问题,小推力轨道转移的优化方法大致可以分为间接法和直接法两类。间接法通过引入 Hamilton 函数和协态变量,利用变分法和 Pontryagin 极大值原理将小推力轨道转移优化问题转化为常微分方程两点边值问题（Two-Point Boundary-Value Problem，TPBVP），满足边值约束的解即为相应的最优解。该方法无须对目标函数直接寻优，所以称为间接法[63]。直接法通过引入时间离散网格，将控制变量或状态变量离散，并将动态约束条件转化为代数约束条件，最终使原连续轨迹优化问题转化为一个离散参数优化问题（非线性规划问题），利用非线性规划求解器即可获得最优解。虽然两点边值问题在数值求解过程中存在多种困难，但由于推导过程中利用了变分法和Pontryagin极大值原理，相对于直接法，间接法获得的结果可以在理论上保证其优异性能[64]，因而本书涉及小推力静止轨道相位调整利用间接法实现，本节主要对间接法展开介绍。

间接法中两点边值问题求解的经典方法是打靶法，即将两点边值问题转化为满足相应打靶函数的初值（一般为初始协态）猜测问题，计算打靶函数相对于初值的Jacobian矩阵，然后利用微分修正迭代求解初值。图1-7为优化控制问题转化为初值问题和打靶函数的流程[65]。求解满足打靶函数的初值是小推力轨道转移间接优化法的主要问题，由于打靶函数的收敛半径较小并对初值敏感，而且初值一般是没有物理意义的协态变量，很难通过物理分析为打靶法提供良好的初始猜测，所以最优解一般难以获得[66]。

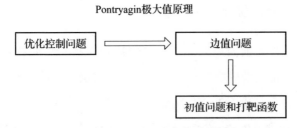

图1-7 优化控制问题转化为初值问题和打靶函数的流程

对于两点边值问题中的初值猜测困难问题，可行的技术包括协态控制转换方法（Adjoint Control Transformation，ACT）、同伦法和初始协态猜测方法。通过建立物理控制变量以及其微分与初始协态的关系，使用控制变量以及其微分的估计值来代替猜测无物理意义的初始协态的方法，降低了问题的敏感度并可以提供更多的物理意义[67]。通过引入同伦参数建立燃料最优问题和能量最优问题的联系，用以求解小推力燃料最优问题，可以获得良好的收敛效果[68-69]。该方法首先解决易于求解的能量最优问题，然后逐步调整同伦参数，迭代求解相应优化问题，最终获得燃料优化问题的收敛解。虽然能量最优问题的控制律是连续的，相对燃料最优问题而言易于求解，但其仍面临初值难以猜测的问题，故可以使用协态齐次化和初始协态全局搜索方法提高打靶过程中的初值猜测效率[70]。协态齐次化技术是将原性能指标乘以正拉格朗日乘子 λ_0，这不会改变优化问题的性质，但可以通过增加一个变量的形式实现协态初值齐次，从而将原本无界的协态初值约束到高维单位球面，避免了盲目猜测，因而提高了协态初值猜测效率；初始协态全局搜索方法是通过罚函数的形式将打靶函数的平方加入性能指标函数，构成新的目标函数，仍以初始协态作为优化变量，利用粒子群算法全局搜索协态初值，然后将获得的协态初值作为能量优化问题的初值，提高了收敛效率。

为了进一步提高两点边值求解的打靶效率和鲁棒性，可以采用高阶积分器、开关检测技术以及解析计算状态转移矩阵等技术来提高打靶过程中状态、协态以及 Jacobian 矩阵的积分精度。通过研究包括多个推力开关的 Bang-Bang 控制优化问题，分析开关检测技术和解析计算状态转移矩阵对打靶过程的影响，并对一系列轨道最优转移结果进行比较，可以发现：开关检测技术可以明显提高打靶过程的收敛效率并减少打靶过程的运行时间；相对于数值差分法，利用解析方法计算状态转移矩阵在收敛效率方面性能相当，但可以减少打靶的运行时间[65]。通过协态控制转换方法建立了初始推力方向角、开关函数以及其微分与初始协态的关系，采用协态控制转换方法和拼接法解析计算 Jacobian 矩阵可以求解全局小推力优化问题[71]。通过综合运用能量-燃料同伦法、解析计算 Jacobian 矩阵、高阶龙格库塔积分器和混合牛顿和二分法的推力器开关检测等方法可以获得由同步轨道转移至 Halo 轨道的整体转移最优轨迹，避免了将整个转移过程拆分成多段带来的次优问题[72]。

综上，相关学者已经运用了多种有效的技术降低间接法求解燃料最优问题的难度，包括同伦法[68-69]、协态初值齐次化[70,73]、协态初值全局搜索[70]、解析计算 Jacobian 矩阵[65,71]以及开关检测技术[65,71-72]等。

对于特定的轨迹优化问题，为了进一步减少打靶过程的迭代次数，并提高打靶的收敛效率和稳定性，可以根据协态的特征猜测初始协态。间接法利用两步估计过程获得协态初值的精确估计值来计算燃料最优螺旋轨道逃逸和捕捉：第一步，利用协态控制转换方法建立了初始推力方向单位矢量与协态初值的关系，通过猜测推力方向单位矢量获得了部分协态初值，求解了短时间螺旋转移的最优轨迹；第二步，通过曲线拟合建立了径向距离和横向速度的协态初值与飞行时间的指数函数关系，并利用外推猜测了长时间螺旋转移的径向距离和横向速度的协态初值[74]。对于螺旋轨道转移和地－月转移优化问题，首先求解出部分短时间最优转移，然后通过分析协态初值的特征，建立径向距离、径向速度和横向速度的协态与初始横向速度、径向距离和一个正因子之间的关系，仅仅选择该因子即可确定三个初始协态，用于获得螺旋轨道转移和地－月转移的最优轨迹[75-76]。而对于最优转移问题的终端约束是特定的卫星轨道能量，而不是特定的位置速度的情况，初始协态猜测方法不适用于解决初末点固定的交会调相优化问题。对于同平面圆轨道－圆轨道转移问题，通过忽略运动方程的中心引力项，可以获得初始协态的近似解[77]。然而，此方法仅对转移时间短于一个轨道周期的场景较为有效。

1.3.4　多目标交会优化方法

当前在轨任务失效已经增长到令人担忧的程度[78-79]，多目标卫星在轨服务是一种成本较低、效率较高的在轨服务方式，即一个服务卫星分别与多个目标卫星交会对接，并展开在轨服务[80]。

当前已有的地球同步轨道多目标交会优化研究通常忽略摄动的影响。然而，在长时间的静止轨道转移的过程中，地球非球形摄动、日月第三体引力以及太阳光压等摄动会影响在轨服务最优交会时间和终端交会精度，因此，需要考虑摄动的影响以改进轨道模型和提高相应机动交会的精度。

对于轨道倾角偏差较小的多目标卫星交会优化问题，当任务给定充足的转移时间时，轨道平面内转移需要的燃料消耗较小。此类问题应主要侧重于寻找轨道平面变化耗费燃料最少的访问序列。研究表明，最小燃料解的访问序列与通过所有目标卫星的角动量矢量在赤道面投影距离最小的序列相同，所以寻找该最小燃料解的问题即为旅行商问题（Traveling Salesman Problem），通过求解旅行商问题即可解决服务航天器与一群小轨道倾角同步轨道目标卫星分别交会的优化问题。

对于分布在地球同步轨道的空间碎片目标，服务航天器需要依次与碎片交会对接，并将空间碎片拖离原始轨道，丢弃至坟墓轨道，然后服务航天器再返回其初始位置。多碎片移除规划包括利用单个服务航天器的多碎片清除燃料优化和利用多个服务航天器的多碎片燃料和时间多目标优化。研究表明，当目标碎片稀疏分布在同步轨道时，利用单个服务航天器的燃料最优访问序列是负向依次访问；而对于一个特定任务，到底哪个碎片清除模式（单个服务航天器和多个服务航天器）更好（消耗较少燃料和需要较短的时间），由多个因素共同决定。以上同步轨道优化的目标均为非受控目标体，非受控目标体与服务航天器的摄动效应的偏差在短时间内（如1年）较小，摄动效应不会改变最优访问顺序和最终交会精度。但是，静止轨道在轨服务的另一类目标是在轨正常运行的卫星，该类卫星通过保持机动将位置限定在预设的区间内，因此，针对该类目标航天器，需要考虑摄动的影响以改进轨道模型和提高相应的机动交会精度。

1.4 本书主要内容

本书以近圆轨道航天器交会调相策略为主要研究对象，研究航天器自主交会调相制导方法、时间最优以及燃料最优静止轨道交会、考虑摄动的静止轨道多目标交会优化等问题。并总结了在轨服务新场景下航天器远距离自主交会对接任务的分析与设计。本书的章节安排如下。

第1章介绍了航天器远程自主交会的研究背景及意义，并对交会对接的基本概念、航天器自主交会任务历史发展以及航天器远程自主交会方法现状及趋势进行了全面综述。

第2章介绍了轨道航天器的轨道动力学模型，定义了参考坐标系，讲述了在轨道平面坐标系中轨道的运动规律，给出了航天器质心运动方程、kepler 轨道方程及航天器的相对运动方程。该章节仅考虑理想的、没有干扰的轨道模型。

第3章从轨道偏离和轨道安全的角度出发，讨论由于轨道环境和船载系统的不完善和误差所造成的轨道偏离，并给出经典轨道要素和无奇异轨道要素的轨道摄动模型，为后文考虑轨道摄动的航天器交会调相内容提供了基础。

第4章介绍了航天器轨道转移交会的动力学问题，以及航天器轨道机动的基本原理和方法，从脉冲推力、连续（有限）推力、（微）小推力三个方面对动力学进行分析。

第 5 章详细描述了航天器自主交会调相策略，主要围绕特殊点变轨策略和综合变轨策略两个方面展开。其中，特殊点变轨策略根据调相过程中航天器之间的半长轴偏差和相位角关系，将航天器交会的远距离导引段分为三个子飞行阶段，设计了三个子飞行阶段的自主制导算法。而综合变轨策略主要从基准圆轨道的偏差方程出发，推导介绍了多脉冲综合变轨的瞄准点偏差方程，以确定多脉冲综合变轨策略。

第 6 章主要设计了不同场景下的航天器轨道转移优化问题。首先提出了小推力时间最优静止轨道调相的解析协态初值估计方法，建立了时间最优问题模型。然后研究了考虑 GEO 主摄动的小推力燃料最优轨道调相问题，分析了长时间转移过程中静止轨道主摄动对轨道终端边界的影响，建立了考虑静止轨道主摄动的燃料最优静止轨道交会调相模型，并利用间接优化方法求解了该燃料优化问题。最后，在多目标交会优化问题中，建立了考虑地球三轴性和日月引力摄动的多目标交会优化模型，并将该模型应用于稀疏分布的多目标静止轨道星座，求解了多目标服务燃料最优的转移时间。

第 7 章详细介绍了交会对接过程的不同阶段，阐述了与各阶段相关的重点问题。希望读者通过该章熟悉交会任务的基本概念，了解交会对接各流程以及远程自主交会方法的应用场景，进一步掌握和总结本书内容。

第 2 章
航天器轨道运动方程

2.1 航天器质心运动方程

2.1.1 坐标系与变量定义

航天器运动方程——航天器运动的数学模型的建立，离不开坐标系。与其他学科相比，飞行动力学中使用的坐标系的数目是很多的，这是由于所涉及的力、力矩和运动变量多，而且规律复杂。

按照惯例，直角坐标系的定义遵循右手法则。为了完全定义一个右手直角坐标系 $Oxyz$，必须明确规定：原点 O 的位置；基准平面，即包含两个轴（如轴 z、y）的平面的取向；其中一个轴（如轴 z）在基准平面中的取向。这是定义坐标系的最小要素。有时在定义中还给出更多的、冗余的信息，这应当看作是对定义的补充说明，而不是定义的必要成分。

在天体力学和航天器轨道动力学中需要利用一些坐标系。所有这些都是右手直角坐标系或者在右手直角坐标系基础上的球坐标系。下面讲述这些坐标系的定义以及各坐标系之间的关系和变换公式。

1. 日心黄道坐标系

如图 2-1 所示，日心黄道坐标系（Heliocentric Ecliptic Coordinate System）$O_g x_g y_g z_g$ 原点 O_g 在太阳中心。平面 $x_g y_g$ 与黄道平面重合，黄道平面就是地球绕太

阳运转的平面。轴 x_g 负方向指向春分点，春分点的方向在春分时刻（3月21日或22日）地球与太阳连线所指的方向，也即轴 x_g 平行于黄道平面与地球赤道平面的相交线。轴 z_g 沿地球绕太阳运转的角速度的方向。若忽略春分点的微小变动（与地球旋转轴的微小变动有关），则日心黄道坐标系可以当作惯性坐标系。

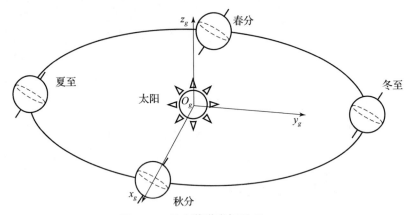

图 2-1 日心黄道坐标系 $O_g x_g y_g z_g$

在日心黄道坐标系中，一个天体的位置通常用球坐标 (r, A, B) 来表示；r 是该天体至太阳中心的距离；A 称为黄经，即距离矢量 r 在黄道平面 $x_g y_g$ 上的投影与轴 x_g（即春分点）之间的夹角，从春分点向东度量，其定义范围为 $0° \leq A \leq 360°$；B 称为黄纬，即距离矢量 r 与黄道平面之间的角度，从黄道平面向北度量，其定义范围为 $-90° \leq B \leq 90°$。

地心黄道坐标系（Geocentric-Ecliptic Coordinate System）$Ox_\epsilon y_\epsilon z_\epsilon$。原点 O 在地球中心；轴 x_ϵ、y_ϵ、z_ϵ 的方向与上述日心黄道坐标系的相应轴平行。在此坐标系中，太阳的黄纬恒等于零，而太阳的黄经 A 在一年之内从春分时刻开始大致均匀地从 0 变化到 $360°$。此值与中国传统的 24 节气有确定的对应关系，见表 2-1。

表 2-1 节气与太阳黄经的关系　　　　　　单位：（°）

节气	黄经	节气	黄经	节气	黄经	节气	黄经
立春	315	立夏	45	立秋	135	立冬	225
雨水	330	小满	60	处暑	150	小雪	240
惊蛰	345	芒种	75	白露	165	大雪	255

续表

节气	黄经	节气	黄经	节气	黄经	节气	黄经
春分	0	夏至	90	秋分	180	冬至	270
清明	15	小暑	105	寒露	195	小寒	285
谷雨	30	大暑	120	霜降	210	大寒	300

2. 地心赤道惯性坐标系

地心赤道惯性坐标系（Geocentric Equatorial Inertial Coordinate System）$Ox_iy_iz_i$ 如图 2-2 所示。由于在航天器轨道动力学中通常忽略春分点的微小摆动，并且忽略由地球绕太阳运转所引起的惯性力，以此坐标系作为惯性坐标系，并且将此坐标系简称为惯性坐标系，符号为 S_i。原点 O 在地球中心，平面 x_iy_i 与地球赤道平面重合。轴 x_i 指向春分点，因而与地心黄道系的轴 x_e 一致。轴 z_i 沿地球旋转轴（即垂直于赤道平面），指向北极。

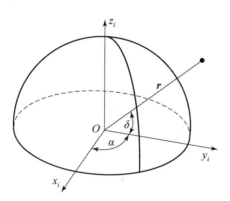

图 2-2　地心赤道惯性坐标系 $Ox_iy_iz_i$

地心黄道坐标系 S_e 与地心赤道坐标系 S_i 的关系（图 2-3）为

$$S_i \xrightarrow{R_x(\varepsilon)} S_e$$

其中，ε 为黄道平面与赤道平面之间的角度，称为黄赤交角。正是此角度的存在引起地球上的季节变化。黄赤交角 ε 平均为 $23°26'$。由于地球旋转轴的章动，此角以 18.6 年为周期，有 $±9''$ 的波动。

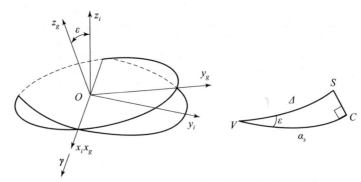

图 2-3 地心黄道坐标系与地心赤道坐标系的关系

在地心赤道（惯性）坐标系 S_i 中，天体或航天器的位置可以用两组坐标表示：一组是直角坐标 $x_i y_i z_i$，即从地心到航天器的矢径 r 在 S_i 中的分量；另一组是球坐标 r、δ、α。其中，r 是从地心到航天器的距离；δ 是矢径 r 与赤道平面 $Ox_i y_i$ 之间的角度，从赤道平面向北度量，称为赤纬（Declination），它的定义范围是 $-90° \leqslant \delta \leqslant 90°$；$\alpha$ 是矢径 r 在赤道平面上的投影与轴 x_i 之间的角度，从春分点向东度量，称为赤经（Right Ascension），它的定义范围是 $0 \leqslant \alpha \leqslant 360°$。这两组坐标关系是

$$\begin{cases} r = \sqrt{x_i^2 + y_i^2 + z_i^2} \\ \sin\delta = \dfrac{z_i}{r} \\ \tan\alpha = \dfrac{y_i}{x_i} \end{cases} \qquad (2-1)$$

在地心赤道坐标系中，太阳的位置以太阳赤经 α_h 和太阳赤纬 δ_h 表示，它们与太阳黄纬 Λ 的关系是

$$\begin{cases} \tan\alpha_h = \cos\varepsilon \tan\Lambda \\ \sin\delta_h = \sin\varepsilon \sin\Lambda \end{cases} \qquad (2-2)$$

式（2-2）是按照图 2-3 的直角球面三角形 CSV 推导出来的，其中，V 代表春分点，S 代表太阳，角 C 是直角。边 VS 在黄道平面内，边 VC 在赤道平面内。

3. 地心拱线坐标系

地心拱线坐标系（Geocentric Apsidal Coordinate System）$Ox_p y_p z_p$，符号为 S_p

(图2-4)。坐标原点 O 在地心;轴 z_p 垂直于轨道平面,沿动量矩矢量 $\boldsymbol{H}$;轴 x_p 和 y_p 在轨道平面内,其中轴 x_p 沿轨道拱线,指向近地点 P,轴 y_p 垂直于拱线。若不考虑轨道的摄动,则此坐标系在空间是不动的。

地心轨道拱线坐标系 S_p 与地心赤道惯性坐标系 S_i 的关系是:若坐标系 $Ox_iy_iz_i$ 首先绕 z_i 轴转过角 Ω,再绕轴 x' 转过角 I,然后再绕轴 z_p 转过角 ω,就与坐标系 $Ox_py_pz_p$ 重合,用符号表示为

$$S_i \xrightarrow{\boldsymbol{R}_z(\Omega)} O \xrightarrow{\boldsymbol{R}_x(i)} O \xrightarrow{\boldsymbol{R}_z(\omega)} S_p$$

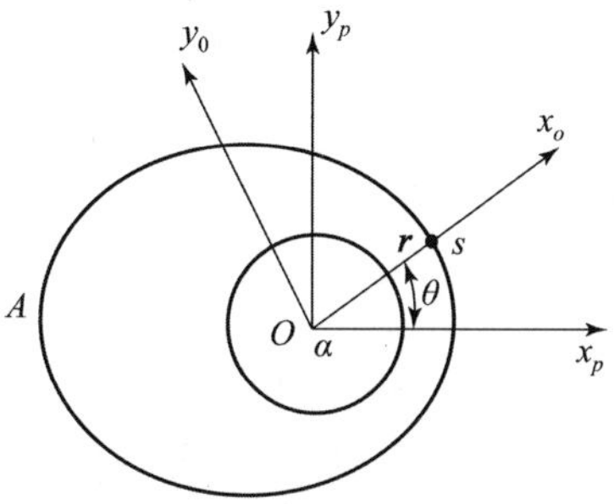

图2-4 地心拱点线坐标系 S_p 和地心轨道坐标系 S_o 的关系

4. 地心轨道坐标系

地心轨道坐标系(Geocentric Orbital Coordinate System)$Ox_oy_oz_o$,符号为 S_o(图2-4为 Ox_oy_o 投影面,Oz_o 轴与该面垂直)。原点 O 在地球中心,轴 x_o 沿轨道矢径 $\boldsymbol{r}$ 方向,指向航天器;轴 z_o 沿轨道平面正法线方向,即与动量矩矢量 $\boldsymbol{H}$ 一致;轴 y_o 在轨道平面内,垂直于矢径 $\boldsymbol{r}$。这个坐标系是随航天器运动而活动的。

可见,此坐标系的轴 z_o 与地心轨道拱线坐标系的轴 z_p 一致,而 x_o 与 x_p(以及 y_o 与 y_p 之间)的角度就是真近点角 θ。这两个坐标系的关系为

$$S_p \xrightarrow{\boldsymbol{R}_z(\theta)} S_o$$

有时,把坐标原点规定在航天器质心 S,而坐标轴的方向与上述 S_o 的轴相同。这称为轨道坐标系,亦以 S_o 表示。

5. 地心赤道旋转坐标系

为了确定航天器相对于地球的运动,还需要一个与地球固连,即同地球一起旋转的坐标系,这就是地心赤道旋转坐标系(Geocentric Equatorial Rotating

Coordinate System）$Ox_ey_ez_e$，符号为 S_e，通常简称为地球坐标系。此坐标系的原点 O 在地球中心；轴 z_e 沿地球自转轴，指向北极；轴 x_e 通过赤道平面与格林威治（Greenwich）子午线的交点；轴 y_e 按右手法则决定，因而通过赤道平面与东经 90°子午线的交点。此坐标具有地球旋转角速度 ω_e。

在地心赤道旋转坐标系 S_e 中，航天器的位置可以用直角坐标（x_e，y_e，z_e）或者球坐标（r，λ，φ）表示。这里，φ 是地心纬度，即矢径 r 与赤道平面之间的角度，从赤道平面向北度量，它的定义范围是 $-90° \leqslant \varphi \leqslant 90°$。$\lambda$ 是地理经度，即航天器所在的子午面与格林威治子午面之间的二面角，从格林威治子午面向东度量，它的定义范围是 $0 \leqslant \lambda \leqslant 360°$（或者 $-180° \leqslant \lambda \leqslant 180°$）。

这两组坐标之间的关系为

$$r = \sqrt{x_e^2 + y_e^2 + z_e^2}$$

$$\sin \varphi = \frac{z_e}{r_e} \tag{2-3}$$

$$\tan \lambda = \frac{y_e}{x_e}$$

2.1.2 不同坐标系下航天器质心运动的动力学方程

航天器的质心运动方程由动力学方程与运动学方程组成。

航天器质心运动轨道动力学方程把质心加速度与作用力联系起来。这个方程的矢量形式是

$$m \frac{d\boldsymbol{V}_k}{dt} = \boldsymbol{F} \tag{2-4}$$

其中，$\boldsymbol{F}$ 为推进力。

取某个活动坐标系 S_m 作为参考系。航天器速度矢量 $\boldsymbol{V}_k$ 在坐标系 S_m 中的分量为 $(V_{k,xm}, V_{k,ym}, V_{k,zm})^T$：

$$(\boldsymbol{V}_K)_m = (V_{k,xm}, V_{k,ym}, V_{k,zm})^T \tag{2-5}$$

按照在活动坐标系中矢量导数的一般形式，可以得到方程（2-4）在坐标系 S_m 中的矩阵形式为

$$\frac{d(\boldsymbol{V}_k)_{ra}}{dt} + (\omega_m)_m^\times (\boldsymbol{V}_k)_m = \frac{(\boldsymbol{F})_m}{m} \tag{2-6}$$

其中，

$$(\boldsymbol{\omega})_m^\times = \begin{bmatrix} 0 & -\omega_{zm} & \omega_{ym} \\ \omega_{zm} & 0 & -\omega_{xm} \\ -\omega_{ym} & \omega_{xm} & 0 \end{bmatrix}$$

推进力 $\boldsymbol{P}$ 的分量通常在本体坐标系 S_b 中给出：

$$(\boldsymbol{P})_b = (P_{xb}, P_{yb}, P_{zb})^T$$

得到在参考坐标系 S_m 中的飞行器质心运动的动力学方程的矩阵形式：

$$\frac{\mathrm{d}(\boldsymbol{V}_k)_m}{\mathrm{d}t} = -(\boldsymbol{\omega}_m)_m^\times (\boldsymbol{V}_k)_m + \frac{1}{m}\boldsymbol{L}_{mb}(\boldsymbol{P})_b \tag{2-7}$$

飞行器质心运动的运动学方程的作用是把位置的变化率与速度相联系，基本方程为

$$\mathrm{d}\boldsymbol{R}/\mathrm{d}t = \boldsymbol{V}_k \tag{2-8}$$

其中，$\boldsymbol{R}$ 为航天器质心位置矢量。

2.2 Kepler 轨道方程

2.2.1 在轨道平面内考察 Kepler 轨道

1. Kepler 运动的微分方程

首先讲述 Kepler 轨道的基本性质。Kepler 轨道是航天器在地球中心引力场中飞行的轨迹。这意味着，不考虑大气的作用和其他天体的引力作用，而且地球的引力是指向地心的。

已知：地球质量约为 $M = 5.976 \times 10^{24}$ kg，万有引力常数约为 $G = 6.6732 \times 10^{-11}$ m³/(kg·s²)。$\boldsymbol{r}$ 是地心至航天器的距离矢量。地球对质量为 m 的航天器的引力为

$$m\boldsymbol{g} = -\frac{GMm}{r^3}\boldsymbol{r} \tag{2-9}$$

为简化表达，通常将常数 G、M 相乘所得到的常数 μ 称为地球引力常数，即

$$\mu = GM = 3.986005 \times 10^{14} \text{ m}^3/\text{s}^2$$

则引力加速度为

$$g = -\frac{\mu}{r^3}r \qquad (2-10)$$

因此，航天器在地球中心引力场中的运动微分方程可以写作

$$\frac{\mathrm{d}^2 r}{\mathrm{d}t^2} = -\frac{\mu}{r^3}r \qquad (2-11)$$

2. Kepler 轨道的 3 个常数

式 (2-11) 表明，$\mathrm{d}^2 r/\mathrm{d}t^2$ 与 r 在同一条直线上，因此满足

$$r \times \frac{\mathrm{d}^2 r}{\mathrm{d}t^2} = 0 \qquad (2-12)$$

进行运算，即

$$\frac{\mathrm{d}}{\mathrm{d}t}\left(r \times \frac{\mathrm{d}r}{\mathrm{d}t}\right) = \frac{\mathrm{d}r}{\mathrm{d}t} \times \frac{\mathrm{d}r}{\mathrm{d}t} + r \times \frac{\mathrm{d}^2 r}{\mathrm{d}t^2} = 0 + 0 = 0 \qquad (2-13)$$

考虑到速度 $V = \mathrm{d}r/\mathrm{d}t$，则式 (2-13) 表明（单位质量的）动量矩 H 是常量，即

$$H = r \times V = \text{const} \qquad (2-14)$$

它的模为

$$H = rV\cos\gamma \qquad (2-15)$$

其中，γ 为矢量 r 和 V 之间角度的余角。

以 $\mathrm{d}r/\mathrm{d}t$ 点乘式 (2-11) 两边，则

$$\frac{\mathrm{d}r}{\mathrm{d}t} \cdot \frac{\mathrm{d}^2 r}{\mathrm{d}t^2} = -\frac{\mu}{r^3}\left(\frac{\mathrm{d}r}{\mathrm{d}t} \cdot r\right)$$

$$\text{左边} = \frac{1}{2}\frac{\mathrm{d}}{\mathrm{d}t}\left(\frac{\mathrm{d}r}{\mathrm{d}t} \cdot \frac{\mathrm{d}r}{\mathrm{d}t}\right) = \frac{1}{2}\frac{\mathrm{d}}{\mathrm{d}t}(V \cdot V) = \frac{\mathrm{d}}{\mathrm{d}t}\left(\frac{1}{2}V^2\right) \qquad (2-16)$$

$$\text{右边} = -\frac{\mu}{r^3}V \cdot r = -\frac{\mu}{r^2}r\frac{\mathrm{d}r}{\mathrm{d}t} = \frac{\mathrm{d}}{\mathrm{d}t}\left(\frac{\mu}{r}\right)$$

由此得到（单位质量的）能量 E 等于常数，即

$$E = \frac{1}{2}V^2 - \frac{\mu}{r} = \text{const} \qquad (2-17)$$

其中，第一项是动能，第二项是势能（以无穷远处为零势面）。

以 $H = r \times V$ 叉乘式 (2-11) 两边，则

$$H \times \frac{dV}{dt} = -\frac{\mu}{r^3}[(r \times V) \times r] = -\frac{\mu}{r^3}[r^2 V - (V \cdot r)r]$$

$$= -\frac{\mu}{r^2}\left[rV - \frac{dr}{dt}r\right]$$

一方面，有

$$\frac{d}{dt}\left(\frac{r}{r}\right) = \frac{1}{r^2}\left(r\frac{dr}{dt} - \frac{dr}{dt}r\right)$$

比较以上两式，得到

$$H \times \frac{dV}{dt} = -\mu \frac{d}{dt}\left(\frac{r}{r}\right)$$

由此得到常矢量 L：

$$L = V \times H - \mu \frac{r}{r} = \text{const} \tag{2-18}$$

它称为 Laplace 矢量。它指向一个特殊的点，称为近地点（后面将解释）。

这样，已得到 Kepler 轨道的 3 个常量，即动量矩矢量 H、能量 E 和 Laplace 矢量 L。这 3 个常量之间还存在如下的关系。

L 和 H 的点积：

$$\begin{aligned} L \cdot H &= \left(V \times H - \mu \frac{r}{r}\right) \cdot H \\ &= -(H \times V) \cdot H - \frac{\mu}{r} r \cdot (r \times V) \\ &= 0 + 0 = 0 \end{aligned} \tag{2-19}$$

所以 L 垂直于 H。

L、E、H 的数值关系。按照式（2-18）将矢量 L 分解成 $L_1 = V \times H$ 和 $L_1 = -\mu(r/r)$，而且有

$$L_1 = HV, \quad L_2 = \mu, \quad H = rV\cos\gamma$$

利用余弦定理：

$$L^2 = H^2 V^2 + \mu^2 - 2HV\mu\cos\gamma$$

另一方面，根据能量 E 的表达式（2-17）和动量矩 H 的表达式（2-15），有：

$$2EH^2 = H^2 V^2 - 2HV\mu\cos\gamma$$

把以上两式结合，得到 L、E、H 之间的数值关系：

$$L^2 = \mu^2 + 2EH^2 \qquad (2-20)$$

3. 轨道方程

式（2-18）两边点乘以 r，即

$$\boldsymbol{L}\cdot\boldsymbol{r} = (\boldsymbol{V}\times\boldsymbol{H})\cdot\boldsymbol{r} - \frac{\mu}{r}\boldsymbol{r}\cdot\boldsymbol{r} = (\boldsymbol{r}\times\boldsymbol{V})\cdot\boldsymbol{H} - \mu r = H^2 - \mu r$$

令 θ 为 r 与 L 的夹角，称为真近点角，则有

$$Lr\cos\theta = H^2 - \mu r \qquad (2-21)$$

令半通径 p 为

$$p = H^2/\mu \qquad (2-22)$$

偏心率 e 为

$$e = L/\mu \qquad (2-23)$$

则式（2-21）转化成以极坐标方程 $r = r(\theta)$ 表示的 Kepler 轨道的方程：

$$r = \frac{p}{1+e\cos\theta} \qquad (2-24)$$

该曲线的类型取决于偏心率 e 的大小，见表 2-2。

表 2-2 偏心率与曲线类型的关系

偏心率	轨道类型
$e = 0$	圆
$0 < e < 1$	椭圆
$e = 1$	抛物线
$1 < e$	双曲线

下面主要分析 $e < 1$ 的情况，即轨道是圆和椭圆的情况。

椭圆的半通径 p 和偏心率 e 决定半长轴 a：

$$a = \frac{p}{1-e^2} \qquad (2-25)$$

对于轨道上的任意点 S，它的位置的极坐标 (r, θ) 以方程（2-25）表示。现考查两个特殊点（图 2-5）。当 $\theta = 0$ 时，点 A 称为近地点，该点具有最短的距离：

$$r_p = p/(1+e) = a(1-e) \quad (2-26)$$

当 $\theta = \pi$ 时，点 A 称为远地点，该点具有最远的距离：

$$r_A = p/(1-e) = a(1+e) \quad (2-27)$$

把式（2-26）和式（2-27）相加和相减，得到

$$a = \frac{r_A + r_p}{2}$$

$$e = \frac{r_A - r_p}{r_A + r_p}$$

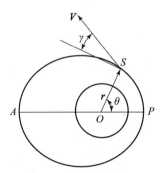

图 2-5 椭圆轨道

远地点 A 与近地点 P 的连线称为拱点线或拱线，也就是椭圆的长轴线。

由 p 的定义式（2-22）和 H 的表达式（2-15）得

$$H = \sqrt{\mu p} = rV\cos\gamma \quad (2-28)$$

在近地点和远地点，$\gamma = 0$，因此

$$\sqrt{\mu p} = r_p V_p = r_A V_A$$

利用 r_p 和 r_A 的表达式，得到近地点 P 和远地点的速度：

$$V_P = \sqrt{\mu/p}(1+e)$$
$$V_A = \sqrt{\mu/p}(1-e) \quad (2-29)$$

利用远地点的式（2-27）和式（2-29）来考查能量常数，则有

$$E = \frac{V_A^2}{2} - \frac{\mu}{r_A} = \frac{\mu}{2p}(1-e)^2 - \frac{\mu(1-e)}{p} = -\frac{\mu(1-e^2)}{p}$$

所以，

$$E = -\frac{\mu}{2a} \quad (2-30)$$

可见，能量常数 E 决定于半长轴 a。式（2-22）表明，动量矩决定半通径 p。

在轨道运动中，动能为正，势能为负。对于椭圆轨道来说，总能量是负的；对于抛物线轨道，总能量等于零；对于双曲线轨道，总能量是正的。

把能量 E 的有关公式（2-17）和式（2-30）结合起来，写出：

$$E = \frac{V^2}{2} - \frac{\mu}{r} = -\frac{\mu}{2a}$$

由此得到速度 V 和距离 r 的关系：

$$V = \sqrt{\mu\left(\frac{2}{r} - \frac{1}{a}\right)} \qquad (2-31)$$

把轨道方程（2-24）代入其中，则得到 V 和 θ 的关系：

$$V = \sqrt{\frac{\mu}{p}(1 + e^2 + 2e\cos\theta)} \qquad (2-32)$$

速度 V 可分解为横向速度 V_r 和径向速度 V_u（图2-6）。

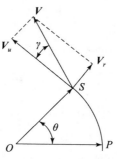

图 2-6 速度分量

横向速度：

$$V_u = r\frac{\mathrm{d}\theta}{\mathrm{d}t} = \frac{H}{r}$$

利用方程（2-24），横向速度的公式为

$$V_u = r\frac{\mathrm{d}\theta}{\mathrm{d}t} = \sqrt{\frac{\mu}{p}}(1 + e\cos\theta) \qquad (2-33)$$

径向速度：

$$V_r = \frac{\mathrm{d}r}{\mathrm{d}t} = \frac{\mathrm{d}r}{\mathrm{d}\theta}\frac{\mathrm{d}\theta}{\mathrm{d}t} = \frac{\mathrm{d}r}{\mathrm{d}\theta}\frac{H}{r^2}$$

由式（2-24）有

$$\frac{dr}{d\theta} = \frac{pe\sin\theta}{(1+e\cos\theta)^2}$$

$$\frac{H}{r^2} = \frac{\sqrt{\mu p}(1+e\cos\theta)^2}{p^2}$$

所以径向速度的公式为

$$V_r = \frac{dr}{dt} = \sqrt{\frac{\mu}{p}} e\sin\theta \qquad (2-34)$$

速度倾斜角 γ（图 2-6）的计算如下：

$$\sin\gamma = \frac{V_r}{V} = \frac{e\sin\theta}{\sqrt{1+e^2+2e\cos\theta}} \qquad (2-35)$$

或者

$$\tan\gamma = \frac{V_r}{V_u} = \frac{e\sin\theta}{1+e\cos\theta} \qquad (2-36)$$

特殊情况——圆轨道：

$$\begin{cases} e=0, r=p=a=\text{const} \\ V_r=0, \gamma=0 \\ V=\sqrt{\dfrac{\mu}{r}} \end{cases} \qquad (2-37)$$

可见，对于圆轨道，半径越大，则速度越小。

4. 沿 Kepler 轨道运动的时间历程

为了得到沿 Kepler 轨道运动的时间历程，利用式（2-33）和式（2-24）可得

$$\frac{d\theta}{dt} = \sqrt{\frac{\mu}{p^3}}(1+e\cos\theta)^2$$

即

$$dt = \sqrt{\frac{p^3}{\mu}} \frac{1}{(1+e\cos\theta)^2} d\theta \qquad (2-38)$$

现定义偏近点角 E，如图 2-7 所示。这里，O 是地球中心，C 是轨道椭圆的中心，P 是近地点，S 是航天器的当时位置。内部曲线是椭圆轨道，外部曲线是该椭圆的外切圆。TSS' 垂直于长轴。

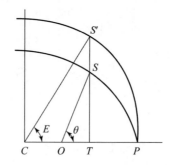

图 2-7 偏近点角 E 与真近点角 θ 的关系

按图 2-7 的几何关系,有

$$a\cos E - ae = r\cos\theta \tag{2-39}$$

由轨道方程

$$r = \frac{a(1-e^2)}{1+e\cos\theta}$$

导出

$$r\cos\theta = [a(1-e^2) - r]/e$$

将它代入式 (2-39),有

$$ae\cos E - ae^2 = a(1-e^2) - r$$

由此得到轨道方程的另外形式:

$$r = a(1 - e\cos E) \tag{2-40}$$

再将式 (2-40) 与式 (2-39) 比较,得到偏近点角 E 与真近点角 θ 的关系:

$$1 + e\cos\theta = \frac{1-e^2}{1-e\cos E} \tag{2-41}$$

$$d\theta = \frac{\sqrt{1-e^2}}{1-e\cos E} dE \tag{2-42}$$

将式 (2-41) 和式 (2-42) 代入式 (2-38),得到

$$dt = \sqrt{\frac{p^3}{\mu(1-e^2)^3}} (1-e\cos E) dE \tag{2-43}$$

进行定积分,左边从通过近地点的时刻 t_p 到 t,右边从 0 到 E,结果为

$$t - t_P = \sqrt{\frac{a^3}{\mu}} (E - e\sin E) \tag{2-44}$$

定义平近点角：

$$M = \sqrt{\frac{\mu}{a^3}}(t - t_P) \tag{2-45}$$

它与时间有线性关系。其中 $\sqrt{\mu/a^3}$ 是轨道运动的平均角速度，通常以符号 n 表示。

式（2-44）和式（2-45）相结合，可得平近点角 M 与偏近点角 E 的关系为

$$M = E - e\sin E \tag{2-46}$$

此式称为 Kepler 方程。当平近点角 M 已知时，用迭代法求解此方程，可以得到偏近点角 E。

偏近点角 E 与真近点角 θ 的关系，除式（2-41）外，还有一个更通用的公式：

$$\tan\frac{\theta}{2} = \sqrt{\frac{1+e}{1-e}}\tan\frac{E}{2} \tag{2-47}$$

$\theta/2$ 与 $E/2$ 是在同一象限内。

总之，求解 Kepler 轨道运动的时间历程的步骤是：

(1) 给定时间 $t - t_p$；

(2) 按式（2-45）计算 M；

(3) 解方程（2-46），求出 E；

(4) 按式（2-47）计算 θ；

(5) 按式（2-24），计算 r；

(6) 计算 V，V_r，V_u，γ，…。

5. 轨道周期

沿 Kepler 轨道运行一圈，M 由 0 变化到 2π，所以轨道周期为

$$P = 2\pi\sqrt{\frac{a^3}{\mu}} \tag{2-48}$$

其中，$a = (r_P + r_A)/2 = R + (h_P + h_A)/2$，$h_P$、$h_A$ 分别为近地点高度和远地点高度；R 为地球平均半径。可见，轨道周期完全决定于半长轴。

2.2.2 在惯性空间观察的 Kepler 轨道

1. 轨道要素

2.2.1 节已经在轨道平面内充分地研究了 Kepler 轨道的性质,并且指出,所有的动力学特性都决定于轨道椭圆的半长轴 a 和偏心率 e。但是为了在惯性空间描述轨道,还须补充一些特征量(图 2-8)。

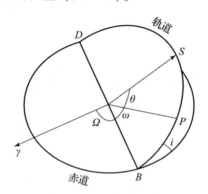

图 2-8 轨道要素的定义

轨道由南向北穿越赤道的点称为升交点,以 B 表示;由北向南穿越赤道的点则称为降交点,以 D 表示。在赤道平面内,由春分点向东转到升交点 B 的角度称为升交点赤经,符号为 Ω。它的有效范围是 $0° \sim 360°$。

轨道平面与赤道平面之间的角度称为轨道倾角,符号为 i。它的有效范围是 $0° \sim 180°$。

在轨道平面内,由升交点转到近地点的角度称为近地点幅角,符号为 ω。它的有效范围是 $0° \sim 360°$。

为了确定时间起点,需给出:通过近地点的时刻 t_p,或者纪元时刻 t_0 的真近点角 $\theta(t_0)$,或偏近点角 $E(t_0)$,或平近点角 $M(t_0)$。其中以纪元时刻的平近点角 $M(t_0)$ 最为常用。它与 t_p 有简单的关系:

$$M(t_0) = \sqrt{\mu/a^3}(t_0 - t_P) \tag{2-49}$$

总之,完全描述轨道的所有特征量是:轨道半长轴 a,轨道偏心率 e,升交点赤经 Ω,轨道倾角 i,近地点幅角 ω,纪元时刻的平近点角 $M(t_0)$。它们总称为轨道要素。

它们的作用分别是：轨道半长轴 a 和偏心率 e 确定轨道的大小与形状；升交点赤经 Ω 和轨道倾角 i 确定轨道平面在惯性空间的取向；近地点幅角 ω 确定拱点线（即从远地点到近地点的直线）在轨道平面内的取向；纪元时刻的平近点角 $M(t_0)$ 确定时间的起点。

每一个轨道要素不仅有明显的物理意义，而且有重要的技术意义，因为它们在很大程度上决定了航天器的技术性能。

2. 轨道运动状态量的变换

下面对在航天器动力学中较为常用的两套轨道坐标系进行介绍。

在轨道动力学中，常使用第一轨道坐标系 $Ox_oy_oz_o(S_o)$。原点 O 在地球中心；轴 x_o 从地心指向航天器，也就是沿地心距矢量 r；轴 y_o 在轨道平面内，垂直于矢量 r，指向前方；轴 z_o 垂直于轨道平面，与动量矩 H 方向一致（图 2-9）。

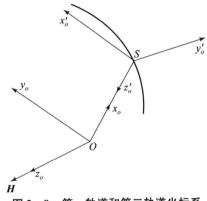

图 2-9 第一轨道和第二轨道坐标系

第一轨道坐标系 S_o 与赤道惯性坐标系 S_i 是通过升交点赤经 Ω、轨道倾角 i、近地点幅角 ω 和真近点角 θ 来联系的（图 2-8），即

$$S_i \xrightarrow{R_z(\Omega)} \circ \xrightarrow{R_x(i)} \circ \xrightarrow{R_z(\omega+\theta)} S_0$$

令 $u = \omega + \theta$，称为纬度幅角。因而有坐标变换矩阵

$$L_{oi} = L_z(u)L_x(i)L_z(\Omega)$$

$$= \begin{bmatrix} \cos u\cos\Omega - \sin u\cos i\sin\Omega & \cos u\sin\Omega + \sin u\cos i\cos\Omega & \sin u\sin i \\ -\sin u\cos\Omega - \cos u\cos i\sin\Omega & -\sin u\sin\Omega + \cos u\cos i\cos\Omega & \cos u\sin i \\ \sin i\sin\Omega & -\sin i\cos\Omega & \cos i \end{bmatrix}$$

(2-50)

轨道运动的状态量有可以互相替代的两组：第一组状态量是时间 t 加上 6 个轨道要素 $[a,e,\Omega,i,\omega,M(t_0)]$。第二组是时间 t 以及当时在惯性坐标系中的位置分量 x_i、y_i、z_i 和速度分量 V_{x_i}、V_{y_i}、V_{z_i}。

由第一组状态量到第二组状态量的变换，就是由已知的轨道要素 a、e、Ω、i、ω、$M(t_0)$ 和 t，求出在惯性坐标系中的位置和速度分量。

首先计算当时的平近点角，其式为

$$M = M(t_0) + \sqrt{\mu/a^3}(t - t_0) \tag{2-51}$$

由 M 求出 E，再求出 θ，由 Ω、i、$\omega+\theta$ 构成坐标变换矩阵 $\boldsymbol{L}_{oi}$。在惯性坐标系 S_i 中的位置坐标为

$$\begin{pmatrix} x_i \\ y_i \\ z_i \end{pmatrix} = \boldsymbol{L}_{io}(u,i,\Omega) \begin{pmatrix} r \\ 0 \\ 0 \end{pmatrix} \tag{2-52}$$

考虑到速度分量：

$$V_{xo} = V_r, \quad V_{yo} = V_u, \quad V_{zo} = 0$$

且利用 V_r 和 V_u 的表达式（2-37）和式（2-36）或式（2-35），得到在惯性坐标系 S_i 中的速度分量：

$$\begin{pmatrix} V_{xi} \\ V_{yi} \\ V_{xi} \end{pmatrix} = \boldsymbol{L}_{io} \begin{pmatrix} V_r \\ V_u \\ 0 \end{pmatrix} = \boldsymbol{L}_{i0}(u,i,\Omega) \begin{pmatrix} \sqrt{\mu/p}e\sin\theta \\ \sqrt{\mu/p}(1+e\cos\theta) \\ 0 \end{pmatrix} \tag{2-53}$$

由第二组状态量到第一组状态量的变换，就是由某时刻 t 的位置分量 x_i、y_i、z_i 和速度分量 V_{xi}、V_{yi}、V_{zi} 求出该时刻 t 的轨道要素 a、e、Ω、i、ω、$M(t_0)$。其步骤如下（图 2-10）。

计算地心距 r，其式为

$$r = \sqrt{x_i^2 + y_i^2 + z_i^2} \tag{2-54}$$

计算速度 V，其式为

$$V = \sqrt{V_{xi}^2 + V_{yi}^2 + V_{zi}^2} \tag{2-55}$$

计算总能量 E，其式为

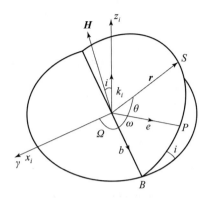

图 2-10 轨道要素的变换

$$E = \frac{V^2}{2} - \frac{\mu}{r} \tag{2-56}$$

计算半长轴 a，其式为

$$a = -\frac{\mu}{2E} \tag{2-57}$$

计算动量矩分量列阵，其式为

$$(\boldsymbol{H})_i = (r)_i^\times (V)_i \tag{2-58}$$

计算动量矩的模 $\boldsymbol{H}$，其式为

$$H = \sqrt{H_{xi}^2 + H_{yi}^2 + H_{zi}^2} \tag{2-59}$$

计算半通径 p，其式为

$$p = H^2/\mu \tag{2-60}$$

计算偏心率 e，其式为

$$e = \sqrt{1 - p/a} \tag{2-61}$$

计算升交点矢量 $\boldsymbol{b} = \boldsymbol{k}_i \times \boldsymbol{H}$ 的分量列阵，其式为

$$(\boldsymbol{b})_i = (\boldsymbol{k}_i)_i^\times (\boldsymbol{H})_i = (-H_{yi} \quad H_{xi} \quad 0)^{\mathrm{T}} \tag{2-62}$$

其中，$\boldsymbol{k}_i$ 为 z_i 轴的单位矢量，且

$$(\boldsymbol{k}_i)_i = (0 \quad 0 \quad 1)^{\mathrm{T}}$$

计算偏心率矢量 $\boldsymbol{e} = L/\mu$ 的分量列阵 [式 (2-18) 和式 (2-23)]，其式为

$$(\boldsymbol{e})_i = \frac{(V)_i^\times (\boldsymbol{H})_i}{\mu} - \frac{(r)_j}{r} \tag{2-63}$$

计算轨道倾角 i，其式为

$$\cos i = H_{zi}/H, \quad 0° \leq i \leq 180° \tag{2-64}$$

计算升交点赤经 Ω，其式为

$$\tan \Omega = b_{yi}/b_{xi} = H_{xi}/(-H_{yi}), \quad 0° \leq \Omega \leq 360° \tag{2-65}$$

计算近地点幅角 ω，其式为

$$\cos \omega = (\boldsymbol{b})_i^{\mathrm{T}} (\boldsymbol{e})_i/(be) \tag{2-66}$$

若 $e_{zi} > 0$，则 $\omega < 180°$；否则 $\omega \geq 180°$。

计算纬度幅角 u，其式为

$$\cos u = (\boldsymbol{b})_i^{\mathrm{T}} (\boldsymbol{r})_i/(br) \tag{2-67}$$

若 $r_{zi} > 0$，则 $u < 180°$；否则 $u \geq 180°$。

计算真近点角 θ，其式为

$$\theta = u - \omega \tag{2-68}$$

计算偏近点角 E，其式为

$$\tan(E/2) = \frac{\sqrt{(1-e)/(1+e)} \sin(\theta/2)}{\cos(\theta/2)} \tag{2-69}$$

计算平近点角 M，其式为

$$M = E - e\sin E \tag{2-70}$$

计算 $M(t_0)$，其式为

$$M(t_0) = M - \sqrt{\mu/a^3}(t - t_0) \tag{2-71}$$

已知位置 $\boldsymbol{r}$ 和速度 $\boldsymbol{V}$，进行坐标变换矩阵 $\boldsymbol{L}_{oi}$ 的推导，首先由 $\boldsymbol{r}$ 和 $\boldsymbol{V}$ 求出轨道要素，然后由其中的 Ω、i、ω、θ 构成变换矩阵 $\boldsymbol{L}_{oi}$ [式(2-50)]。

另一个更简单的办法是由 $\boldsymbol{r}$ 和 $\boldsymbol{V}$ 直接构成变换矩阵 $\boldsymbol{L}_{oi}$，而不必经过轨道要素。其方法如下。

由于轨道坐标系（第一轨道坐标系）S_o 的 x_o 轴与矢径 $\boldsymbol{r}$ 共线，故其单位矢量的分量列阵为

$$(\boldsymbol{i}_o)_i = (\boldsymbol{r})_i/r \tag{2-72}$$

轴 z_o 与动量矩 $\boldsymbol{H} = \boldsymbol{r} \times \boldsymbol{V}$ 共线，故其单位矢量的分量矩阵为

$$(\boldsymbol{k}_o)_i = \frac{(\boldsymbol{r})_i^{\times} (\boldsymbol{V})_i}{|\boldsymbol{r} \times \boldsymbol{V}|} \tag{2-73}$$

轴 y_o 的单位矢量的分量列阵为

$$(j_o)_i = (k_o)_i^\times (i_o)_i \qquad (2-74)$$

然后可以构成坐标变换矩阵：

$$L_{oi} = \begin{pmatrix} (i_o)_i^{\mathrm{T}} \\ (j_o)_i^{\mathrm{T}} \\ (k_o)_i^{\mathrm{T}} \end{pmatrix} \qquad (2-75)$$

2.3 航天器的相对运动方程

2.3.1 航天器的近距离相对运动

在航天技术的某些问题，特别是卫星编队、卫星星座、卫星伴飞以及近距离交会等问题中，航天器之间的相对运动是重要的。

现考虑两个航天器的相对运动，其中一个称为参考（或中心）航天器 C，另一个称为伴随航天器 A（图 2-11）。假设参考航天器 C 不受摄动作用，沿 Kepler 轨道运动，因而它的运动方程为

$$\frac{\mathrm{d}^2 r_c}{\mathrm{d}t^2} + \frac{\mu}{r^3} r_e = 0 \qquad (2-76)$$

其中，r_c 为 C 的位置矢量。

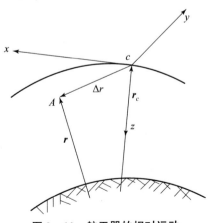

图 2-11 航天器的相对运动

设伴随航天器 A 的位置矢量为 r，它受到的控制力为 F，相应的控制（或摄动）加速度为 $f = F/m$。于是它的运动方程为

$$\frac{\mathrm{d}^2 \boldsymbol{r}}{\mathrm{d}t^2} + \frac{\mu}{r^3}\boldsymbol{r} = \boldsymbol{f} \qquad (2-77)$$

以上两式相减：

$$\frac{\mathrm{d}^2}{\mathrm{d}t^2}(\boldsymbol{r}-\boldsymbol{r}_c) + \mu\left(\frac{\boldsymbol{r}}{r^3} - \frac{\boldsymbol{r}_c}{r_c^3}\right) = \boldsymbol{f} \qquad (2-78)$$

令距离差：

$$\Delta \boldsymbol{r} = \boldsymbol{r} - \boldsymbol{r}_c \qquad (2-79)$$

把上面的方程改写为

$$\frac{\mathrm{d}^2}{\mathrm{d}t^2}\Delta \boldsymbol{r} + \frac{\mu}{r^3}\left((\boldsymbol{r}_c + \Delta \boldsymbol{r})\frac{r_c^3}{r^3} - \boldsymbol{r}_c\right) = \boldsymbol{f} \qquad (2-80)$$

写出三角形的关系式：

$$r^2 = r_c^2 + \Delta r^2 + 2\Delta \boldsymbol{r} \cdot \boldsymbol{r}_c$$

在近距离相对运动的情况下，$\Delta r / r_c \ll 1$，故

$$\frac{r^2}{r_c^2} = 1 + \frac{\Delta r^2}{r_c^2} + 2\frac{\boldsymbol{r}_c \cdot \Delta \boldsymbol{r}}{r_c^2} \approx 1 + 2\frac{\boldsymbol{r}_c \cdot \Delta \boldsymbol{r}}{r_c^2}$$

$$\frac{r_c^3}{r^3} \approx \left(1 + 2\frac{\boldsymbol{r}_c \cdot \Delta \boldsymbol{r}}{r_c^2}\right)^{-3/2} \approx 1 - 3\frac{\boldsymbol{r}_c \cdot \Delta \boldsymbol{r}}{r_c^2}$$

将此式代入方程（2-80），略去高阶小量，得到惯性坐标系中的相对运动的微分方程：

$$\frac{\mathrm{d}^2}{\mathrm{d}t^2}\Delta \boldsymbol{r} + \frac{\mu}{r_c^3}\left(\Delta \boldsymbol{r} - 3\frac{\boldsymbol{r}_c \cdot \Delta \boldsymbol{r}}{r_c^2}\right) = \boldsymbol{f} \qquad (2-81)$$

2.3.2 在轨道坐标系中的相对运动方程

在追踪航天器、目标航天器相对距离较近时，如 100 km 以内，使用追踪航天器和目标航天器的相对运动方程来描述两个航天器的相对位置比用轨道动力学方程更加方便。

首先假设两航天器为刚体，且只受地球引力和推力器产生的推力作用，不考虑地球自转和公转的影响，不考虑其他摄动影响。在交会过程中，目标航天器在预定轨道上运行，不做机动飞行，而追踪航天器受推力控制做机动飞行，实现轨道交会。

20 世纪 60 年代，W. H. Clohessy 和 R. S. Wiltshire 在空间交会对接问题的研究中，假定两个航天器仅受地球引力的作用，并对方程进行一次近似，产生了常系数微分方程组，称为 Clohessy – Wiltshire 方程。

现取参考航天器的轨道坐标系 $Ox_oy_oz_o$，并简写为 $Cxyz$（图 2 – 11）。轴 z 沿矢径 r_c 的反方向；轴 x 在轨道平面内，垂直于 r_c，向前；轴 y 垂直于轨道平面，向右。

设参考航天器沿圆轨道运动，因而轨道坐标系具有常值角速度：

$$\Omega = \sqrt{\mu/r_c^3}$$

它的分量列阵为

$$(\boldsymbol{\Omega})_o = (0 \; -\Omega \; 0)^T$$

相对位置矢量的分量列阵为

$$(\Delta \boldsymbol{r})_o = (\Delta x \quad \Delta y \quad \Delta z)^T$$

位置矢量的分量列阵为

$$(\boldsymbol{r}_c)_o = (0 \quad 0 \quad -r_c)^T$$

根据活动坐标系中矢量的导数的规则，有

$$\left(\frac{d\Delta \boldsymbol{r}}{dt}\right)_o = \frac{d(\Delta \boldsymbol{r})_o}{dt} + (\boldsymbol{\Omega})_o^\times (\Delta \boldsymbol{r})_o$$

$$\left(\frac{d^2\Delta \boldsymbol{r}}{dt^2}\right)_o = \frac{d^2(\Delta \boldsymbol{r})_o}{dt^2} + (\boldsymbol{\Omega})_o^\times \frac{d(\Delta \boldsymbol{r})_o}{dt} + (\boldsymbol{\Omega})_0^\times \frac{d(\Delta \boldsymbol{r})_o}{dt} + (\boldsymbol{\Omega})_o^\times (\boldsymbol{\Omega})_o^\times (\Delta \boldsymbol{r})_o$$

将式（2 – 81）中的一项加以处理：

$$-3\frac{\boldsymbol{r}_c \cdot \Delta \boldsymbol{r}}{r_c^2}\boldsymbol{r}_c = -\frac{3}{r_c^2}[(0 \quad 0 \quad -r_c)(\Delta x \quad \Delta y \quad \Delta z)^T](0 \quad 0 \quad -r_c)^T$$

$$= -3(0 \quad 0 \quad \Delta z)^T$$

利用以上关系式，将方程（2 – 81）化成矩阵形式：

$$\frac{d^2(\Delta \boldsymbol{r})_o}{dt^2} + 2(\boldsymbol{\Omega})_o^\times \frac{d(\Delta \boldsymbol{r})_o}{dt} + (\boldsymbol{\Omega})_o^\times (\boldsymbol{\Omega})_o^\times (\Delta \boldsymbol{r})_o + \Omega^2[(\Delta \boldsymbol{r})_o - 3(0 \quad 0 \quad \Delta z)^T] = (\boldsymbol{f})_o$$

展开后成为

$$\begin{pmatrix} \Delta \ddot{x} \\ \Delta \ddot{y} \\ \Delta \ddot{z} \end{pmatrix} + \begin{pmatrix} -2\Omega\Delta \dot{z} \\ 0 \\ 2\Omega\Delta \dot{x} \end{pmatrix} + \begin{pmatrix} -\Omega^2 \Delta x \\ 0 \\ -\Omega^2 \Delta z \end{pmatrix} + \begin{pmatrix} \Omega^2 \Delta x \\ \Omega^2 \Delta y \\ -2\Omega^2 \Delta z \end{pmatrix} = \begin{pmatrix} f_x \\ f_y \\ f_z \end{pmatrix}$$

最后结果是

$$\begin{cases} \Delta \ddot{x} - 2\Omega \Delta \dot{z} = f_x \\ \Delta \ddot{y} + \Omega^2 \Delta y = f_y \\ \Delta \ddot{z} - 3\Omega^2 \Delta z + 2\Omega \Delta \dot{x} = f_z \end{cases} \quad (2-82)$$

此方程称为 Clohessy - Wiltshire 方程或 Hill 方程。它是研究航天器近距离相对运动规律的基础。

2.3.3 相对运动方程的解

令相对速度：$\Delta v_x = \Delta \dot{x}$，$\Delta v_y = \Delta \dot{y}$，$\Delta v_z = \Delta \dot{z}$，把方程（2-82）写成线性微分方程的矩阵形式：

$$\frac{d}{dt} \begin{pmatrix} \Delta x \\ \Delta y \\ \Delta z \\ \Delta v_x \\ \Delta v_y \\ \Delta v_z \end{pmatrix} = \begin{pmatrix} 0 & 0 & 0 & 1 & 0 & 0 \\ 0 & 0 & 0 & 0 & 1 & 0 \\ 0 & 0 & 0 & 0 & 0 & 1 \\ 0 & 0 & 0 & 0 & 0 & 2\Omega \\ 0 & -\Omega^2 & 0 & 0 & 0 & 0 \\ 0 & 0 & 3\Omega^2 & -2\Omega & 0 & 0 \end{pmatrix} \begin{pmatrix} \Delta x \\ \Delta y \\ \Delta z \\ \Delta v_x \\ \Delta v_y \\ \Delta v_z \end{pmatrix} + \begin{pmatrix} 0 \\ 0 \\ 0 \\ f_x \\ f_y \\ f_z \end{pmatrix} \quad (2-83)$$

令 $\boldsymbol{p} = (\Delta x \quad \Delta y \quad \Delta z)^T$，$\boldsymbol{q} = (\Delta v_x \quad \Delta v_y \quad \Delta v_z)^T$，$\boldsymbol{f} = (f_x \quad f_y \quad f_z)^T$，在初始条件 $p(t_0)$ 和 $q(t_0)$ 及任意控制 $f(t)$ 作用下，微分方程（2-83）的解可以写成

$$\begin{pmatrix} p(t) \\ q(t) \end{pmatrix} = \begin{pmatrix} \boldsymbol{A}(t-t_0) & \boldsymbol{B}(t-t_0) \\ \boldsymbol{C}(t-t_0) & \boldsymbol{D}(t-t_0) \end{pmatrix} \begin{pmatrix} p(t_0) \\ q(t_0) \end{pmatrix} + \int_{t_0}^{t} \begin{pmatrix} \boldsymbol{B}(t-s) \\ \boldsymbol{D}(t-s) \end{pmatrix} f(s) ds$$

$$(2-84)$$

其中,

$$\boldsymbol{A}(\tau) = \begin{pmatrix} 1 & 0 & 6(\Omega \tau - \sin \Omega \tau) \\ 0 & \cos \Omega \tau & 0 \\ 0 & 0 & 4 - 3\cos \Omega \tau \end{pmatrix}$$

$$\boldsymbol{B}(\tau) = \begin{pmatrix} (4/\Omega) \sin \Omega \tau & 0 & (2/\Omega)(1 - \cos \Omega \tau) \\ 0 & (1/\Omega) \sin \Omega \tau & 0 \\ (2/\Omega)(-1 + \cos \Omega \tau) & 0 & (1/\Omega) \sin \Omega \tau \end{pmatrix}$$

$$C(\tau) = \begin{pmatrix} 0 & 0 & 6\Omega(1-\cos\Omega\tau) \\ 0 & -\Omega\sin\Omega\tau & 0 \\ 0 & 0 & 3\Omega\sin\Omega\tau \end{pmatrix}$$

$$D(\tau) = \begin{pmatrix} -3+4\cos\Omega\tau & 0 & 2\sin\Omega\tau \\ 0 & \cos\Omega\tau & 0 \\ -2\sin\Omega\tau & 0 & \cos\Omega\tau \end{pmatrix}$$

$\tau = t - t_0$

在三角函数中，$\Omega\tau$ 是一个整体。矩阵 A、B、C、D 称为状态转移矩阵。式（2-84）的右边第二项是卷积分。

2.3.4 航天器伴随运动性质

在控制 $f = 0$，即自由运动情况下，解式（2-84）的前 3 个变量是

$\Delta x = (\Delta x_0 + 2\Delta v_{x0}/\Omega) - 2(\Delta v_{x0}/\Omega)\cos\Omega\tau + 2(2\Delta v_{x0}/\Omega - 3\Delta z_0)\sin\Omega\tau +$
$\quad 3(2\Omega\Delta z_0 - \Delta v_{x0})\tau$

$\Delta y = \Delta y_0 \cos\Omega\tau + (\Delta v_{y0}/\Omega)\sin\Omega\tau$

$\Delta z = (2/\Omega)(2\Omega\Delta z_0 - \Delta v_{x0}) + (2\Delta v_{x0}/\Omega - 3\Delta z_0)\cos\Omega\tau + (\Delta v_{z0}/\Omega)\sin\Omega\tau$

若初始条件满足

$$2\Omega\Delta z_0 - \Delta v_{x0} = 0$$

则

$$\begin{cases} \Delta x = \xi_0 - 2c\cos\Omega\tau + 2d\sin\Omega\tau \\ \Delta y = f\cos\Omega\tau + g\sin\Omega\tau \\ \Delta z = c\sin\Omega\tau + d\cos\Omega\tau \end{cases}$$

其中，

$$\begin{cases} \xi_0 = \Delta x_0 + 2\Delta v_{x0}/\Omega \\ c = \Delta v_{z0}/\Omega \\ d = 2\Delta v_{x0}/\Omega - 3\Delta z_0 \\ f = \Delta y_0 \\ g = \Delta v_{y0}/\Omega \end{cases}$$

它们是由初始条件决定的常数。

进一步转化成

$$\begin{cases} (\Delta x - \xi_0) = 2b\cos(\Omega\tau + \alpha) \\ \Delta y = h\cos(\Omega\tau + \beta) \\ \Delta z = b\sin(\Omega\tau + \alpha) \end{cases}$$

其中，

$$\begin{cases} (\Delta x - \xi_0) = 2b\cos(\Omega\tau + \alpha) \\ \Delta y = h\cos(\Omega\tau + \beta) \\ \Delta z = b\sin(\Omega\tau + \alpha) \end{cases}$$

而相对速度分量则是

$$\begin{cases} \Delta v_x = -2b\Omega\sin(\Omega\tau + \alpha) \\ \Delta v_y = -h\Omega\sin(\Omega\tau + \beta) \\ \Delta v_z = b\Omega\cos(\Omega\tau + \alpha) \end{cases} \quad (2-85)$$

可见（图 2-12），在 Δx、Δz 平面上，相对运动轨迹是椭圆。其长轴沿 x 轴，短轴沿 z 轴，而半长轴等于半短轴的 2 倍。在 Δx、Δz 平面上，相对运动轨迹也是椭圆。但其长轴和短轴不在 x 轴或 y 轴的方向。而且相对运动的周期就是轨道周期。

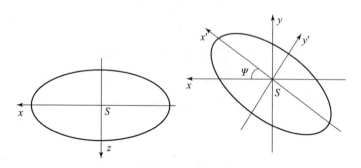

图 2-12 相对运动轨迹

意义和应用：以上方程描述一个航天器在另一个航天器附近的环绕轨道运动，又称为航天器的伴随运动；以这个理论为基础，已经设计和试验了空间站的伴随卫星，编队飞行卫星群等新型航天器，它们有广阔的应用前景。

2.3.5　航天器近距离相对运动方程的推广

以上的结果有一定的限制条件。在惯性坐标系中相对运动的微分方程（2-81）的前提条件是：参考（中心）航天器不受任何摄动作用；而轨道坐标系中的相对运动方程（2-82）及随后的解和伴随运动性质分析，除假设参考（中心）航天器不受任何摄动作用外，还假设它的轨道是圆的。现在把上述结果推广到更一般的情况。

设航天器 C 和 A（图 2-11）都运行在微小偏心率的椭圆轨道上，分别受到摄动力 f_c 和 f_a 的作用。设想有一个虚拟的航天器 P 运行在圆轨道上，其周期等于 C 的周期，且 P 不受摄动作用。从 P 到 C 的矢量为 Δr_c，从 P 到 A 的矢量为 Δr_a。于是对于 C 和 A，可以写出与方程（2-82）相似的方程：

$$\begin{cases} \Delta \ddot{x}_c - 2\Omega \Delta \dot{z}_c = f_{xc} \\ \Delta \ddot{y}_c + \Omega^2 \Delta y_c = f_{yc} \\ \Delta \ddot{z}_c - 3\Omega^2 \Delta z_c + 2\Omega \Delta \dot{x}_c = f_{zc} \end{cases}$$

和

$$\begin{cases} \Delta \ddot{x}_a - 2\Omega \Delta \dot{z}_a = f_{xa} \\ \Delta \ddot{y}_a + \Omega^2 \Delta y_a = f_{ya} \\ \Delta \ddot{z}_a - 3\Omega^2 \Delta z_a + 2\Omega \Delta \dot{x}_a = f_{za} \end{cases}$$

令从 C 到 A 的矢量为

$$\Delta r = \Delta r_a - \Delta r_c$$

摄动力之差为

$$\Delta f = f_a - f_c$$

于是得到

$$\begin{cases} \Delta \ddot{x} - 2\Omega \Delta \dot{z} = \Delta f_x \\ \Delta \ddot{y} + \Omega^2 \Delta y = \Delta f_y \\ \Delta \ddot{z} - 3\Omega^2 \Delta z + 2\Omega \Delta \dot{x} = \Delta f_z \end{cases}$$

这就是航天器 A 相对于航天器 C 的运动方程。若把 C 当作中心航天器，把 A

当作伴随航天器，那么这就是当中心航天器不在圆轨道上且具有微小偏心率、两个航天器都受到摄动时的相对伴随运动方程。注意：这时方程右端是两个航天器受到的摄动之差。

这样就把相对运动方程（2-82）推广到了更一般的情况。也就是说，在一阶近似的范围内该方程的两个限制条件可以去掉。

第 3 章
轨道偏离与摄动

3.1 轨道安全与轨道偏离

交会和对接实际上是一个"经过设计的相撞"的过程，这个"相撞"要考虑两个航天器接触点的几何位置和接触时的直线速度和角速率。为了达到规定范围内的接触条件，在接触之前，轨道必须保持在接触公差范围之内。超出这个公差范围的任何一点偏差，要么丧失交会和连接的机会，要么因为在不适合的点和动量条件下，导致航天器相撞，造成严重后果。基于这样的原因，交会操作以及涉及这一过程的所有的功能和系统，都要与故障公差和安全要求相符。

对于安全和任务的成功所需的故障公差的级别，取决于任务种类。"安全"这一术语在空间操作条件下通常是指"人的安全"，用于那些至少有一个是载人航天器的任务中。这个航天器可以是追踪航天器，也可以是目标航天器。载人的航天任务对故障公差要求较高，不载人的航天任务对故障公差要求较低。在不载人的航天任务中，需要保护的对象是航天器，故有些研究者建议用"航天器安全"这一术语。然而，不论是载人的航天任务还是不载人的航天任务，当考虑轨道偏离的效应和相撞的危险时，这两个词的区别并不大。

3.1.1 故障公差和轨道设计要求

故障公差的定义一般都具有通用性，如要适用于针对某一类任务的所有航天器系统和所有载荷系统等。但考虑每次特定任务的目标时，就需要重新界定故障公差要求。比如说在国际空间站项目中，界定了下列故障公差要求。

（1）一次故障不应导致严重的后果。

（2）两次故障不应导致灾难性的后果。

"一次故障"被定义为"系统、子系统或部件（硬件或软件）失效，不能完成其功能"，或者是任何一次"操作员故障"。"严重的后果"被定义为"特定任务的失败"，如在交会任务中另一个航天器与ISS未完成交会等。"灾难性的后果"被定义为"失去生命或航天员受伤致残"，或者"失去空间站或失去它的基本组成部分"。

对航天器的操作来说，可以转化成人们熟悉的"故障工作—故障安全"需求。可以预计，这样一个两级要求也同样适用于不载人的航天器对卫星的维修，这种情况就是典型的两个不载人的航天器的交会和捕获。对于常规的交会和捕获操作过程来说，这种故障公差能以下列方式说明。

1. 逼近到接触

一次故障后，轨道必须保持安全（不会相撞），可以继续恢复执行交会任务。

二次故障后，形成的新轨道必须保证不会相撞，不需继续执行任务。

2. 捕获

一次故障后，追踪航天器必须能后退并再次尝试执行任务。

二次故障后，追踪航天器必须能安全离开目标（避免相撞），不需重启任务。

3. 撤离

一次故障后，追踪航天器必须能够继续标称上的撤离和脱轨操作。

二次故障后，追踪航天器必须能够安全离开目标（避免相撞），没有进一步的要求。

3.1.2 轨道安全的设计原则

以下列出了在逼近阶段，安全需求如何被转化为逼近轨道策略和船载系统的设计要求。

（1）考虑到相撞的危险，对于逼近和撤离方案和其轨道因素的设计必须本着越安全越好的原则。这意味着，在考虑到所有可能的误差和所有可能的船载系统发生一次故障的情况下，每一轨道段的自然进展都要尽量长久避免相撞。当然，也不可能一直不相撞，因为追踪航天器最终还是要与目标航天器进行物理接触的。

（2）在目标站附近，追踪航天器的船载系统必须能够监控自身相对目标航天器在每个轨道点上的相对状态矢量。当与设计轨道出现较大偏差时，必须能够自动地纠正偏差。

（3）船载系统必须能探测出其子系统、功能和设备的故障，必须能在限定的时间内启用备用的设备、功能和子系统，这样能够继续目前的轨道或者是开始一个备用的操作，以允许以后再恢复执行任务。

（4）任何情况下，在逼近、撤离轨道上的任何一点，所有的控制都失败，实际的状态矢量又超出安全界限时，船载系统必须能执行一次操作来保证两个航天器不会相撞。在天然的不会相撞的轨道存在的情况下，只需要简单地关闭所有的推进器。在其他情况下，则需要一次推进就使追踪航天器离开目标附近区域。

就第（1）个设计要求来说，为了评估轨道设计的可行性和限制条件，首先要分辨轨道偏差产生的原因，然后找到合适的安全防护措施。第（2）个和第（3）个设计要求要考虑船载控制系统的设计。第（4）个设计要求，要考虑安全避撞机动的有效性，执行时要考虑两点。

（1）各种情况下轨道和机动的设计。

（2）在轨道上任何一点能够探测到与设计状态矢量产生的偏差并采取适当的措施，这是船载系统的任务。

3.1.3 轨道偏差的成因

轨道偏差的主要成因分为轨道摄动以及航天器系统产生的偏差两类。

其中，轨道摄动是指作用在航天器上的力使其改变轨道的现象，如因为地球的非理想球面性而产生的偏差、因大气阻力产生的偏差、因太阳光压产生的偏差、推进器羽流压力产生的偏差等。而航天器系统产生的偏差主要包括导航偏差、控制偏差、推进矢量偏差以及推进器故障造成的偏差，下面将分别进行说明。

（1）导航偏差：指船载系统对状态（位置、速度、高度、角速率等）的感知与实际状态之间的差别。初始导航角偏差可能会随着时间的增加而逐渐被轨道动力扩大。

（2）控制偏差：指理论修正值与实际修正值之间的差别。产生控制偏差的部分原因是存在导航偏差和推进矢量偏差，因此控制偏差无须单独讨论。

（3）推进矢量偏差：指在大小和方向上与假定的作用力和力矩矢量的偏差。

（4）推进器故障造成的偏差：严格意义来说，该类偏差应包含在推进矢量偏差中。然而，一般意义上的推进器故障主要指硬件故障，如推进器阀门无法开启或关闭等，其导致的偏差数量级较大，处理的方法与处理推进矢量偏差中的一些小偏差的方法有所区别。故将推进器故障单独列为轨道偏差产生原因中的一项。

3.2 航天器系统产生的轨道偏差

3.2.1 导航偏差引起的轨道偏差

导航偏差是测得或预计的状态矢量与实际状态矢量之间的差别。这样的偏差可以由敏感器和航天器轴线之间的校准偏差导致，或者由敏感器的测量性能局限性导致，也有可能由测量环境的异常导致，还可能由导航滤波器处理信息的局限性导致。航天器飞行过程中，需要测量的参数包括位置、线速度、姿态和角速率。以下将分别介绍位置测量偏差和速度测量偏差导致的轨道偏差结果。

除了表明位置偏差本身之外，在 x 轴上的位置测量偏差对轨道的演变没有进一步的影响。由 C-W 方程可知，在 y 轴方向上的位置偏差随着时间的变化会呈正弦曲线形态。即假定测量偏差为 Δy_m，进而导致的轨道偏差随时间变化可以表示为

$$\Delta y(t) = \Delta y_m \cos(\omega t) \tag{3-1}$$

在 z 轴方向上的位置偏差 Δz_m 根据 x 轴向速度可以有多种结果。如果航天器没有速度偏差，即航天器仍以原速度运行，航天器会以明显的 z 轴进行漂移产生环路运动，即

$$\Delta x(t) = 6\Delta z_m [\omega t - \sin(\omega t)]$$
$$\Delta z(t) = \Delta z_m [4 - 3\cos(\omega t)] \tag{3-2}$$

如果航天器的速度能够维持偏离之后的轨道高度,以原轨道的速度运行,轨道偏差将在 x 轴上不断变化,而在 z 轴上保持不变,即

$$\Delta x(t) = \frac{3}{2}\omega \Delta z_m t$$
$$\Delta z(t) = \Delta z_m \tag{3-3}$$

所以对于误差评估来说,如果对于速度测量的准确度无法保证,在 z 轴方向上的偏差就要考虑极端的情况,将最差数值考虑在内。例如,z 轴方向产生 10 m 的测量偏差,如果航天器具有保持该轨道高速的运行速度,在 x 轴方向上一个轨道周期后位置的不确定度为 94.25 m;如果航天器以原轨道速度运行,半个轨道周期后在 z 轴方向上的不确定度为 70 m,一个轨道周期后在 x 轴方向上的不确定度为 377 m。

速度测量偏差产生的影响和在相对运动方程中特定方向的初始速度产生的影响相同。当 x 轴方向产生测量偏差 Δv_{xm} 后,产生的轨道偏差为

$$\Delta x(t) = \Delta v_{xm} \left[\frac{4}{\omega}\sin(\omega t) - 3t\right]$$
$$\Delta z(t) = \frac{2}{\omega}\Delta v_{xm}[\cos(\omega t) - 1] \tag{3-4}$$

y 轴方向产生测量偏差 ΔV_{ym} 后,产生的轨道偏差为

$$\Delta y(t) = \frac{1}{\omega}\Delta v_{ym}\sin(\omega t) \tag{3-5}$$

z 轴方向产生测量偏差 ΔV_{zm} 后,产生的轨道偏差为

$$\Delta x(t) = \frac{2}{\omega}\Delta v_{zm}[1 - \cos(\omega t)]$$
$$\Delta z(t) = \frac{1}{\omega}\Delta v_{zm}\sin(\omega t) \tag{3-6}$$

3.2.2 推进偏差引起的轨道偏差

推进偏差可由以下各类偏差引起:推力大小的偏差(ΔF)、航天器实际质量

偏差（Δm）、推进持续时间偏差（Δt）和推进方向相对于理想值的偏差（$\Delta \alpha$）。这些偏差由安装偏差、排气速度矢量相对于喷嘴机械轴的偏移、推进羽流对航天器本身的冲击、实际脉冲与标称脉冲的偏差等因素引起。

单位质量航天器施加的推进力为

$$\gamma_t = \frac{F_t}{m_c} \qquad (3-7)$$

其中，F_t 为标称推进力；m_c 为航天器的质量；γ_t 为标称推进力/质量。包含偏差的单位质量的实际推进力可以定义为

$$\begin{aligned}\gamma &= \gamma_t + \Delta \gamma \\ &= \gamma_t \varepsilon_\gamma\end{aligned} \qquad (3-8)$$

其中，ε_γ 为推进偏差因数，且

$$\varepsilon_\gamma = 1 + \frac{\Delta \gamma}{\gamma_t} \qquad (3-9)$$

如果推进偏差是由于假定推力的偏差造成的，那么

$$\varepsilon_\gamma = 1 + \frac{\Delta F}{F_t} \qquad (3-10)$$

如果推进偏差是由于假定质量偏差引起的，那么

$$\varepsilon_\gamma = 1 + \frac{m_c}{\Delta m} \qquad (3-11)$$

而推进的实际时间可以定义为

$$\begin{aligned}t &= t_t + \Delta t \\ &= t_t \varepsilon_t\end{aligned} \qquad (3-12)$$

其中，t_t 为标称推进持续时间；ε_t 为持续时间偏差因数，且

$$\varepsilon_t = 1 + \frac{\Delta t}{t_t} \qquad (3-13)$$

推进偏差影响下的 x 方向的实际位置 x_{act} 和实际速度 $\dot{x}_{act}$ 可以按如下方式定义：

$$\begin{aligned}x_{act} &= x_{th} + \Delta x \\ &= x_{th} \varepsilon_x\end{aligned} \qquad (3-14)$$

其中，x_{th} 为标称位置的 x 轴分量；ε_x 为轨道偏差因数。

$$\varepsilon_x = 1 + \frac{\Delta x}{x_{th}} \quad (3-15)$$

同样

$$\dot{x}_{act} = \dot{x}_{th} + \Delta\dot{x} \\ = \dot{x}_{th}\varepsilon_{v_x} \quad (3-16)$$

其中，$\dot{x}_{th}$ 为标称速度的 x 轴分量；ε_{v_x} 为速度偏差因数。

$$\varepsilon_{v_x} = 1 + \frac{\Delta\dot{x}}{\dot{x}_{th}} \quad (3-17)$$

同理，也可以推导出 y、z、$\dot{y}$、$\dot{z}$ 的偏差形式。

结合相对运动方程，由于 x 轴方向的推进偏差而造成的轨道偏差如式（3-18）所示：

$$\begin{aligned} x_{act} &= x_{th}\varepsilon_x = \gamma_x \varepsilon_\gamma \left\{ \frac{4}{\omega^2}[1-\cos(\omega t_t \varepsilon_t)] - \frac{3}{2}t_t^2 \varepsilon_t^2 \right\} \\ z_{act} &= z_{th}\varepsilon_z = \frac{2}{\omega^2}\gamma_x \varepsilon_\gamma [\sin(\omega t_t \varepsilon_t) - \omega t_t \varepsilon_t] \end{aligned} \quad (3-18)$$

考虑推进偏差的实际速度为

$$\begin{aligned} \dot{x}_{act} &= \dot{x}_{th}\varepsilon_{V_x} = \gamma_x \varepsilon_\gamma \left[\frac{4}{\omega}\sin(\omega t_t \varepsilon_t) - 3t_t \varepsilon_t \right] \\ \dot{z}_{act} &= \dot{z}_{th}\varepsilon_{V_x} = \frac{2}{\omega}\gamma_x \varepsilon_\gamma [\cos(\omega t_t \varepsilon_t) - 1] \end{aligned} \quad (3-19)$$

由于 y 轴方向上的推进偏差而造成的轨道偏差如式（3-20）所示：

$$y_{act} = y_{th}\varepsilon_y = \frac{1}{\omega^2}\gamma_y \varepsilon_\gamma [1-\cos(\omega t_t \varepsilon_t)] \quad (3-20)$$

考虑推进偏差的实际速度为

$$\dot{y}_{act} = \dot{y}_{th}\varepsilon_{V_y} = \frac{1}{\omega}\gamma_y \varepsilon_\gamma \sin(\omega t_t \varepsilon_t) \quad (3-21)$$

由于 z 轴方向的推进偏差而造成的轨道偏差如式（3-22）所示：

$$\begin{aligned} x_{act} &= x_{th}\varepsilon_x = \frac{2}{\omega^2}\gamma_z \varepsilon_\gamma [\omega t_t \varepsilon_t - \sin(\omega t_t \varepsilon_t)] \\ z_{act} &= z_{th}\varepsilon_z = \frac{1}{\omega^2}\gamma_z \varepsilon_\gamma [1-\cos(\omega t_t \varepsilon_t)] \end{aligned} \quad (3-22)$$

考虑推进偏差的实际速度为

$$\dot{x}_{act} = \dot{x}_{th}\varepsilon_{v_x} = \frac{2}{\omega}\gamma_z\varepsilon_\gamma[1-\cos(\omega t_t \varepsilon_t)]$$

$$\dot{z}_{act} = \dot{z}_{th}\varepsilon_{v_x} = \frac{1}{\omega}\gamma_z\varepsilon_\gamma\sin(\omega t_t \varepsilon_t)$$

(3–23)

从以上方程可以看出，航天器推力大小偏差会导致航天器的轨道和速度成比例地出现偏差。而推进持续时间的偏差会通过较为复杂的时间依存条件对航天器的轨道和速度产生影响。

对于推进方向偏差，主要是航天器相对轨道坐标系的飞行姿态偏差、推进器硬件的几何连接偏差以及推进矢量相对于推进器喷嘴的线性偏差等因素引起的，也有可能是流体-动力的不对称性引起的。在姿态测量偏差的情况下，推力方向偏差产生一个垂直的推进分量。

假设某一次推进产生 1 m/s 的 Δv，1°的姿态偏差将导致在垂直方向上产生 0.017 5 m/s 的干扰速度分量。假设在 400 km 的轨道上进行此脉冲机动，每个轨道周期在 x 轴方向上的位置偏差会接近 290 m，在 z 方向上的偏差会达到 31 m。

3.2.3 推进器故障导致的轨道偏差

推进器故障的形式主要有两种：在操作快要结束时，无法关闭推进器阀门（"推进器—打开"故障）；要点火时，无法打开阀门（"推进器—关闭"故障）。其他一些故障，如推进器永久地产生一定的推进力，与"推进器—打开"故障产生的效果一样。

1. "推进器—打开"故障

交会航天器必须具备在各个方向产生控制力的能力，因此应有相应方向的推进器组合。根据故障推进器的方向，"推进器—打开"故障如果没有被抵消，可以产生任何形态的轨道。最终轨道和速度偏差的大小取决于故障情况的持续时间。因此，对于"推进器—打开"故障没有其他的防护措施，只有通过尽早地检测出故障、停止推进力来降低故障的影响。残留的最大轨道误差和速度误差可以由发生故障与关闭故障推进器的时间差计算得出。（参见 3.2.2 节中对推进持续时间偏差的讨论）

2. "推进器—关闭"故障

"推进器—关闭"故障，如果没有冗余设备并及时排除故障，可以导致某一轴向姿态控制失败和在某个方向上轨道控制失败。在这根轴上未经控制的角运动，经过一段时间后会引起该轴轨道控制力与其他轴耦合，产生轨道偏差。"推进器—关闭"故障如果未得到解决，产生的后果从短期来看是无法执行设计好的轨道机动，从长期来看是姿态失控并形成轨道偏差。如果可以发现故障推进器，而且备用的推进器可以使用，那么显然关闭故障推进器、使用备用推进器是最好的解决办法。要不然就关闭所有的推进器，产生一个不会相撞的轨道，来抑制"推进器—关闭"故障带来的长期效果，以解除与目标航天器潜在的相撞危险。

3.3 轨道摄动

3.3.1 轨道摄动的概念

按照理想轨道的规律，航天器的轨道是不变的，即除平近点角外的轨道要素为常数：轨道的大小和形状 (a, e)、轨道平面在空间的方位 (Ω, i) 和近地点在轨道平面的位置 (ω) 都始终不变。但是实际上，正如对天体和人造卫星的观测结果所表明，在运行中，天体和卫星轨道的各个要素都有变化。这表明，除了中心场的引力外，还有其他微弱的因素在起作用。航天器运动受到这些非理想因素的作用（或者说受到摄动），因而轨道要素逐渐发生了变化。

航天器的实际运动相对于理想轨道（即 Kepler 轨道）运动的偏差称为轨道摄动（或扰动）。造成摄动的因素如下。

(1) 地球并不是均匀的球形，因而地球引力加速度并不能以 $-(\mu/r^3)r$ 的形式准确地描述。

(2) 在航天器运行的空间，仍存在稀薄的空气，因此对运动的航天器产生空气动力作用。轨道高度越低，这种作用就越明显。

(3) 月球和太阳对航天器也产生引力。航天器离地球越远，日月引力的相对作用就越显著。

(4) 太阳辐射压力的作用。

(5) 航天器的微小控制力可以当作摄动因素来处理。

就性质来说，摄动力可以分为保守型和非保守型两类，保守型摄动力（如引力性的）仅取决于位置，可以用一个摄动势函数来描述。这类摄动力不改变航天器的总能量，因而不改变轨道长半轴，非保守型摄动力不仅取决于位置且与运动路径相关。

把以上各种摄动因素产生的摄动加速度（即摄动力除以航天器质量 m）用 f 表示，则航天器的运动方程可以写成

$$\frac{\mathrm{d}^2 \boldsymbol{r}}{\mathrm{d}t^2} = -\frac{\mu}{r^3}\boldsymbol{r} + \boldsymbol{f} \qquad (3-24)$$

而研究轨道摄动，有两种不同的方法，即特殊摄动法和一般摄动法。

特殊摄动法是对于给定的航天器在给定的初始条件下，用数值法求解运动微分方程（3-24）从而得出一条特定的轨道。其按方程的形式又分为 Cowell 法、Encke 法和轨道要素变动法。

一般摄动法是将摄动力展开成级数，并且用项积分的解析法求运动微分方程（3-24）的解，这样的解具有普遍性，对于所有航天器和初始条件都适用。最重要的一般摄动法就是轨道要素变动法。

3.3.2 轨道摄动的 Cowell 法和 Encke 法

Cowell 法是一种特殊摄动法，用数值法直接求解卫星的位置和速度矢量。Cowell 法在原理上是最简单的，就是用数值法直接求解运动微分方程（3-24）。为了计算，把方程（3-24）化成在地心赤道惯性系 S_i 中的分量形式：

$$\begin{cases} \dfrac{\mathrm{d}v_x}{\mathrm{d}t} = -\dfrac{\mu}{r^3}x + f_x, \ \dfrac{\mathrm{d}x}{\mathrm{d}t} = v_x \\[2mm] \dfrac{\mathrm{d}v_y}{\mathrm{d}t} = -\dfrac{\mu}{r^3}y + f_y, \ \dfrac{\mathrm{d}x}{\mathrm{d}t} = v_y \\[2mm] \dfrac{\mathrm{d}v_z}{\mathrm{d}t} = -\dfrac{\mu}{r^3}z + f_z, \ \dfrac{\mathrm{d}x}{\mathrm{d}t} = v_z \\[2mm] r = (x^2 + y^2 + z^2)^{1/2} \end{cases} \qquad (3-25)$$

此方法直观、简单且适用范围广，对摄动项没有限制。但鉴于大多数情况下 f 远远小于 $-(\mu/r^3)\boldsymbol{r}$，为了准确反映摄动力对航天器轨道的影响，要求计算精度高、积分步长短。在目前计算机技术的条件下，这个问题可以得到解决，所以这

种方法也重新受到重视。

而 Encke 法的出发点是：在微小的摄动力作用下，实际轨道对 Kepler 轨道的偏差量是小量，因而把 Kepler 轨道作为基准轨道，并且建立对偏差的微分方程，用数值法求解。

基于基准轨道，写出运动方程：

$$\frac{d^2\boldsymbol{\rho}}{dt^2} = -\frac{\mu}{\rho^3}\boldsymbol{\rho} \tag{3-26}$$

其中，$\boldsymbol{\rho}$ 为在基准轨道运动中航天器的位置矢量。

设在某个初始时刻 t_0，有 $\boldsymbol{r}=\boldsymbol{\rho}$，$d\boldsymbol{r}/dt=d\boldsymbol{\rho}/dt$，而在时刻 t，实际轨道对基准轨道有偏差［图 3-1（a）］：

$$\Delta\boldsymbol{r}=\boldsymbol{r}-\boldsymbol{\rho} \tag{3-27}$$

由方程（3-24）、（3-26）和式（3-27）可得

$$\begin{aligned}\frac{d}{dt^2}\Delta\boldsymbol{r} &= -\mu\left(\frac{\boldsymbol{r}}{r^3}-\frac{\boldsymbol{\rho}}{\rho^3}\right)+\boldsymbol{f}\\ &=\mu\left(\frac{1}{\rho^3}(\boldsymbol{r}-\Delta\boldsymbol{r})-\frac{\boldsymbol{r}}{r^3}\right)+\boldsymbol{f}\end{aligned}$$

整理得

$$\frac{d}{dt^2}\Delta\boldsymbol{r}=\frac{\mu}{\rho^3}\left[-\Delta\boldsymbol{r}+\boldsymbol{r}\left(1-\frac{\rho^3}{r^3}\right)\right]+\boldsymbol{f} \tag{3-28}$$

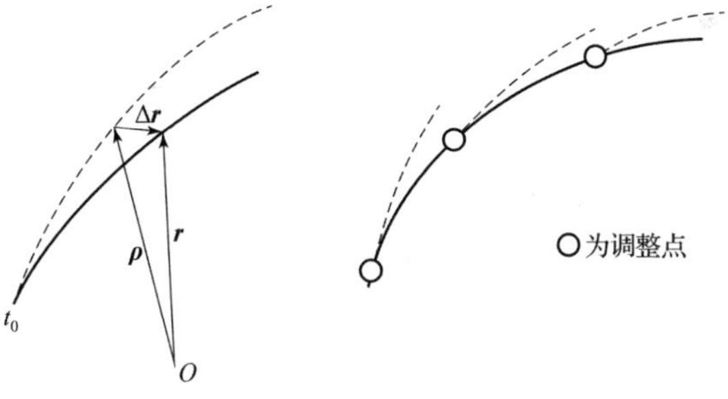

（a）　（b）

图 3-1　基准轨道与实际轨道

（a）实际轨道与基准轨道偏差；（b）轨道调整过程

因为有

$$\frac{r^2}{\rho^2}=\frac{(\boldsymbol{\rho}+\Delta\boldsymbol{r})\cdot(\boldsymbol{\rho}+\Delta\boldsymbol{r})}{\rho^2}=\frac{\rho^2+2\boldsymbol{\rho}\cdot\Delta\boldsymbol{r}+\Delta\boldsymbol{r}\cdot\Delta\boldsymbol{r}}{\rho^2} \tag{3-29}$$

定义：

$$q = -\frac{(\boldsymbol{\rho} + \Delta \boldsymbol{r}/2) \cdot \Delta \boldsymbol{r}}{\rho^2} \qquad (3-30)$$

则式（3-29）可以改写为

$$\frac{r^2}{\rho^2} = 1 - 2q$$

进一步可得

$$\begin{aligned}
1 - \frac{\rho^3}{r^3} &= 1 - (1 - 2q)^{-2/3} \\
&= -3q - \frac{15}{2}q^2 - \frac{35}{2}q^3 - \cdots \qquad (3-31) \\
&= p(q)
\end{aligned}$$

将式（3-31）和式（3-27）代入式（3-28）可得

$$\frac{d}{dt^2}\Delta \boldsymbol{r} = \frac{\mu}{\rho^3}\left[-\Delta \boldsymbol{r} + (\boldsymbol{\rho} + \Delta \boldsymbol{r})p(q)\right] + \boldsymbol{f} \qquad (3-32)$$

这就是以 $\Delta \boldsymbol{r}$ 为未知变量的微分方程，其中，$\boldsymbol{\rho}(t)$ 是已知的基准运动，q 按式（3-30）定义，$p(q)$ 按式（3-31）计算。

由于 $\boldsymbol{r}$ 与 $\Delta \boldsymbol{r}$ 相比是较缓慢变化的量，因此方程（3-24）相比方程（3-32）较容易进行数值解，亦即允许的积分步长较大，计算效率高。这就是 Encke 法比 Cowell 法的优越之处。

但是方程（3-32）只适用于 $\Delta \boldsymbol{r}$ 不大的情况。当 $\Delta \boldsymbol{r}$ 大到一定程度（$|q|$ 大于 0.01）时，就应当选用新的基准轨道，即在调整瞬间再次令 $\boldsymbol{r} = \boldsymbol{\rho}$，$d\boldsymbol{r}/dt = d\boldsymbol{\rho}/dt$，然后继续按方程（3-32）计算，如图 3-1（b）所示。

有时采用更简单的摄动方程。在式（3-29）中略去二阶小量：

$$\frac{r^2}{\rho^2} = 1 + \frac{2\boldsymbol{\rho} \cdot \Delta \boldsymbol{r}}{\rho^2}$$

所以，

$$1 - \frac{\rho^3}{r^3} = 1 - \left(1 - \frac{3\boldsymbol{\rho} \cdot \Delta \boldsymbol{r}}{\rho^2}\right) = \frac{3\boldsymbol{\rho} \cdot \Delta \boldsymbol{r}}{\rho^2}$$

由此得到摄动方程：

$$\frac{d}{dt^2}\Delta r = \frac{\mu}{\rho^3}\left[-\Delta r + (\boldsymbol{\rho}+\Delta r)\frac{3\boldsymbol{\rho}\cdot\Delta r}{\rho^2}\right]+f \quad (3-33)$$

在计算中，点积 $\boldsymbol{\rho}\cdot\Delta r$ 以分量乘积之和表示：

$$\boldsymbol{\rho}\cdot\Delta r = \rho_x\Delta x + \rho_y\Delta y + \rho_z\Delta z$$

与方程（3-32）相比，方程（3-33）较简单，精度也较低。

3.3.3 轨道要素变动法

1. 密切轨道和密切轨道要素

在中心引力场中运动的航天器的轨道是 Kepler 轨道，其轨道要素（$a, e\cdots$）是恒定不变的。在摄动力作用下，航天器的实际轨道不是 Kepler 轨道，因而本来就不存在什么轨道要素。但是为了便于研究，引入密切轨道和密切轨道要素的概念。设想，在理想引力 g_0 和摄动力 f 作用下，航天器沿弧线 AB 运动（图 3-2）。弧线 AB 就是航天器的实际轨迹，它不同于 Kepler 轨道（理想轨道）。在实际轨道上的一点 C，航天器的位置矢量 r，速度矢量 v，它们能唯一地决定一条椭圆轨道以及该轨道的 6 个要素：a（或 p），e，Ω，i，ω，t_p。将由实际轨迹某点的 r, v 矢量决定的椭圆轨道称为在该点的密切椭圆轨道，而将相应的轨道要素称为密切轨道要素。

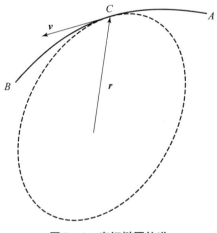

图 3-2 密切椭圆轨道

密切椭圆轨道的物理意义是：假如从航天器运动到 C 点，各种摄动因素突然消失了，那么以后航天器将沿该点处的密切椭圆轨道运行。此外，密切轨道与实

际轨迹在 C 点是相切的。

在实际轨迹的不同点,有不同的密切椭圆及不同的密切轨道要素。因此,在摄动作用下轨道要素是随时间变化的。轨道要素变动法的实质就是建立轨道要素的微分方程:

$$\begin{cases} \dot{a}(t)=\cdots \text{或} \dot{p}(t)=\cdots \\ \dot{e}(t)=\cdots \\ \dot{\Omega}(t)=\cdots \\ \dot{i}(t)=\cdots \\ \dot{\omega}(t)=\cdots \\ \dot{t}_p(t)=\cdots \end{cases} \quad (3-34)$$

方程 (3-34) 的右边包含摄动力的各分量。然后用数值法(这时轨道要素变动法属于特殊摄动法)或解析法(这时轨道要素变动法属于一般摄动法)求解这些微分方程,从而得到轨道要素的变化历程。

把原有的位置速度 6 个分量:

$$x(t), y(t), z(t), v_x(t), v_y(t), v_z(t)$$

变换为新的密切轨道要素:

$$a(t)[\text{或} p(t)], e(t), \Omega(t), i(t), \omega(t), t_p(t)$$

并且把原来的微分方程 (3-25) 变换成新的微分方程 (3-34)。这种变换有两个好处:第一,轨道和速度是变化快的量,而密切轨道要素是变化慢的量。对慢变化变量的微分方程做数值求解更为容易,或者说精度更高。第二,轨道要素的微分方程在一定情况下会有解析解。

在轨道要素变动法中,轨道摄动方程就是关于密切轨道的微分方程。利用轨道摄动的微分方程,能够研究各种摄动因素引起的轨道要素变化。此外,由这些微分方程还能够导出由航天器发动机产生的微小冲量引起的轨道要素的有限变化,这对于研究轨道修正是很重要的。

2. Lagrange 法和 Gauss 法

Lagrange 法又称为摄动势函数法,它只适用于保守摄动力的情况。此时摄动力可以表示成摄动势函数 R 对轨道要素的偏导数。所以最后得到的轨道要素变化方程的右端也包含上述偏导数。Lagrange 摄动方程如下[81]。

$$\frac{\mathrm{d}a}{\mathrm{d}t} = -2\frac{A^2}{\mu}\frac{\partial R}{\partial t_p}$$

$$\frac{\mathrm{d}e}{\mathrm{d}t} = -\frac{a(1-e^2)}{\mu e}\frac{\partial R}{\partial t_p} - \frac{1}{e}\sqrt{\frac{1-e^2}{\mu a}}\frac{\partial R}{\partial \omega}$$

$$\frac{\mathrm{d}i}{\mathrm{d}t} = \frac{1}{\sqrt{\mu a(1-e^2)}\sin i}\left(\cos i\frac{\partial R}{\partial \omega} - \frac{\partial R}{\partial \Omega}\right)$$

$$\frac{\mathrm{d}\omega}{\mathrm{d}t} = \sqrt{\frac{1-e^2}{\mu a}}\left(\frac{1}{e}\frac{\partial R}{\partial e} - \frac{\operatorname{ctg} i}{1-e^2}\frac{\partial R}{\partial i}\right) \quad (3-35)$$

$$\frac{\mathrm{d}\Omega}{\mathrm{d}t} = \frac{1}{\sqrt{\mu a(1-e^2)}\sin i}\frac{\partial R}{\partial i}$$

$$\frac{\mathrm{d}t_p}{\mathrm{d}t} = 2\frac{a^2}{\mu}\frac{\partial R}{\partial a} + \frac{a(1-e^2)}{\mu e}\frac{\partial R}{\partial e}$$

Gauss 法又称为摄动力分量法。它适用于任何（保守或非保守的）摄动力情况。航天器在每瞬时具有位置 r 和速度 v 决定当时的密切椭圆，从而决定当时的轨道要素 $\beta_k(k=1,2,\cdots,6)$，分别对应于 a、e、Ω、i、t_p。在互相正交的三个方向上有

$$\frac{\mathrm{d}\beta_k}{\mathrm{d}t} = \sum_{i=1}^{3}\left[\frac{\partial \beta_k}{\partial r_i}\left(\frac{\mathrm{d}r_i}{\mathrm{d}t}\right)_p + \frac{\partial \beta_k}{\partial v_i}\left(\frac{\mathrm{d}v_i}{\mathrm{d}t}\right)_p\right]$$

其中，下标 p 表示由摄动引起。由于密切椭圆的概念要求真实的轨道位置与该瞬间密切轨道位置重合，因而要求 $(\mathrm{d}r_i/\mathrm{d}t)_p = 0$。而 $(\mathrm{d}v_i/\mathrm{d}t)_p = f_i$ 正是在第 i 方向上的摄动加速度，由此得到 Gauss 型摄动方程的一般形式：

$$\frac{\mathrm{d}\beta_k}{\mathrm{d}t} = \sum_{i=1}^{3}\frac{\partial \beta_k}{\partial v_i}f_i(\boldsymbol{r},\boldsymbol{v}) \quad (k=1,2,\cdots,6) \quad (3-36)$$

3. 第一组轨道摄动方程

由于地球中心引力 g_0 对地心不产生力矩，不引起航天器动量矩的变化，所以航天器动量矩 $\boldsymbol{H}$ 的变化只是由摄动力造成的，它服从于如下的动量矩方程：

$$\frac{\mathrm{d}\boldsymbol{H}}{\mathrm{d}t} = \boldsymbol{r}\times\boldsymbol{f} \quad (3-37)$$

坐标系 S_n 性对于 S_i 具有角速度矢量 $\boldsymbol{\omega}$，它是由沿 z_i 轴和 x_n 轴的 i 组成的。

在 S_n 中，$\boldsymbol{\omega}$ 和 $\boldsymbol{H}$ 的分量列阵分别为

$$(\boldsymbol{\omega})_n = \begin{bmatrix} \mathrm{d}i/\mathrm{d}t \\ (\mathrm{d}\Omega/\mathrm{d}t)\sin i \\ (\mathrm{d}\Omega/\mathrm{d}t)\cos i \end{bmatrix} \tag{3-38}$$

$$(\boldsymbol{H})_n = \begin{bmatrix} 0 \\ 0 \\ H \end{bmatrix} \tag{3-39}$$

按照在活动坐标系中矢量导数的公式：

$$\left(\frac{\mathrm{d}\boldsymbol{H}}{\mathrm{d}t}\right)_n = \frac{\mathrm{d}(\boldsymbol{H})_n}{\mathrm{d}t} + (\boldsymbol{\omega})_n^\times (\boldsymbol{H})_n$$

可得

$$\left(\frac{\mathrm{d}\boldsymbol{H}}{\mathrm{d}t}\right)_n = \begin{bmatrix} \mathrm{d}H_{xn}/\mathrm{d}t + \omega_{yn}H_{zn} - \omega_{zn}H_{yn} \\ \mathrm{d}H_{yn}/\mathrm{d}t + \omega_{zn}H_{xn} - \omega_{xn}H_{zn} \\ \mathrm{d}H_{zn}/\mathrm{d}t + \omega_{xn}H_{yn} - \omega_{yn}H_{xn} \end{bmatrix} = \begin{bmatrix} H(\mathrm{d}\Omega/\mathrm{d}t)\sin i \\ -H(\mathrm{d}i/\mathrm{d}t) \\ \mathrm{d}H/\mathrm{d}t \end{bmatrix} \tag{3-40}$$

矢量 r 在 S_n 中的分量列阵为

$$(\boldsymbol{r})_n = \begin{bmatrix} x_n \\ y_n \\ z_n \end{bmatrix} = \boldsymbol{L}_{no} \begin{bmatrix} r \\ 0 \\ 0 \end{bmatrix} = \begin{bmatrix} r\cos u \\ r\sin u \\ 0 \end{bmatrix} \tag{3-41}$$

现将摄动方程中的摄动加速度 f 以它在轨道坐标系 S_o 中的分量表示，并将这些分量变换到 S_n 中：

$$(\boldsymbol{f})_n = \begin{bmatrix} f_{xn} \\ f_{yn} \\ f_{zn} \end{bmatrix} \boldsymbol{L}_{no} \begin{bmatrix} f_r \\ f_u \\ f_h \end{bmatrix} = \begin{bmatrix} f_r\cos u - f_u\sin u \\ f_r\sin u - f_u\cos u \\ f_h \end{bmatrix} \tag{3-42}$$

于是方程（3-37）右边项的分量列阵为

$$\begin{bmatrix} y_n f_{zn} - z_n f_{yn} \\ z_n f_{xn} - x_n f_{zn} \\ x_n f_{yn} - y_n f_{xn} \end{bmatrix} = - \begin{bmatrix} r\sin u f_h \\ -r\cos u f_h \\ r f_u \end{bmatrix} \tag{3-43}$$

令式（3-40）和式（3-43）右边相等，可得

$$H \frac{\mathrm{d}\Omega}{\mathrm{d}t} \sin i = r \sin u f_h$$

$$H \frac{\mathrm{d}i}{\mathrm{d}t} = r \cos u f_h \qquad (3-44)$$

$$\frac{\mathrm{d}H}{\mathrm{d}t} = r f_u$$

将关系式 $H = \sqrt{\mu p}$，$u = \omega + \theta$ 代入式 (3-44)，可得

$$\frac{\mathrm{d}p}{\mathrm{d}t} = 2\sqrt{\frac{p}{\mu}} r f_u$$

$$\frac{\mathrm{d}\Omega}{\mathrm{d}t} = \frac{r \sin(\omega + \theta)}{\sqrt{\mu p} \sin i} f_h \qquad (3-45)$$

$$\frac{\mathrm{d}i}{\mathrm{d}t} = \frac{r \cos(\omega + \theta)}{\sqrt{\mu p}} f_h$$

为了求半长轴 a 的变化，可以尝试考察航天器总能量 $E = -\mu/2a$ 的变化率：

$$\frac{\mathrm{d}E}{\mathrm{d}t} = \frac{\mu}{2a^2} \frac{\mathrm{d}a}{\mathrm{d}t}$$

而能量变化只能由摄动引起，所以，

$$\frac{\mathrm{d}E}{\mathrm{d}t} = \boldsymbol{v} \cdot \boldsymbol{f} = v_r f_r + v_u f_u + v_h f_h \qquad (3-46)$$

代入 $\boldsymbol{v}$ 和真近点 θ 之间的关系可得

$$\frac{\mathrm{d}a}{\mathrm{d}t} = \frac{2a^2}{\sqrt{\mu p}} [e \sin \theta f_r + (1 + e \cos \theta) f_u] \qquad (3-47)$$

结合

$$\frac{\mathrm{d}p}{\mathrm{d}t} = (1 - e^2) \frac{\mathrm{d}a}{\mathrm{d}t} - 2ae \frac{\mathrm{d}e}{\mathrm{d}t}$$

可得

$$\frac{\mathrm{d}e}{\mathrm{d}t} = \frac{1}{2ae} \left[(1 - e^2) \frac{\mathrm{d}a}{\mathrm{d}t} - \frac{\mathrm{d}p}{\mathrm{d}t} \right]$$

结合式 (3-47) 和式 (3-45)，整理得偏心率的变化方程为：

$$\frac{\mathrm{d}e}{\mathrm{d}t} = \sqrt{\frac{p}{\mu}} \left\{ \sin \theta f_r + \left[\left(1 - \frac{r}{p}\right) \cos \theta + \frac{er}{p} \right] f_u \right\} \qquad (3-48)$$

在轨道平面内，航天器运行的角速度为

$$\omega_0 = \dot{\omega} + \dot{\theta} + \dot{\Omega}\cos i$$

其中，θ 代表在轨道运动中矢径 r 的转动，$\dot{\omega}$ 是由拱线的偏移引起的，$\dot{\Omega}\cos i$ 反映节线在轨道平面内的漂移。所以航天器动量矩可以表示为

$$H = \sqrt{\mu p} = r^2(\dot{\omega} + \dot{\theta} + \dot{\Omega}\cos i)$$

由此可得

$$\dot{\omega} = \frac{\sqrt{\mu p}}{r^2} - \dot{\theta} - \dot{\Omega}\cos i \tag{3-49}$$

结合轨道方程，最终可以推导出

$$\frac{d\omega}{dt} = \frac{1}{e}\sqrt{\frac{p}{\mu}}\left[-\cos\theta f_r + \left(1 + \frac{r}{p}\right)\sin\theta f_u - \frac{er}{p}\sin(\omega+\theta)\operatorname{ctg} i f_h\right] \tag{3-50}$$

4. 第二组轨道摄动方程

以上得到的摄动方程是针对在地心轨道坐标系 S_o 中的摄动分量来推导的，但是在某些情况下利用摄动加速度的另一组分量更方便些，那就是切向分量 f_t（沿速度矢量向前）、法向分量 f_n（在轨道平面内指向曲率中心）和副法向分量 f_h。

这两组摄动分量之间的关系为

$$\begin{aligned} f_r &= -f_n\cos\gamma + f_t\sin\gamma \\ f_u &= f_n\sin\gamma + f_t\cos\gamma \end{aligned} \tag{3-51}$$

其中倾角

$$\sin\gamma = e\sqrt{\frac{\mu}{p}}\frac{\sin\theta}{v} \tag{3-52}$$

将式（3-51）代入第一组摄动方程［式（3-45）~式（3-48）、式（3-50）］，经整理后得到

$$\frac{dp}{dt} = \frac{2p}{v}f_t + \frac{2er\sin\theta}{v}f_n$$

$$\frac{da}{dt} = \frac{2a^2 v}{\mu}f_t$$

$$\frac{de}{dt} = \frac{1}{v}\left[2(e+\cos\theta)f_t - \frac{1}{a}r\sin\theta f_n\right]$$

$$\frac{\mathrm{d}\Omega}{\mathrm{d}t} = \frac{r\sin(\omega+\theta)}{\sqrt{\mu p}\sin i}f_h$$

$$\frac{\mathrm{d}i}{\mathrm{d}t} = \frac{r\cos(\omega+\theta)}{\sqrt{\mu p}}f_h \tag{3-53}$$

$$\frac{\mathrm{d}\omega}{\mathrm{d}t} = \frac{2\sin\theta}{ev}f_t + \frac{a(1+e^2)-r}{ae^2 v}f_n - \frac{\mathrm{ctg}\,i}{\sqrt{\mu p}}r\sin(\omega+\theta)f_h$$

5. 第三组轨道摄动方程

在某些情况下，不以时间 t 作为自变量而以纬度辐角 $u = \omega + \theta$ 为自变量建立轨道摄动方程更为方便。这就要求把轨道摄动方程由 $\mathrm{d}/\mathrm{d}t$ 的形式转变成 $\mathrm{d}/\mathrm{d}u$ 的形式：

$$\begin{aligned}\frac{\mathrm{d}}{\mathrm{d}u} &= \frac{\mathrm{d}}{\mathrm{d}t}\frac{\mathrm{d}t}{\mathrm{d}u} \\ &= \frac{1}{\dot{\omega}+\dot{\theta}}\frac{\mathrm{d}}{\mathrm{d}t}\end{aligned} \tag{3-54}$$

结合式（3-49）和式（3-50），可以推导出

$$\dot{\omega}+\dot{\theta} = \frac{\sqrt{\mu p}}{r^2} - \frac{r}{\sqrt{\mu p}}\frac{\sin u}{\sin i}\cos i f_h$$

代入式（3-54），得

$$\frac{\mathrm{d}}{\mathrm{d}u} = \frac{r^2}{\sqrt{\mu p}}\Phi\frac{\mathrm{d}}{\mathrm{d}t} \tag{3-55}$$

其中，

$$\Phi = \left(1 - \frac{r^3}{\mu p}\sin u\,\mathrm{ctg}\,i f_h\right)^{-1} \tag{3-56}$$

把式（3-55）代入第一组轨道摄动方程［式（3-45）~式（3-48）、式（3-50）］，可得

$$\frac{\mathrm{d}a}{\mathrm{d}u} = \frac{2a^2 r^2 \Phi}{\mu p}[e\sin\theta f_r + (1+\cos\theta)f_u]$$

$$\frac{\mathrm{d}p}{\mathrm{d}u} = \frac{2r^3 \Phi}{\mu}f_u$$

$$\frac{\mathrm{d}e}{\mathrm{d}u} = \frac{r^2 \Phi}{\mu}\left\{\sin\theta f_r + \left[\left(1+\frac{r}{p}\right)\cos\theta + \frac{er}{p}\right]f_u\right\}$$

$$\frac{\mathrm{d}\Omega}{\mathrm{d}u} = \frac{r^3\Phi}{\mu p}\frac{\sin u}{\sin i}f_h$$

$$\frac{\mathrm{d}i}{\mathrm{d}u} = \frac{r^3\Phi}{\mu p}\cos(u)f_h \qquad (3-57)$$

$$\frac{\mathrm{d}\omega}{\mathrm{d}u} = \frac{r^2\Phi}{\mu e}\left[-\cos\theta f_r + \left(1+\frac{r}{p}\right)\sin\theta f_u - \frac{er}{p}\sin u\operatorname{ctg} i f_h\right]$$

6. 避免奇异性的轨道摄动方程

以上推导的轨道摄动方程在大多数情况下是很有用的，但在某些特殊情况下会出现奇异性，在奇异点附近出现计算的严重病态。例如，当轨道倾角 i 非常小时，方程 $\mathrm{d}\Omega/\mathrm{d}t$ 就有病态，即摄动 f_h 的微小变化引起 $\mathrm{d}\Omega/\mathrm{d}t$ 的显著变化；当偏心率 e 非常小时，方程 $\mathrm{d}\omega/\mathrm{d}t$ 有病态。病态的出现不仅给计算带来困难，更重要的是给导航和轨道控制带来困难。因此需要一种能够避免奇异产生的轨道摄动方程，它的应用范围没有限制。一般采用引入新参数来代替原有的轨道要素的方法，建立针对新参数的微分方程。

第一种情况是近似的圆轨道，即 $e \approx 0$。定义新参数：

$$q = e\cos\omega, \quad g = e\sin\omega \qquad (3-58)$$

其中，q 和 g 为沿拱线的偏心率矢量 e 在节点坐标系的 x_n、y_n 轴上的分量，代替 $\mathrm{d}r/\mathrm{d}t$ 和 $\mathrm{d}\omega/\mathrm{d}t$ 建立 q、g 的微分方程：

$$\frac{\mathrm{d}q}{\mathrm{d}t} = \sqrt{\frac{p}{\mu}}\left\{\sin u f_r + \left[\left(1+\frac{r}{p}\right)\sin u + \frac{r}{p}q\right]f_u - \frac{r}{p}g\sin u\operatorname{ctg} i f_h\right\}$$

$$\frac{\mathrm{d}g}{\mathrm{d}t} = \sqrt{\frac{p}{\mu}}\left\{-\cos u f_r + \left[\left(1+\frac{r}{p}\right)\sin u + \frac{r}{p}g\right]f_u - \frac{r}{p}q\sin u\operatorname{ctg} i f_h\right\} \qquad (3-59)$$

第二种情况是近似圆且近似赤道的轨道，即 $e \approx 0$，$i \approx 0$。此时定义新参数：

$$\rho = \sqrt{p/\mu}$$

$$e_x = e\cos(\Omega+\omega)$$

$$e_y = e\sin(\Omega+\omega)$$

$$i_x = \operatorname{tg}\frac{i}{2}\cos\Omega \qquad (3-60)$$

$$i_y = \operatorname{tg}\frac{i}{2}\sin\Omega$$

$$F = \Omega + \omega + \theta$$

轨道摄动微方程为

$$\frac{d\rho}{dt} = \frac{\rho^2}{1 + e_x \cos F + e_y \sin F} f_u$$

$$\frac{de_x}{dt} = \rho \left\{ \begin{array}{l} \sin F f_r + [(2 + e_x \cos F + e_y \sin F)\cos F + e_x] f_u \\ -\dfrac{e_y(i_x \sin F - i_y \cos F)}{1 + e_x \cos F + e_y \sin F} f_h \end{array} \right.$$

$$\frac{de_x}{dt} = \rho \left\{ \begin{array}{l} -\cos F f_r + [(2 + e_x \cos F + e_y \sin F)\sin F + e_y] f_u \\ +\dfrac{e_x(i_x \sin F - i_y \cos F)}{1 + e_x \cos F + e_y \sin F} f_h \end{array} \right. \quad (3-61)$$

$$\frac{di_x}{dt} = \frac{\rho(1 + i_x^2 + i_y^2)\cos F}{2(1 + e_x \cos F + e_y \sin F)} f_h$$

$$\frac{di_x}{dt} = \frac{\rho(1 + i_x^2 + i_y^2)\sin F}{2(1 + e_x \cos F + e_y \sin F)} f_h$$

$$\frac{dF}{dt} = \frac{(1 + e_x \cos F + e_y \sin F)^2}{\rho^3 \mu} + \rho(i_x \sin F - i_y \cos F) f_h$$

3.3.4 地球非球形引力摄动

1. 引力摄动加速度

由于地球的形状并非理想状态的球体，它的质量也没有均匀地分布，因此引力也不会完全直接地指向轨道中心，而是在轨道面的内外都有不同方向的分量。有些力在一个轨道周期内会发生改变，从而也会引起轨道参数的变化。因此现象而导致的摄动引力势可以通过以下方程近似得到

$$\Delta U = -\mu \sum_{n=2}^{\infty} J_n R_E^n r^{-(n-1)} P_n(\sin\varphi)$$

其中，J_n 为由测量得到的系数；R_E 为地球赤道地区半径；P_n 为勒让德多项式；φ 为纬度。由此得到摄动引力加速度的径向分量（向上为正）：

$$\Delta g_r = \frac{\partial \Delta U}{\partial r} = \mu \sum J_n R_E^n (n+1) r^{-(n+2)} P_n(\sin\varphi) \quad (3-62)$$

子午向分量（向北为正）：

$$\Delta g_m = \frac{1}{r} \frac{\partial \Delta U}{\partial \varphi} = -\mu \sum J_n R_E^n r^{-(n+2)} P_n(\sin\varphi \cos\varphi) \quad (3-63)$$

纬线向分量（向东为正）：

$$\Delta g_p = \frac{1}{r\cos\varphi}\frac{\partial \Delta U}{\partial \lambda} = 0 \qquad (3-64)$$

对于大多数问题，可以仅考虑与地球扁率有关的 J_2 项。这时摄动引力加速度分量为

$$\begin{cases} \Delta g_r = \delta\mu\dfrac{1}{r^4}(3\sin^2\varphi - 1) \\ \Delta g_m = -\delta\mu\dfrac{1}{r^4}\sin 2\varphi \\ \Delta g_p = 0 \end{cases} \qquad (3-65)$$

其中引用了常数符号：

$$\delta = \frac{3}{2}J_2 R_E^2 = 66.0632 \times 10^9 \text{ m}^2 \qquad (3-66)$$

然后要把 Δg_r、Δg_m、Δg_p 变换成摄动分量 f_r、f_u、f_h。令 σ 为当地子午面与轨道平面之间的角度（图 3-3），则有

$$\begin{cases} f_r = \Delta g_r \\ f_u = \Delta g_m \cos\sigma + \Delta g_p \sin\sigma \\ f_h = \Delta g_m \sin\sigma - \Delta g_p \cos\sigma \end{cases} \qquad (3-67)$$

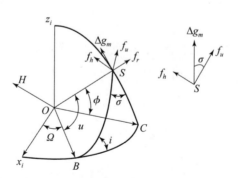

图 3-3 地球引力摄动分量

在球面三角形 BCS' 中，角 C 是直角，边 $S'C$ 就是地心纬度 φ，边 BS' 是角 $u(=\omega+\theta)$，角 B 是轨道倾角 i。按球面三角学定理：

$$\begin{cases} \sin\varphi = \sin u \sin i \\ \cos\sigma = \operatorname{ctg} u \operatorname{tg}\varphi \end{cases} \qquad (3-68)$$

把式 (3-63)、式 (3-64) 和式 (3-68) 代入式 (3-67)，得到摄动引力势 ΔU 造成的摄动加速度分量：

$$\begin{cases} f_r = \dfrac{\delta\mu}{r^3}(3\sin^2 i \sin^2 u - 1) \\ f_u = -\dfrac{\delta\mu}{r^4}\sin^2 i \sin 2u \\ f_h = -\dfrac{\delta\mu}{r^4}\sin 2i \sin u \end{cases} \qquad (3-69)$$

2. 轨道半通径和偏心率的摄动

为了求轨道半通径 p 的摄动，要利用 $\mathrm{d}p/\mathrm{d}u$，即式 (3-57) 的第二式。首先处理其中的因子 Φ，把 f_A 的公式 (3-69) 代入 Φ 的表达式 (3-56)，得

$$\Phi = \left(1 + \dfrac{2\delta}{rp}\sin^2 u \cos^2 i\right)^{-1}$$

$$\approx 1 (误差小于 0.003)$$

于是，方程 $\mathrm{d}p/\mathrm{d}u$ 可以写作

$$\dfrac{\mathrm{d}p}{\mathrm{d}u} = -\dfrac{2\delta}{r}\sin^2 i \sin 2u$$

把轨道方程代入，则有

$$\dfrac{\mathrm{d}p}{\mathrm{d}u} = -\dfrac{2\delta}{p}[1 + e\cos(u-\omega)]\sin^2 i \sin 2u$$

在一个轨道周期内，可以将 p、i、ω 视作不变，于是 p 的总变化量为

$$(\Delta p)_{2\pi} = -\dfrac{2\delta}{p}\sin^2 i \int_0^{2\pi}[1 + e\cos(u-\omega)]\sin 2u \, \mathrm{d}u$$

积分结果为

$$(\Delta p)_{2\pi} = -\dfrac{2\delta}{p}\sin^2 i \left\{-\dfrac{1}{2}\cos 2u - \dfrac{e}{2}\left[\cos(u-\omega) + \dfrac{1}{3}\cos(3u-\omega)\right]\right\}\Big|_0^{2\pi} = 0$$

$$(3-70)$$

综上，地球扁率不造成轨道半通径 p 的长期摄动，即 p 没有可累计的变化，因而轨道动量矩的大小也没有长期摄动。

但是在一个轨道周期内，p 仍然有小范围的波动，即周期摄动。在 $e=0$ 的情况下，Δp 按 $\cos 2u - 1$ 的规律变化，其幅值为 $\delta \sin^2 i / p$。在极端情况下，如 $i = \pi/2$，

$p = 6\,600$ km 时,此波动幅值约为 10 km。

为了求轨道偏心率 e 的摄动,将有关摄动因素的表达式代入方程(3-57)的第三式,有

$$(\Delta e)_{2\pi} = \frac{\delta}{p^2} \int_0^{2\pi} (1 + e\cos\theta)^2 \left\{ \sin\theta (3\sin^2 i \sin^2 u - 1) \right. \\ \left. - \left[\left(1 + \frac{1}{1 + e\cos\theta}\right)\cos\theta + \frac{e}{1 + e\cos\theta} \right] \sin^2 i \sin 2u \right\} du \quad (3-71)$$
$$= 0$$

由此可知,地球扁率不造成轨道偏心率 e 的长期摄动,即不造成轨道形状的变化。

此外,由 $\Delta p = 0$ 和 $\Delta e = 0$ 还可以推论出长半轴的长期摄动 $\Delta a = 0$。这就是说,航天器的总能量不变化,这是容易理解的。

3. 轨道倾角和升交点赤经的摄动

为了求轨道倾角 i 的摄动,把式(3-69)中关于 f_u 的表达式代入方程(3-57)的第五式,可得

$$(\Delta i)_{2\pi} = -\frac{\delta \sin 2i}{2p^2} \int_0^{2\pi} (1 + e\cos\theta)\sin 2u\,du = 0 \quad (3-72)$$

所以,地球扁率不造成轨道倾角的长期摄动。

至于周期摄动 $\Delta i(t)$,在 $e \approx 0$ 的情况下 Δi 大致按 $\cos 2u - 1$ 的规律变化,其幅值约为 $\delta\sin 2i/4p^2$。取极限情况,$i = \pi/4$,$p = 6\,600$ km(近地轨道),幅值 $\Delta i = 0.000\,37$,相应的侧向偏移为 $0.000\,37 \times 6\,600 = 24$ km。

为了求升交点赤经 Ω 的摄动,把式(3-69)中关于 f_h 的表达式代入方程(3-57)的第四式,可得

$$(\Delta\Omega)_{2\pi} = -\frac{2\delta\cos i}{p^2} \int_0^{2\pi} (1 + e\cos\theta)\sin^2 u\,du$$

积分结果为

$$(\Delta\Omega)_{2\pi} = -\frac{2\pi\delta}{p^2}\cos i \quad (3-73)$$

或

$$(\Delta\Omega)_{2\pi} = -3\pi J_2 \frac{1}{(a/R_E)^2 (1-e^2)^2}\cos i \quad (3-74)$$

可见，地球扁率会引起升交点赤经的长期漂移。$\Delta\Omega$ 与 p^2 成反比，轨道越大，则 $\Delta\Omega$ 越小。

此外，$\Delta\Omega$ 与 $\cos i$ 成正比。倾角 i 越接近 0 或 π，$\Delta\Omega$ 越大（但如果 i 恰等于 0 或 π 则 Ω 就没有定义了）。对于极地轨道（$f = \pi/2$），Ω 没有长期摄动。当 $0 < i < \pi/2$（顺行轨道）时，$\Delta\Omega < 0$，即升交点向西漂移；当 $\pi > i > \pi/2$（逆行轨道）时，$\Delta\Omega > 0$，升交点向东漂移。总之升交点漂移的方向与卫星运行的方向相反。升交点的漂移表示轨道平面的变化，这种变化叫作轨道的进动。

关于轨道的进动可以做一个直观的定性的解释（参看图 3-4）。扁形的地球可以看作由均匀的球体和沿赤道安放的圆环体组成。圆环体对卫星产生的附加引力形成一个力矩 M，该矢量在轨道平面内，引起卫星动量矩 H 的旋转，即进动角速度 ω_{pr}，它跟从方程 $dH/dt = M$。因此，升交点向西移动。

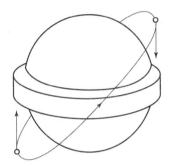

图 3-4 轨道进动的解释

由 $(\Delta\Omega)_{2\pi}$ 的公式（3-74）及周期 T 的公式，得到由 J_2 引起的升交点赤经平均变化率：

$$\Delta\Omega_{mran} = \frac{(\Delta\Omega)_{2\pi}}{T} = -\frac{1.5 J_2 \sqrt{\mu} R_E^2 \cos i}{a^{7/2}(1-e^2)^2} \quad (3-75)$$

所以，Ω 的每日偏移量为

$$(\Delta\Omega)_{day} = -9.96 \frac{\cos i}{(a/R_E)^{7/2}(1-e^2)^2}(°)$$

4. 太阳同步轨道

太阳同步轨道（sun-synchronous orbit）的轨道平面相对于太阳而言有固定的取向。现寻找太阳同步轨道的条件。

地球绕太阳公转的角速度为

$$\omega_{ES} = \frac{2\pi}{365.25 \times 86\,400} = 1.991 \times 10^{-7} \text{ rad/s}$$

而轨道平面漂移平均摄动角速度为

$$\omega_{\Delta\Omega} = \frac{(\Delta\Omega)_{2\pi}}{T} = \frac{(\Delta\Omega)_{2\pi}}{2\pi\sqrt{a^3/\mu}}$$

其中，T 为航天器的运转周期。令 $\omega_{ES} = \omega_{\Delta\Omega}$，并且把 $(\Delta\Omega)_{2\pi}$ 的公式代入，得到

$$\begin{aligned}\cos i_{SSO} &= -\frac{\omega_{Es}}{\delta\sqrt{\mu}} a^{7/2}(1-e^2)^2 \\ &= -0.098\,92\left(\frac{a}{R_E}\right)^{7/2}(1-e^2)^2\end{aligned} \quad (3-76)$$

可见，太阳同步轨道的倾角 i 大于 $90°$，它是逆行轨道。图 3-5 是按式（3-76）计算的太阳同步圆形轨道的倾角 i_{SSO} 随轨道高度 h 的变化。

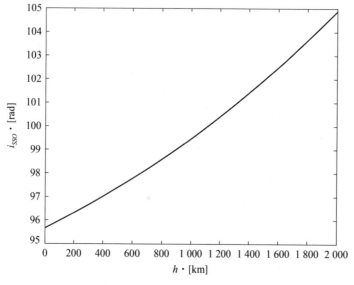

图 3-5　太阳同步轨道的倾角

太阳同步轨道的第一个特点是：航天器以相同方向（如由南向北）经过同一纬度的当地时间是不变的。其第二个特点是：太阳射线与轨道平面之间的角度 β 变化范围相对不大。例如，轨道长半轴以 $a = 8\,000$ km、偏心率 $e = 0$、倾角 $i = 102.63°$ 的太阳同步轨道，若春分时的升交点赤经 $\Omega_0 = 100°$，则在一年之内太阳照射角 β 的变化范围为 $52.6° \sim 82.6°$。变化的原因在于黄道平面与赤道平面之间

的角度（即黄赤交角 ε）的存在。

太阳同步轨道有利于对地观测，有利于卫星温度控制，还有利于太阳能电池的充分利用。

5. 轨道近地点幅角的摄动

将式（3-69）代入方程（3-57）的第六式，可得

$$(\Delta\omega)_{2\pi} = \frac{\delta}{p^2 e}\int_0^{2\pi}(1+e\cos\theta)^2\left[-\cos\theta(3\sin^2 i\sin^2 u - 1) - \left(1 - \frac{1}{1+e\cos\theta}\right)\sin\theta\sin^2 i\sin 2u + \frac{e}{1+e\cos\theta}\cos^2 i\sin^2 u\right]du$$

积分结果为

$$(\Delta\omega)_{2\pi} = \frac{\pi\delta}{p^2}(4 - 5\sin^2 i) \qquad (3-77)$$

或

$$(\Delta\omega)_{2\pi} = \frac{3}{2}\pi J_2 \frac{(5\cos^2 i - 1)}{(a/R_E)^2(1-e^2)^2} \qquad (3-78)$$

可见，地球扁率引起 ω 的长期摄动，即在每一圈内，轨道拱线在轨道平面内绕地心转过角 $(\Delta\Omega)_{2\pi}$。

由 J_2 引起的近地点幅角平均变化率为

$$\Delta\dot{\omega}_{\text{mean}} = \frac{(\Delta\omega)_{2\pi}}{T} = \frac{0.75 J_2 \sqrt{\mu}R_F^2(5\cos^2 i - 1)}{a^{7/2}(1-e^2)^2} \qquad (3-79)$$

所以 ω 的每日漂移量为

$$(\Delta\omega)_{day} = 5.00\frac{5\cos^2 i - 1}{(a/R_E)^{7/2}(1-e^2)^2}(°)$$

使 $(\Delta\Omega)_{2\pi}$ 为零的条件是

$$5\cos^2 i - 1 = 0 \qquad (3-80)$$

此方程有两个解：$i = 63.43°$（顺行轨道）和 $i = 117.57°$（逆行轨道）。通常采用顺行轨道，并把 $i = 63.43°$ 称为临界轨道倾角，因为具有此倾角的轨道的拱线不漂移。例如，苏联的 Molnia（闪电）系列卫星的轨道具有大的偏心率

($e=0.715$). 并且取临界倾角 $i=63.43°$,以保证远地点总在北半球某个纬度(近地点幅角 $\omega=270°$),因而在苏联领土范围内有甚多的通信时间。

如果 $i<63.43°$,则拱点线顺着运行的方向漂移;相反,当 $i>63.43°$ 时,$(\Delta\Omega)_{2\pi}<0$,即拱点线逆着运行的方向漂移。

3.3.5 大气阻力摄动

1. 大气摄动加速度

虽然航天器飞行在较高的高度 ($h>150\sim200\ \text{km}$),空气非常稀薄,但长时间、经常的空气动力作用还是会明显地改变航天器的轨道要素。在 1 000 km 高度以上,大气阻力才可以忽略。

由空气动力学可知,在大气中运动的航天器受到的空气阻力为

$$D = C_D \frac{1}{2}\rho v_d^2 S \tag{3-81}$$

其中,C_D 为阻力系数;ρ 为大气密度;S 为横截面积;v_d 为航天器质心相对于大气的速度,由于阻力矢量 $\boldsymbol{D}$ 与相对速度矢量 $\boldsymbol{v}_a$ 相反,故可以写出

$$\boldsymbol{D} = -\frac{1}{2}C_D \rho S v_d \boldsymbol{v}_a$$

阻力加速度矢量则为

$$\boldsymbol{f}_D = \frac{\boldsymbol{D}}{m} = -\sigma \rho v_d \boldsymbol{v}_a \tag{3-82}$$

其中,

$$\sigma = \frac{C_D S}{2m}$$

称为弹道系数(ballistic coefficient)。有些文献将 $\beta = m/C_D S$ 定义为弹道系数,两者的关系是 $\sigma = 1/2\beta$。

设:大气基本上随地球一起旋转,但有局部的风速 v_ω。于是,航天器对大气的相对速度为

$$\boldsymbol{v}_d = \boldsymbol{v} - \boldsymbol{\omega}_\varepsilon \times \boldsymbol{r} - \boldsymbol{v}_\omega$$

其中,v 为航天器的轨道速度。将上式转化成在地心赤道惯性坐标系中的分量列阵

$$(\boldsymbol{V}_a)_i = \begin{bmatrix} v_{axi} \\ v_{ayi} \\ v_{azi} \end{bmatrix} = \begin{bmatrix} v_{xi} - y_r\omega_E - v_{\omega xi} \\ v_{yi} - x_r\omega_E - v_{\omega yi} \\ v_{zi} - v_{\omega zi} \end{bmatrix} \quad (3-83)$$

相对速度的模为

$$v_a = \sqrt{v_{axi}^2 + v_{ayi}^2 + v_{azi}^2} \quad (3-84)$$

最后得到大气阻力摄动加速度的分量：

$$\begin{cases} f_{Dxi} = -\sigma\rho v_a(v_{xi} + y_r\omega_E - v_{\omega xi}) \\ f_{Dyi} = -\sigma\rho v_a(v_{yi} + x_r\omega_E - v_{\omega yi}) \\ f_{Dzi} = -\sigma\rho v_a(v_{zi} - v_{\omega zi}) \end{cases} \quad (3-85)$$

以上建立的严格模型使用于航天器运动的数值仿真。为了得到大气阻力引起的轨道摄动的近似规律，做如下假设：大气是球对称的；大气不随地球旋转；航天器的迎风面积不变化。于是大气阻力只因其沿轨道切线方向的负加速度：

$$f_t = -\frac{1}{2m}C_D S\rho v^2 = -\sigma\rho v^2 \quad (3-86)$$

当航天器在非常稀薄的大气中飞行时，Knudsen 数，即分子中平均自由行程对物体特征长度之比，远大于 1。这时的流动基本上是自由分子流，不能当作连续流处理。阻力系数 C_D 是航天器温度、气体温度和速度的函数。在 150～500 km 高度，通常 $C_D = 2.2 \sim 2.5$。

大气密度 ρ 是高度的函数，有多种大气模型供选择。对于数值计算，应采用标准大气模型。例如 GJB544-88。对于近似定性分析来说，可分段采用指数型的密度变化规律：

$$\rho(h) = \rho_* \exp[-(h-h_*)/H] \quad (3-87)$$

其中，$\rho_* = \rho(h_*)$，h_* 为某个参考高度；$H = RT_*/g_*M_*$，R 为通用气体常数；T_*、M_*、g_* 分别是在参考高度处的绝对温度、空气分子量和重力加速度。

2. 圆轨道的演变

在初始圆轨道的情况下，虽然在空气动力作用下轨道逐渐缩小，轨道呈现螺旋形，但这个过程非常缓慢，在一圈内，轨道仍很难接近圆形，因而圆轨道的一些基本关系式仍然适用。这给计算和分析带来很大的方便。

取摄动方程（3-57）的第二式：

$$\frac{\mathrm{d}a}{\mathrm{d}t} = \frac{2a^2 v}{\mu} f_t$$

把 f_t 的表达式（3-86）代入，并且近似地以 r 代替 a，则有

$$\frac{\mathrm{d}r}{\mathrm{d}t} = \frac{2r^2 v}{\mu} \sigma \rho v^2$$

注意到 $v^2 = \mu/r$，于是

$$\mathrm{d}r = -2rv\sigma\rho \mathrm{d}t$$

又由于 $v\mathrm{d}t = r\mathrm{d}\theta$，故

$$\mathrm{d}r = -2\sigma\rho r^2 \mathrm{d}\theta$$

在一个轨道周期内，$\theta = 0 \sim 2\pi$，而 ρ 和 r^2 近似不变，于是得到在一个轨道周期内轨道半径（或轨道高度）的变化：

$$(\Delta r)_{2\pi} = -4\pi\sigma\rho r^2 \tag{3-88}$$

等式右边的 ρ 和 r^2 可以取一圈的初始值，或终端值，或平均值。

由圆轨道的速度公式 $v^2 = \mu/r$，有

$$2v\mathrm{d}v = -\frac{\mu}{r^2}\Delta r$$

把 v 的公式及式（3-88）代入，得

$$(\Delta v)_{2\pi} = 2\pi\sqrt{\mu r}\sigma\rho \tag{3-89}$$

由周期 T 的公式，有

$$\Delta T = \frac{2\pi}{\sqrt{\mu}}\frac{3}{2}r^{1/2}\Delta r$$

把式（3-88）代入，得

$$(\Delta T)_{2\pi} = -\frac{12\pi^2\sigma}{\sqrt{\mu}}\rho r^{5/2} \tag{3-90}$$

径向速度为 $v_r = (\Delta r)_{2\pi}/T$，把 $(\Delta t)_{2\pi}$ 和 T 的公式代入，得

$$v_r = -2\sqrt{\mu r}\sigma\rho \tag{3-91}$$

速度的变化率为 $\mathrm{d}v/\mathrm{d}t = (\Delta v)_{2\pi}/T$，把有关公式代入后，得到

$$\frac{\mathrm{d}v}{\mathrm{d}t} = \sigma\rho v^2 \tag{3-92}$$

这是一个似非而是的结果，被称为卫星的空气动力学悖论（aerodynamic paradox）。似乎空气阻力引起加速度。其实质是：在空气阻力作用下卫星的势能减小，其一半用于克服空气阻力，另一半转化成动能（因而加速）。为了解释这个现象的机理，列出卫星运动的切向加速度方程：

$$\frac{dv}{dt} = -\sigma\rho v^2 - g\sin\gamma = -\sigma\rho v^2 + g\sin|\gamma|$$

把速度倾角 $\gamma = v_r/v$ 及重力加速度 $g = \mu/r^2$ 代入，有

$$\begin{aligned}\frac{dv}{dt} &= -\sigma\rho v^2 + \frac{\mu}{r^2}\frac{2\sigma\rho\sqrt{\mu r}}{v} \\ &= -\sigma\rho v^2 + 2\sigma\rho v^2 \\ &= \sigma\rho v^2\end{aligned} \quad (3-93)$$

3.3.6 日月第三体引力摄动

日月引力摄动加速度 $\boldsymbol{a}_S$ 和 $\boldsymbol{a}_m$，是指日月对空间碎片的引力加速度与对地球的引力加速度的矢量差，可以用式（3-94）表示：

$$\begin{aligned}\boldsymbol{a}_S &= -\mu_S\left(\frac{\boldsymbol{r}-\boldsymbol{r}_S}{|\boldsymbol{r}-\boldsymbol{r}_S|^3} + \frac{\boldsymbol{r}_S}{|\boldsymbol{r}_S|^3}\right) \\ \boldsymbol{a}_M &= -\mu_M\left(\frac{\boldsymbol{r}-\boldsymbol{r}_M}{|\boldsymbol{r}-\boldsymbol{r}_M|^3} + \frac{\boldsymbol{r}_M}{|\boldsymbol{r}_M|^3}\right)\end{aligned} \quad (3-94)$$

其中，μ_S、μ_M 分别为太阳和月球的引力常数；$\boldsymbol{r}_S$、$\boldsymbol{r}_M$ 分别为太阳和月球在 J2000 惯性坐标系中的位置矢量；$\boldsymbol{r}$ 为空间碎片在 J2000 惯性坐标系中的位置矢量。空间碎片所处轨道越低，所受的日月引力摄动力就越小，但对于高轨碎片，摄动量十分可观。在 50 000 km 以上，日月引力摄动的影响将超过地球扁率的影响。实际计算表明，日月引力摄动主要取决于空间碎片的轨道形状、轨道面位置和拱线相对于月地、日地连线的位置。若这些连线位于空间碎片的轨道面内，则日月引力摄动不会对轨道面位置产生影响；对于圆轨道或近圆轨道，只要轨道面相对于黄道面的倾角不大，轨道总是比较稳定；但对于椭圆轨道，若轨道的远地点位于月球轨道之外，则会导致空间碎片的轨道近地点高度下降。

用下标 1，e，S，m 分别代表卫星、地球、太阳和月亮，它们的质量为 m_1，

m_e,m_S,m_m。它们相对于惯性空间某一个无加速运动的基准点 O_1 的距离矢量为 $\boldsymbol{\rho}_1$,$\boldsymbol{\rho}_e$,$\boldsymbol{\rho}_S$,$\boldsymbol{\rho}_m$。它们相对于地球的距离矢量是 $\boldsymbol{r}_{e1}$,$\boldsymbol{r}_{eS}$,$\boldsymbol{r}_{em}$,前一个下标表示矢量始点的位置,后一个下标表示矢量端点的位置。日、月相对于地球的距离表示法相同。参看图 3-6,有关系式

$$\boldsymbol{r}_{e1} = -\boldsymbol{r}_{1e} = \boldsymbol{\rho}_1 - \boldsymbol{\rho}_e = \boldsymbol{r}_{eS} - \boldsymbol{r}_{1S} = \boldsymbol{r}_{em} - \boldsymbol{r}_{1m} \tag{3-95}$$

卫星、地球受到的引力加速度是

$$\ddot{\boldsymbol{\rho}}_1 = \frac{1}{m_1}(\boldsymbol{F}_{1e} + \boldsymbol{F}_{1S} + \boldsymbol{F}_{1m})$$
$$\ddot{\boldsymbol{\rho}}_e = \frac{1}{m_e}(\boldsymbol{F}_{e1} + \boldsymbol{F}_{eS} + \boldsymbol{F}_{em}) \tag{3-96}$$

根据中心引力定律,引力 F 为

$$\boldsymbol{F}_{1e} = -\boldsymbol{F}_{e1} = -G\frac{m_1 m_e}{r_{e1}^3}\boldsymbol{r}_{e1}$$
$$\boldsymbol{F}_{1S} = G\frac{m_1 m_S}{r_{1S}^3}\boldsymbol{r}_{1S} \tag{3-97}$$

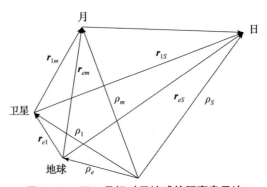

图 3-6　日、月相对于地球的距离表示法

其他引力公式与其相似,利用式(3-95)、式(3-96)、式(3-97),卫星相对于地球的加速度为

$$\ddot{\boldsymbol{r}}_{e1} = \ddot{\boldsymbol{\rho}}_1 - \ddot{\boldsymbol{\rho}}_e = -G(m_1 + m_e)\frac{\boldsymbol{r}_{e1}}{r_{e1}^3} + Gm_S\left(\frac{\boldsymbol{r}_{1S}}{r_{1S}^3} - \frac{\boldsymbol{r}_e}{r_e^3}\right) + Gm_m\left(\frac{\boldsymbol{r}_{1m}}{r_{1m}^3} - \frac{\boldsymbol{r}_{em}}{r_{em}^3}\right) \tag{3-98}$$

式(3-98)右面第一项是地球对卫星的引力加速度(包括地球形状的摄动力)。由于 $m_1 \ll m_e$,在二体问题中 $G(m_1 + m_e) = Gm_e = \mu$。第二项和第三项分别是日、月对卫星的摄动加速度,具有相同的形式,它们对卫星运动的影响是简单

的叠加关系。卫星的地心距比地球与日、月的距离小得多，为近似地估计日、月摄动值，可假定有近似式 $r_{1S} \approx r_{eS}$，$r_{1m} \approx r_{em}$。由式（3-98）可得日、月摄动加速度的幅值近似等于

$$Gm_S \frac{r_{e1}}{r_{eS}^3}, \quad Gm_m \frac{r_{e1}}{r_{em}^3}$$

因此，日、月摄动力与地球对卫星的中心引力之比为

$$\frac{m_S}{m_e}\left(\frac{r_{e1}}{r_{eS}}\right)^3, \quad \frac{m_m}{m_e}\left(\frac{r_{e1}}{r_{em}}\right)^3$$

根据天文学中的数据，日、月对于同步卫星的摄动力与地球中心引力之比分别是 0.75×10^{-5} 和 1.63×10^{-5}。在分析地球形状摄动时已计算得知，地球带谐项的摄动力与地球中心引力之比是 3.7×10^{-5}。因此，三者是同一量级的。将地球自转、太阳视运动的平均转速和月球绕地球的平均转速统一用 n 表示，有

$$n_e = \left(\frac{Gm_e}{r_e^3}\right)^{\frac{1}{2}}, \quad n_S = \left(\frac{Gm_S}{r_{OS}^3}\right)^{\frac{1}{2}}, \quad n_m = \left(\frac{Gm_m}{\sigma r_{em}^3}\right)^{\frac{1}{2}} \quad (3-99)$$

其中，r_{OS} 为地月系统质心到太阳的平均距离，月球绕地球平均转速公式中的系数 σ 为

$$\sigma = \frac{m_m}{m_e + m_m} = \frac{1}{82.3} \quad (3-100)$$

由于地-月系统质心距地心的距离比地球距太阳的距离小得多，可直接用 r_{eS} 代替 r_{OS}。

日、月轨道转速与地球自转转速之比是常用的天文常数，有等式：

$$\begin{aligned} \left(\frac{n_S}{n_e}\right)^2 &= 0.75 \times 10^{-5} \\ \sigma\left(\frac{n_m}{n_e}\right)^2 &= 1.63 \times 10^{-5} \end{aligned} \quad (3-101)$$

引用式（3-99），可将式（3-98）的日、月摄动加速度分别改写成

$$n_S^2\left[\left(\frac{r_{eS}}{r_{1S}}\right)^3 \boldsymbol{r}_{1S} - \boldsymbol{r}_{eS}\right], \quad \sigma n_m^2\left[\left(\frac{r_{em}}{r_{1m}}\right)^3 \boldsymbol{r}_{1m} - \boldsymbol{r}_{em}\right] \quad (3-102)$$

两者的形式完全相同，推导过程也相同，可以单独分析，注明下标即可，统一用撇号"'"代表日、月的有关参数，如图3-7所示。r' 表示日、月相对地球的距

离矢量（由地球指向日、月）；r_1'表示卫星指向日、月的距离矢量。卫星、地球和日、月之间的几何关系可统一写成

$$r_1' = r' - r$$
$$r_1'^2 = r^2 + r'^2 - 2rr'\cos\xi'$$
(3-103)

其中，ξ 为日、月与卫星相对地心的张角，有

$$\cos\xi' = \left(\frac{r}{r} \cdot \frac{r'}{r'}\right)$$
(3-104)

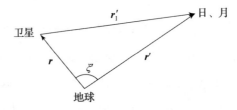

图 3-7　卫星、地球和日、月之间的几何关系

以作用在单位质量上的 F' 表示日、月作用在单位质量的卫星的摄动力，并统一表示成

$$F' = n'^2\left[\left(\frac{r'}{r_1'}\right)^3 r_1' - r'\right]$$
(3-105)

对于月球，式（3-105）的 n'^2 代表 σn_m^2，根据式（3-103），应用勒让德多项式，将 $\frac{1}{r_1'}$ 展开成

$$\begin{aligned}
\frac{1}{r_1'} &= \frac{1}{r'\left[1 - 2\left(\frac{r}{r'}\right)\cos\xi' + \left(\frac{r}{r'}\right)^2\right]^{\frac{1}{3}}} \\
&= \frac{1}{r'}\sum_{n=0}^{\infty} P_n(\cos\xi')\left(\frac{r}{r'}\right)^n \\
&= \frac{1}{r'}\left[1 + \left(\frac{r}{r'}\right)\cos\xi' + \left(\frac{r}{r'}\right)^2\left(\frac{3}{2}\cos^2\xi' - \frac{1}{2}\right) + \cdots\right]
\end{aligned}$$
(3-106)

将式（3-106）代入式（3-105），因卫星的地心距 $r \ll r'$，可略去 $\left(\frac{r}{r'}\right)^2$ 以及更高次项，引用星-地-日、月的几何关系式（3-103），可得日、月摄动力 F' 的简化式

$$F' = rn'^2 \left[3\cos\xi' \left(\frac{r'}{r'}\right) - \left(\frac{r}{r}\right) \right] \quad (3-107)$$

与式（3-105）相比，式（3-107）仅含日、月相对地球的方向矢量。根据第二卫星轨道坐标系 $Ox'_o y'_o z'_o$，其原点位于卫星质心。坐标轴矢量 u_r 沿卫星地心距方向；u_t 位于轨道平面内，垂直于 u_r，指向卫星速度方向；u_n 垂直于轨道平面。日、月摄动力式（3-107）在此坐标系分量式为

$$\begin{cases} F' \cdot u_r = rn'^2 (3\cos^2\xi' - 1) \\ F' \cdot u_t = 3rn'^2 \cos\xi' \left(\dfrac{r'}{r'} \cdot u_t\right) \\ F' \cdot u_n = 3rn'^2 \cos\xi' \left(\dfrac{r'}{r'} \cdot u_n\right) \end{cases} \quad (3-108)$$

以太阳视运动的黄经 β_S 和黄道倾角 i_S 表示太阳在地球赤道惯性坐标系的方向为

$$S = \frac{r_{eS}}{r_{eS}} = \begin{bmatrix} \cos\beta_S \\ \sin\beta_S \cos i_S \\ \sin\beta_S \sin i_S \end{bmatrix} \quad (3-109)$$

以 β_m 表示月球在月球轨道上相距白道升交点的角距，月球方向在地球赤道惯性坐标系为

$$M = \frac{r_{em}}{r_{em}} = \begin{bmatrix} \cos\beta_m \cos\Omega_m - \sin\beta_m \sin\Omega_m \cos i_m \\ \cos\beta_m \sin\Omega_m + \sin\beta_m \cos\Omega_m \cos i_m \\ \sin\beta_m \sin i_m \end{bmatrix} \quad (3-110)$$

单位矢量式（3-109）和式（3-110）即为引力等式（3-108）中的 $\dfrac{r'}{r'}$，也是地球相对卫星和日、月张角 ξ' 的余弦等式（3-104）中的 $\dfrac{r'}{r'}$，可由卫星轨道参数（或赤经 α 和赤纬 φ），确定余弦等式（3-104）的卫星矢量 $\dfrac{r}{r}$、摄动力式（3-108）中的 u_t、u_n。

1. 轨道平面内摄动

产生轨道平面内摄动的引力是径向摄动引力和切向摄动引力，与地球形状摄动类似，通过调整同步轨道高度，平衡径向摄动力，而切向摄动力引起轨道偏心

率周期性变化。对于静止轨道，分析轨道平面内轨道要素的摄动，可略去小倾角的影响，则轨道径向和切向矢量有最简式：

$$\boldsymbol{u}_r = \left(\frac{\boldsymbol{r}}{r}\right) = \begin{bmatrix} \cos\alpha \\ \sin\alpha \\ 0 \end{bmatrix}, \quad \boldsymbol{u}_t = \begin{bmatrix} -\sin\alpha \\ \cos\alpha \\ 0 \end{bmatrix}$$

代入径向摄动力等式（3-108），引用太阳方向的余弦式（3-109），得太阳引力产生的径向摄动力为

$$F_r = r_s n_S^2 [3(\cos^2\alpha \cos^2\beta_s + 2\sin\alpha\cos\alpha\sin\beta_s\cos\beta_s\cos i_s + \sin^2\alpha \sin^2\beta_s \cos^2 i_s) - 1]$$

径向摄动力式卫星赤经 α 的三角函数，沿轨道积分一圈的一天内的平均径向摄动力为

$$\overline{F}_r = r_S u_s^2 \left[\frac{3}{2}(\cos^2\beta_S + \sin^2\beta_s \cos^2 i_s) - 1\right] \quad (3-111)$$

地球中心引力包含两项，即均匀地球的中心引力 $\frac{\mu}{r^2}$ 和摄动引力 F_r，太阳摄动的镜像引力与地球中心引力反向，地球同步轨道的半径 r_c 应符合条件：

$$r_c n_e^2 = \frac{\mu}{r_c^2 - F_r} \quad (3-112)$$

令 $r_c = r_S(1+\Delta)$，从式（3-112）可得同步半径增量的比值：

$$\Delta = \frac{-F_r}{3(\mu/r_S^2)} \quad (3-113)$$

此比值等于摄动引力与均匀地球同步引力之比的 1/3。代入摄动力式（3-111），得同步半径的增量为

$$(\Delta r)_s = \frac{-1}{3} r_s \left(\frac{n_S}{n_e}\right)^2 \left[\frac{3}{2}(\cos^2\beta_s + \sin^2\beta_s \cos^2 i_s) - 1\right] \quad (3-114)$$

当月球白道升交点通过春分点，$\Omega_m = 0$，月球引力的结果与式（3-114）等同，仅需将太阳下标 S 替代为 m。引用天文常数式（3-101）得日、月摄动引起的同步高度的降低量：

$$(\Delta r)_S \leqslant 52.7 \text{ m}$$

$$(\Delta r)_m \leqslant 114.5 \text{ m}$$

太阳引力产生的切向摄动力具有类似的简化等式，由式（3-108）和

式 (3-109) 可得

$$F_t = 3r_S n_S^2 [\sin\alpha\cos\alpha(-\cos^2\beta_S + \sin^2\beta_S \cos^2 i_S) + (-\sin^2\alpha + \cos^2\alpha)\sin\alpha_S \cos\alpha_S \cos i_S]$$

代入偏心率摄动方程：

$$\frac{\mathrm{d}e_x}{\mathrm{d}t} = \frac{1}{v_S} F_t \cos\alpha$$

$$\frac{\mathrm{d}e_y}{\mathrm{d}t} = \frac{1}{v_S} F_t \sin\alpha$$

方程右端为卫星赤经 α 的三角函数，沿轨道的积分为零，即一天内太阳引力引起的偏心率平均变化率为零，但在一天内偏心率周期性变动，周期为半天。月球引力的切向摄动产生的结果与上述等同。

2. 轨道倾角摄动

由于静止卫星的轨道基本上位于赤道面，与太阳视运动轨道的几何关系比较固定，因此，太阳引力摄动较有规律。

假定轨道的倾角为零，则轨道径向矢量和法向矢量有最简式：

$$\boldsymbol{u}_r = \left(\frac{\boldsymbol{r}}{r}\right) = \begin{bmatrix} \cos\alpha \\ \sin\alpha \\ 0 \end{bmatrix}, \quad \boldsymbol{u}_n = \begin{bmatrix} 0 \\ 0 \\ 1 \end{bmatrix}$$

代入太阳摄动引力式 (3-108)，法向引力可以写成

$$F_n^S = 3r_S n_S^2 (\cos\alpha\cos\beta_S + \sin\alpha\sin\beta_S \cos i_S) \sin\beta_S \sin i_S \qquad (3-115)$$

在静止轨道上，卫星受的引力摄动是交变的。当 $\beta_S = \pm 90°$，即在夏至或冬至，太阳处于赤道坐标的 YZ 平面，如图 3-8 所示。由式 (3-115)，在赤经 $0° \sim 180°$ 的半圈内，卫星总是受北向引力，而在 $180° \sim 360°$ 的半圈内，卫星总是受南向引力，由此形成沿 X 轴方向的力矩，迫使轨道的倾角矢量 i（即动量矩 $\boldsymbol{h}$

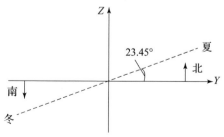

图 3-8 赤道平面与黄赤交角

的单位矢量）倒向春分方向。在春分、秋分季日，无法向引力。当太阳处在其他季节，引力情况相似，倾角矢量倒向太阳恒星时角的垂直方向。

如轨道倾角 $i\ll 1$，卫星纬度 φ 为小量，在卫星轨道坐标矢量的等式中，可令 $\cos\varphi = 1$，按轨道升交点球面三角形，可引用 $\sin\varphi$ 的公式：

$$\sin\varphi = \sin i \sin(\omega + f) = \sin i \sin(\alpha - \Omega) = \sin\alpha \cdot i_y - \cos\alpha \cdot i_x$$

卫星轨道径向和法向矢量的表达式为

$$\boldsymbol{u}_r = \left(\frac{\boldsymbol{r}}{r}\right) = \begin{bmatrix} \cos\alpha \\ \sin\alpha \\ \sin\alpha \cdot i_y - \cos\alpha \cdot i_x \end{bmatrix}, \quad \boldsymbol{u}_n = \begin{bmatrix} -\cos\alpha\sin\alpha \cdot i_y + \cos^2\alpha \cdot i_x \\ -\sin^2\alpha \cdot i_y + \cos\alpha\sin\alpha \cdot i_x \\ 1 \end{bmatrix}$$

为书写简便，令太阳方向表达式（3-109）为

$$\boldsymbol{S} = \begin{bmatrix} S_x \\ S_y \\ S_z \end{bmatrix}$$

太阳摄动的法向引力式（3-108）的两项主要成分可写成

$$\cos\xi_S = (\boldsymbol{S} \cdot \boldsymbol{u}_r)[\cos\alpha \cdot S_x + \sin\alpha \cdot S_y + (\sin\alpha \cdot i_y - \cos\alpha \cdot i_x)S_x]$$

$$\boldsymbol{S} \cdot \boldsymbol{u}_n = (-\cos\alpha\sin\alpha \cdot i_y + \cos^2\alpha \cdot i_x)S_x +$$
$$(-\sin^2\alpha \cdot i_y + \cos\alpha\sin\alpha \cdot i_x)S_y + S_z$$

在太阳引力作用下，轨道倾角摄动方程列为

$$\begin{cases} \dfrac{\mathrm{d}i_x}{\mathrm{d}t} = \dfrac{3r_S}{v_S}n_S^2\cos\xi_S\sin\alpha(\boldsymbol{S}\cdot\boldsymbol{u}_n) \\ \dfrac{\mathrm{d}i_y}{\mathrm{d}t} = \dfrac{3r_S}{v_S}n_S^2\cos\xi_S\cos\alpha(\boldsymbol{S}\cdot\boldsymbol{u}_n) \end{cases} \qquad (3-116)$$

将太阳方向的余弦式（3-109）代入式（3-116）倾角摄动方程，右端是含卫星赤经 α 的三角函数，沿轨道积分一圈，得一天内倾角变化的平均速率为

$$\frac{\delta i_x}{\delta t} = \frac{1}{2\pi}\int_0^{2\pi}\left(\frac{\mathrm{d}i_x}{\mathrm{d}t}\right)\mathrm{d}\alpha$$

$$= 3n_e\left(\frac{n_S}{n_e}\right)^2\left[\left(\frac{1}{4}S_xS_y\right)i_x + \left(-\frac{1}{8}S_x^2 - \frac{3}{8}S_z^2 + \frac{1}{2}S_z^2\right)i_y + \frac{1}{2}S_yS_z\right]$$

$$\frac{\delta i_y}{\delta t} = \frac{1}{2\pi}\int_0^{2\pi}\left(\frac{\mathrm{d}i_y}{\mathrm{d}t}\right)\mathrm{d}\alpha$$

$$= 3n_e\left(\frac{n_S}{n_e}\right)^2\left[\left(\frac{1}{8}S_x^2 + \frac{3}{8}S_y^2 - \frac{1}{2}S_z^2\right)i_x - \left(\frac{1}{4}S_xS_y\right)i_x + \frac{1}{2}S_xS_z\right]$$

$$(3-117)$$

引用太阳方向 S 得方向余弦公式（3-109），有

$$S_x^2 = \cos^2\beta_S$$
$$S_y^2 = \sin^2\beta_S\cos i_S$$
$$S_z^2 = \sin\beta_S\sin i_S$$
$$S_xS_y = \sin\beta_S\cos\beta_S\cos i_S$$
$$S_yS_z = \sin^2\beta_S\sin i_S\cos i_S$$
$$S_xS_z = \sin\beta_S\cos\beta_S\sin i_S$$

因此可以看出，倾角摄动方程（3-117）右端都含有 $2\beta_S$ 的正余弦函数，表明倾角摄动随太阳视运动而周期性交变，周期为半年。将此倾角摄动方程沿太阳视运动轨道积分一圈，得一年内倾角摄动的平均速率，有

$$\frac{\Delta i_x}{\Delta t} = \frac{1}{2\pi}\int_0^{2\pi}\left(\frac{\delta i_x}{\delta t}\right)\mathrm{d}\beta_S$$

$$= 3n_e\left(\frac{n_S}{n_e}\right)^2\left[\left(-\frac{1}{16} - \frac{3}{16}\cos^2 i_S + \frac{1}{4}\sin^2 i_S\right)i_y + \frac{1}{4}\sin i_S\cos i_S\right]$$

$$\frac{\Delta i_y}{\Delta t} = \frac{1}{2\pi}\int_0^{2\pi}\left(\frac{\delta i_y}{\delta t}\right)\mathrm{d}\beta_S$$

$$= 3n_e\left(\frac{n_S}{n_e}\right)^2\left[\frac{1}{16} + \frac{3}{16}\cos^2 i_S - \frac{1}{4}\sin^2 i_S\right]i_x$$

$$(3-118)$$

代入天文常数（3-101），可得

$$\begin{cases}\dfrac{\Delta i_x}{\Delta t} = n_e(-0.405i_y + 0.205)\times 10^{-5}\ \mathrm{rad/s}\\ \dfrac{\Delta i_y}{\Delta t} = n_e(0.405i_x)\times 10^{-5}\ \mathrm{rad/s}\end{cases} \qquad (3-119)$$

由此看出，太阳引力使轨道面进动，同时使轨道倾角矢量 i 倒向春分方向，一年内的平均倾倒速率为

$$\frac{\Delta i_x}{\Delta t} = 0.205 n_e \times 10^{-5} \text{ rad/s} = 0.27(°)/\text{年}$$

月球引力作用的几何关系较复杂，因为月球轨道面绕黄极方向进动，白道与赤道的升交点的方向每年不同，但基本规律与太阳引力作用类同，即平面外的引力导致轨道倾角摄动。

在月球引力作用下，轨道倾角摄动方程与太阳引力作用的摄动方程（3-116）有相同的形式，式中 n、ξ_S 和 S 应替代为 σn_m^2、ξ_m 和 M，其中月球方向 M 的公式见式（3-110）。将摄动速率沿轨道积分一圈，同样得出一天内倾角变化的平均速率，与式（3-117）形式相同，其中 S_x、S_y、S_z 替代为 m_x、m_y、m_z——月球方向的方向余弦式（3-110）。

如令摄动方程右端的 $i_x=0$、$i_y=0$，则有一天平均倾角变化的简化式：

$$\begin{cases} \dfrac{\delta i_x}{\delta t} = \dfrac{3}{2} n_e \sigma \left(\dfrac{n_m}{n_e}\right)^2 (\cos\beta_m \sin\Omega_m + \sin\beta_m \cos\Omega_m \cos i_m) \sin\beta_m \sin i_m \\ \dfrac{\delta i_y}{\delta t} = \dfrac{3}{2} n_e \sigma \left(\dfrac{n_m}{n_e}\right)^2 (\cos\beta_m \cos\Omega_m - \sin\beta_m \sin\Omega_m \cos i_m) \sin\beta_m \sin i_m \end{cases} \quad (3-120)$$

当白道的升交点不在春分方向上，$\Omega_m \neq 0$。在月球周期一圈内，倾角变化率有两次最大值，方向相反，倾角的主要变化方向朝向春分点。将式（3-120）沿月球轨道积分，得月球周期内倾角摄动的平均速率：

$$\frac{\Delta i_x}{\Delta t} = \frac{3}{4} n_e \sigma \left(\frac{n_m}{n_e}\right)^2 \cos\Omega_m \sin i_m \cos i_m$$

$$\frac{\Delta i_y}{\Delta t} = -\frac{3}{4} n_e \sigma \left(\frac{n_m}{n_e}\right)^2 \sin\Omega_m \sin i_m \cos i_m$$

引用天文常数式（3-101），月球引力作用的轨道倾角摄动的平均变率可列为

$$\begin{cases} \dfrac{\Delta i_x}{\Delta t} = n_e \times (0.443 + 0.074\cos\Omega_{mS}) \times 10^{-5} \\ \dfrac{\Delta i_y}{\Delta t} = n_e \times (-0.099\sin\Omega_{mS}) \times 10^{-5} \end{cases} \quad (3-121)$$

月球引力产生的轨道倾角摄动与月球轨道面的方位有关,即与月球轨道升交点的黄经有关。在 18.6 年的周期中,月球轨道与赤道的夹角在 23.45°±5.15°范围内变化,月球引力产生年平均倾角变率最大值为 0.68(°)/年(当 $\Omega_{mS}=0°$),最小值为 0.48(°)/年(当 $\Omega_{mS}=180°$)。

月球引力同样使轨道面进动,保留摄动方程(3-118)右端的 i_x、i_y,引用月球方向的方向余弦式(3-110),以上述相同步骤可得月球引力使轨道面进动的角频率为 $0.943n_e×10^{-5}$ rad/s。

合成地球带谐项摄动和日、月摄动作用的轨道倾角摄动方程,由式(3-119)、式(3-121),有平均摄动总方程:

$$\begin{cases} \dfrac{\mathrm{d}i_x}{\mathrm{d}t} = n_e(-4.93i_y + 0.074\cos\Omega_{mS} + 0.648)×10^{-5} \text{ rad/s} \\ \dfrac{\mathrm{d}i_y}{\mathrm{d}t} = n_e(5.21i_x - 0.099\sin\Omega_{mS})×10^{-5} \text{ rad/s} \end{cases} \quad (3-122)$$

轨道要素 i_x、i_y 的解包含周期项和长期项,前者主要由地球扁率摄动引起,后者由于日月引力的作用引起。略去 $\cos\Omega_{mS}$、$\sin\Omega_{mS}$ 项,摄动方程(3-122)的解为

$$\begin{cases} i_x = i_x(0)\cos\omega_i t - 0.973i_y(0)\sin\omega_i t + 0.128\sin\omega_i t \\ i_y = 1.028i_x(0)\sin\omega_i t + i_y(0)\cos\omega_i t + 0.131(1-\cos\omega_i t) \end{cases} \quad (3-123)$$

其中,$i_x(0)$、$i_y(0)$ 为轨道倾角的初始值;ω_i 为轨道平面周期性进动的角频率:

$$\omega_i = 5.068n_e×10^{-5} \text{ s}^{-1}$$

从式(3-123)看出,如初始倾角为零,则在地球、日、月摄动作用下。静止轨道的法线在一个近似圆锥面上进动,圆锥中心线的倾角是 7.5°,并倒向黄极方向,$\Omega=0°$,进动周期 54 年,最大倾角可达 15°,且在初始时刻,轨道的法线倒向春分点方向。如初始倾角是 $i_x(0)=0$,$i_y(0)=-\varepsilon$(ε 是正的小量),则轨道法线单位矢量端点的赤道面上的投影(即进动轨迹)近似地如图 3-9 所示,轨道倾角的变化是先减后增。因此在南北位置保持的问题中,通常使初始轨道具有小量倾角偏置,并且升交点的赤经接近 270°。

倾角的变化率与月球白道在黄道上的升交点位置有关,当此升交点在春分点方向上($\Omega_{mS}=0°$),倾率变化率最大,等于 0.95(°)/年,而在负方向上($\Omega_{mS}=180°$),倾角变化率最小,等于 0.75(°)/年。根据天文年历的数据,得知某年

月球白道在黄道上升交点的赤经,就可算得当年静止卫星轨道倾角的漂移率。

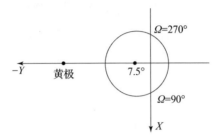

图 3 – 9　进动轨迹在赤道面投影

3.3.7　太阳光压摄动

太阳光压是太阳辐射的光子流对空间碎片表面碰撞时产生的作用力。当空间碎片处于地球阴影之外时,就会受到这种太阳辐射压力的作用。太阳光压摄动加速度可表述为

$$a_s = \frac{F_s}{m} = k_v C_R p_s \frac{A}{m} S \qquad (3-124)$$

其中,F_s 为作用在卫星上的总太阳光压;C_R 为光压参数,是与碎片表面材料相关的无量纲数;A 为垂直于太阳光的卫星截面积;m 为卫星质量;p_s 为太阳辐射常数,可以近似取值为 4.56×10^{-6} N·m^{-2};S 为地心指向太阳的单位矢量,也可以用来近似卫星指向太阳的方向,其计算式为 $S = \frac{r - r_s}{|r - r_s|}$。$k_v$ 为阴影系数,当碎片在地球本影时,$k_v = 0$;碎片处于完全光照下时,$k_v = 1$;碎片在地球半影中时,$0 < k_v < 1$。

由式(3 – 124)可以看出,光压摄动与大气阻力摄动一样,与空间碎片的面质比有关。当空间碎片轨道高度较低时,大气阻力摄动的影响不可忽略,它是耗散力,会致使空间碎片的运动能量减小(半长轴随时间增加单调减小);而当空间碎片轨道高度较高时,太阳光压摄动的影响将超过大气阻力摄动。当交会轨道位于地球同步轨道时,太阳压力是最突出的干扰因素。这时,大气阻力实际上为零,太阳压力与追踪航天器和目标航天器的弹道系数之差的组合可以导致两个航天器具有不同的加速度。因为太阳—卫星方向随着轨道在一年之内发生改变,太阳压力产生的实际效应需要在不同情况下单独计算。在更加详细的分析中,或出

于求证的目的，卫星机体的各个表面相对太阳—卫星矢量的朝向及其反射特征（吸收、散射或反射）都应该被考虑进去。

太阳光压引起轨道变化的趋向，如图 3-10 所示。当卫星处在圆轨道沿下半圈运行时，光压的作用使卫星加速，经过半圈的积累，相当于在点①处顺速度方向施加一个速度增量 Δv_1；当卫星在上半圈运行时，光压起减速作用，半圈积累的结果相当于在点②处反方向作用一个 Δv_2 的速度增量。Δv_1 使上半圈的地心距增大，Δv_2 使下半圈的地心距减小，轨道呈椭圆状，点②逐渐上升成为远地点，点①逐渐下降为近地点。由于 $|\Delta v_1| = |\Delta v_2|$，轨道的半长轴变化很小，轨道的拱线（①和②的连线）垂直于光压方向。随着地球的公转，卫星轨道的偏心率矢量 e（沿拱线指向近地点）的方向在赤道坐标面不断地旋转，并且增长；半年后光压从反方向射来，偏心率矢量 e 继续旋转，但长度缩短，因此太阳光压使轨道偏心率发生长周期摄动。

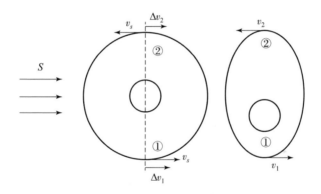

图 3-10　太阳光压引起轨道变化的趋向

图 3-11 表示初始轨道是圆轨道的情况 $[e_x(0) = e_y(0) = 0]$，太阳的初始位置在春分点方向，轨道的偏心率矢量 e 的端点在一年内沿太阳视运动方向画出一个圆，称为偏心率摄动圆。偏心率的增量 Δe 垂直于光压的方向。因此，偏心率矢量的赤经大于太阳的赤经。光压作用半年后偏心率达最大值，偏心率矢量的赤经开始小于太阳的赤经时，偏心率的摄动量将减少，一年后偏心率又回到零，轨道的拱线一年内在空间旋转 180°，偏心率的最大增量为 2ρ。

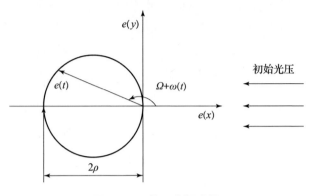

图 3-11 偏心率摄动圆

作用在卫星上的光压在卫星轨道坐标系下的分量是

$$\begin{cases} F_r = -F_s(\boldsymbol{S} \cdot \boldsymbol{u}_r) \\ F_t = -F_s(\boldsymbol{S} \cdot \boldsymbol{u}_t) \\ F_n = -F_s(\boldsymbol{S} \cdot \boldsymbol{u}_n) \end{cases} \quad (3-125)$$

其中，$\boldsymbol{u}_r$、$\boldsymbol{u}_t$、$\boldsymbol{u}_n$ 分别为卫星所在点的径向、横向和法向的单位矢量。它们在赤道惯性坐标系中的分量见式（3-126）。

$$\begin{bmatrix} \boldsymbol{u}_r \\ \boldsymbol{u}_t \\ \boldsymbol{u}_n \end{bmatrix} = \begin{bmatrix} \cos(\omega+f) & \sin(\omega+f) & 0 \\ -\sin(\omega+f) & \cos(\omega+f) & 0 \\ 0 & 0 & 1 \end{bmatrix} \begin{bmatrix} 1 & 0 & 0 \\ 0 & \cos i & \sin i \\ 0 & -\sin i & \cos i \end{bmatrix} \times \\ \begin{bmatrix} \cos\Omega & \sin\Omega & 0 \\ -\sin\Omega & \cos\Omega & 0 \\ 0 & 0 & 1 \end{bmatrix} \begin{bmatrix} \mathbf{i} \\ \mathbf{j} \\ \mathbf{k} \end{bmatrix} \quad (3-126)$$

太阳方向 $\boldsymbol{S}$ 在赤道惯性坐标系中可用赤经 a_s 和赤纬 δ_s 表示，或借助图 3-12 所示的球面三角形，可以用太阳视运动轨道根数表示太阳的方向：

$$\boldsymbol{S} = \begin{bmatrix} \cos l_s \\ \sin l_s \cos i_s \\ \sin l_s \sin i_s \end{bmatrix} \quad (3-127)$$

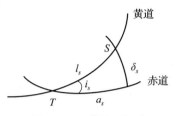

图 3 – 12 球面三角形

其中，l_s 为太阳在黄道上的黄经；i_s 为黄赤的夹角。将式（3 – 127）和式（3 – 126）代入式（3 – 125），可得出当卫星轨道倾角很小时，光压摄动在 3 个坐标方向的分量：

$$\begin{cases} F_r = -\dfrac{F_s}{2}[(1-\cos i_s)\cos(\Omega+u+l_s)+(1+\cos i_s)\cos(\Omega+u-l_s)] \\ F_t = \dfrac{F_s}{2}[(1-\cos i_s)\sin(\Omega+u+l_s)+(1+\cos i_s)\sin(\Omega+u-l_s)] \\ F_n = -F_s\sin i_s\sin l_s \end{cases}$$

(3 – 128)

其中，$u = w + f$。在光压作用下，轨道摄动主要表现在轨道面内轨道要素 e_x，e_y 的变化。对于静止轨道，有 $e \ll 1$，$n \approx \omega_e$，$f \approx M$，轨道要素 e_x，e_y 的摄动方程可简化为

$$\begin{cases} \dfrac{de_x}{dt} = \dfrac{1}{v_s}(F_r\sin l + 2F_t\cos l) \\ \dfrac{de_y}{dt} = \dfrac{1}{v_s}(-F_r\cos l + 2F_t\sin l) \end{cases}$$

(3 – 129)

其中，$l = \Omega + \omega + M$ 为卫星的平赤经。

在静止轨道上的卫星，每年有 275 天处于连续全日照状态，在剩余天数内，每天星蚀时间少于 4.8%，因此，可将式（3 – 129）直接积分，在轨道一圈内取平均值。将式（3 – 128）代入式（3 – 129），沿轨道积分一圈（假定一圈内 l_s 为常值），每天的偏心率的变化率为

$$\begin{cases} \dfrac{\delta e_x}{\delta t} = \dfrac{1}{2\pi}\int_0^{2\pi}\left(\dfrac{de_x}{dt}\right)dl = -\dfrac{3F_s}{2v_s}\sin l_s\cos i_s \\ \dfrac{\delta e_y}{\delta t} = \dfrac{1}{2\pi}\int_0^{2\pi}\left(\dfrac{de_y}{dt}\right)dl = \dfrac{3F_s}{2v_s}\cos l_s \end{cases}$$

(3 – 130)

略去黄赤交角的因子 $\cos i_s$，一天之内偏心率变化的方向为 $l_s + 90°$，垂直于太阳方向，变化率的幅值（假定 $K=1$）为

$$\dot{e} = \frac{3p}{2v} \cdot (86141) = 1.95 \times 10^{-4} \left(\frac{A}{m}\right) d^{-1} \quad (3-131)$$

再分析一年内偏心率的变化，将式（3-130）沿太阳视运动轨道进行积分，令 $l_s = n_s(t - t_0) = l_s(t) - l_s(t_0)$，得

$$\begin{cases} e_x(t) = e_x(t_0) + \dfrac{3F_s}{2v_s n_s}[\cos l_s(t) - \cos l_s(t_0)] \cos i_s \\[2mm] e_y(t) = e_y(t_0) + \dfrac{3F_s}{2v_s n_s}[\sin l_s(t) - \sin l_s(t_0)] \end{cases} \quad (3-132)$$

其中，右端第二项为偏心率增量 Δe_x、Δe_y。在赤道平面，后两项随着太阳视运动描述一个通过坐标原点的圆周，圆心在太阳方向上，位于 $[-\cos l_s(t_0), -\sin l_s(t_0)]$，圆半径为

$$\rho = \frac{3F_s}{2v_s}\left(\frac{365.25}{2\pi}\right) = 0.011\left(\frac{A}{m}\right) \quad (3-133)$$

与式（3-132）的合成见图 3-13，光压使偏心率 e 的端点在偏心率圆上移动，偏心率圆的圆心位置与初始 $e(t_0)$ 和 $l_s(t_0)$ 有关，位于通过矢量 $e(t_0)$ 端点沿光压方向的直线上。如初始偏心率 $e(t_0)$ 指向太阳，幅值又等于偏心率半径 ρ，则式（3-132）化为

$$\begin{aligned} e_x(t) &= \rho \cos l_s(t) \\ e_y(t) &= \rho \sin l_s(t) \end{aligned} \quad (3-134)$$

即在光压的作用下，偏心率的幅值保持常值，但方向跟随太阳旋转。

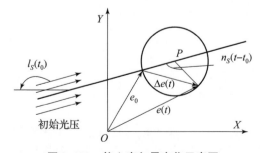

图 3-13　偏心率矢量变化示意图

第 4 章
航天器轨道转移交会

4.1 轨道机动的概念和分类

4.1.1 轨道机动的概念

轨道机动是指航天器主动地改变飞行轨道的过程[82]。轨道机动是航天器的主动行为,是航天器主动施加火箭发动机推力或者利用环境提供的力等(如太阳光压等)摆脱已有的惯性飞行的过程,不包括由于不受控的摄动因素引起非开普勒运动的情况。

4.1.2 轨道机动的分类

根据不同的分类依据,轨道机动有多种不同的分类方式,由于篇幅所限,本书仅列出主流的三种分类方式并做简要介绍。

1. 按照机动的目的划分

按照机动的目的,可将轨道机动划分为以下几种类型。

(1)轨道改变或轨道转移(orbit change or orbit transfer):大幅改变轨道要素的过程,如从低轨道转移到高轨道、从轨道返回地球、大幅改变轨道平面倾角等。这种机动常常需要使用大冲量脉冲式发动机完成。

(2)轨道保持或轨道修正(orbit keeping or orbit correction):小幅改变轨道要素,避免航天器偏离预定轨道的过程。其一般是为了克服由不受控制的摄动因素

（如太阳光压、非中心天体的引力、空气动力等）或误差所带来的轨道要素的偏差而进行的修正。这种机动多使用小推力连续式发动机（如电离子火箭发动机等）完成。

（3）轨道接近（orbit approach）[83]：主动航天器（追踪航天器）通过一系列动作主动靠近被动航天器（目标航天器）或星体的过程，如航天器的在轨交会对接、绕飞、伴飞等过程。在轨道接近的过程中，主动航天器始终以被动目标作为参考，以控制二者或多者之间的相对运动关系为最终目标。

2. 按照主动力持续时间的长短划分

按照主动力持续时间的长短，可将轨道机动划分为以下两种类型。

（1）脉冲式机动：发动机在非常短暂的时间内（和机动前后的轨道周期相比可以忽略）产生较大推力，使航天器获得脉冲速度。分析时可以认为速度是瞬时改变的，将推力直接处理为瞬时的速度增量 ΔV 从而简化计算。该种轨道机动方式相关的理论和技术较为成熟，目前为大多数航天器所采用。

脉冲式机动是高推力发动机的理想化近似，然而在理论和技术不断发展的当下，工程实际中已不能满足于该种近似，而是更多采用更为贴近实际的有限推力式的轨道机动，该种方式并不忽略推力持续时间，不采用冲量近似，而是采用主动力的方式计算，更为贴近中小推力发动机的实际情况。

（2）连续式机动：在持续的一段时间内依靠小的作用力来持续改变轨道，如利用中小推力发动机、电离子火箭发动机、太阳光压作用等进行的轨道机动。

连续式机动根据主动力的大小可分为有限推力式和微小推力式机动，两者的区别在于，微小推力多采用微分形式的作用力，其对轨道要素的影响也需以微分方程体现，而有限推力式机动的作用则采用一般方程进行描述。此外，两者的作用时间也有较大差别，微小推力式机动的作用时间往往长达几天、几十天甚至更久，而有限推力式机动的作用时间则很少超过一天。

3. 按照机动前后轨道是否共面划分

按照机动前后轨道是否共面，可将轨道机动划分为轨道面内机动和轨道面外机动。

关于以上分类有两点需要特殊说明。

（1）以上分类方式并不完备，对其他未纳入分类的轨道机动行为，本书统称任意轨道机动（arbitrary orbit maneuver），该种轨道机动既不限制单一主动力施加方式,也不限制行动目标及参考航天器,具有最广泛的含义。

(2) 前两种分类方法所得类别均无严格界限,且本质十分相近,第三种分类和前两种分类有重叠,因此应将研究的重点放在具有较高普适价值的任意轨道机动上。但由于目前对于最广义的轨道机动尚无完善的统一理论,且出于逻辑清晰性的考虑,本书将按主动力持续时间的分类方式展开介绍。

4.2 脉冲推力作用下的轨道机动

轨道机动可以使用三种推力模式完成,分别是脉冲推力、有限推力和(微)小推力。如果推力作用的时间远小于轨道机动过程中的轨道(包括变轨前的初始轨道和目标轨道)的周期,则可以近似认为推力作用时间为零,即为脉冲推力。脉冲推力的作用效果可被等效为一瞬时冲量作用于航天器,产生瞬时的速度变化。

脉冲推力模型可作为工程中部分大推力火箭发动机的理想化近似,但并不能做到精确机动;同时需要说明,脉冲推力侧重于作用时间极短,并不强调推力的大小,而大推力则强调推力大于中心天体产生的引力加速度,两者并无必然联系。

轨道机动的分析常常基于能量方程[84],或为 vis–viva 方程:

$$v^2 = \mu\left(\frac{2}{r} - \frac{1}{a}\right) \quad (4-1)$$

其中,v 为在某点轨道速度的大小;r 为由焦点到该点的半径大小;a 为轨道半长轴;μ 为万有引力常数。

工程中许多轨道为圆轨道,此时 $a = r$,可得圆轨道速度为

$$v_c = \sqrt{\frac{\mu}{r}} \quad (4-2)$$

而对更为普遍的椭圆轨道,可以通过该公式计算出远地点速度 v_a 和近地点速度 v_p。远地点和近地点的半径分别定义为 r_a 和 r_p,将该关系代入能量方程,可得远地点速度 v_a 和近地点速度 v_p 如下:

$$v_a = \sqrt{2\mu \frac{r_a}{r_p(r_a + r_p)}}$$
$$v_p = \sqrt{2\mu \frac{r_p}{r_a(r_a + r_p)}} \quad (4-3)$$

4.2.1 单脉冲机动

1. 半径相同的非共面圆轨道之间的机动（单脉冲改变速度方向）

如果初轨道和终轨道不在同一个平面内，则这样的转移称为非共面轨道转移。这两个轨道平面之间的角度 δ 称为非共面角。为了改变轨道平面，必须施加速度脉冲 Δv。其中最简单的一种情况就是使用单脉冲转移。

在圆轨道的某个点，产生速度脉冲 Δv，使速度矢量由 v_{C1} 变成 v_{C2}，而 $v_{C1} = v_{C2} = v_C$，达到改变轨道平面的目的。如图 4-1 所示，有

$$\begin{cases} \Delta v = 2v_c \sin(\delta/2) \\ v_c = \sqrt{\mu/r} \end{cases} \tag{4-4}$$

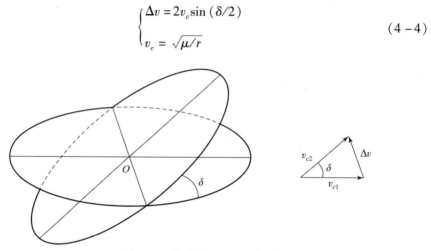

图 4-1 轨道平面的改变

一般情况下，轨道平面的改变 δ 不仅引起轨道倾角 i 的变化，而且引起升交点赤经 Ω 的变化。记原来轨道的轨道倾角和升交点赤经为 i_1、Ω_1（图 4-2）。在

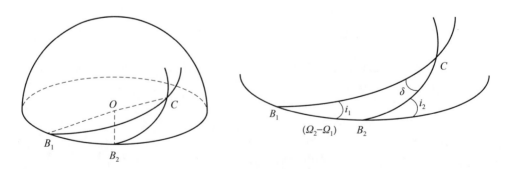

图 4-2 球面三角形 CB_1B_2

纬度幅角为 u_1 的 C 点进行机动，产生轨道平面改变角 δ，使新轨道具有 i_2，Ω_2。对于球面三角形 CB_1B_2 列出方程：

$$\begin{cases} \cos i_2 = \cos i_1 \cos \delta - \sin i_1 \sin \delta \cos u_1 \\ \cos \delta = \cos i_1 \cos i_2 + \sin i_1 \sin i_2 \cos(\Omega_2 - \Omega_1) \end{cases} \quad (4-5)$$

由此可求出 i_2、Ω_2。

2. 共面有交点的圆轨道、椭圆轨道之间的机动（单脉冲改变速度大小和方向）

在两个轨道的交点处，原轨道速度为 v_1，目标轨道速度为 v_2，只要 $\Delta v = v_2 - v_1$，即可完成转移，这样的转移十分简单，但可能并不满足能量消耗最小的要求。

如果原轨道为圆轨道，且脉冲速度 Δv 和运动速度共线，则可以实现圆轨道向椭圆轨道（甚至抛物、双曲轨道）的转化。如果 Δv 相对比较小，则得到的是一条椭圆轨道；如果 $\Delta v = (\sqrt{2} - 1)v_c$，则总的速度 $v_{esc} = \sqrt{2} v_c$，结果轨道变为抛物线；如果比该值还大，就得到了双曲线轨道；如果 $\Delta v \to \infty$，则会得到一个直线轨道。

如果是为了实现两个大小相同、拱线不同的相交椭圆之间的转移，则需要通过 Δv 改变速度方向，进而产生近地点幅角的改变 $\Delta \omega$。初始轨道 E_1 和目标轨道 E_2 有两个交点（图 4-3），现考虑上面的交点 B。对于 E_1 来说，B 的速度倾角为 $\gamma_B < 0$。由速度三角形关系，所需的速度脉冲为

$$\Delta v_B = -2 v_B \sin \gamma_B \quad (4-6)$$

可以证明在下方的 H 点进行转移，需要的 $\Delta v_H = \Delta v_B$。

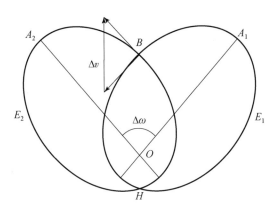

图 4-3 近地点幅角的改变

4.2.2 双脉冲机动

1. 霍曼（Hohmann）转移

霍曼转移是两个共面同心圆轨道之间的最小双脉冲转移（图4-4）。转移过程如下：在半径为 r_1 的圆 C_1 的任意点 P 产生第一个速度脉冲 Δv_1，转移到椭圆轨道 E，它的近地点就是 P。在 E 的远地点 A 产生第二个速度脉冲 Δv_2，使轨道转移成半径为 r_2 的圆轨道 C_2。

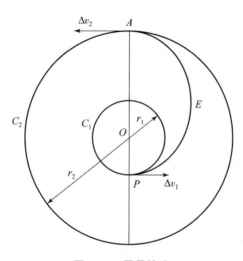

图4-4 霍曼转移

为了求出必需的 Δv_1 和 Δv_2，列出关系方程：

$$\begin{cases} v_{C1} + \Delta v_1 = v_{Ep} \\ v_{Ea} + \Delta v_2 = v_{C2} \end{cases} \quad (4-7)$$

根据圆轨道和椭圆轨道的一般结论，即式（4-2）和式（4-3），有

$$\begin{cases} v_{C1} = \sqrt{\mu/r_1}, \; v_{C2} = \sqrt{\mu/r_2} \\ v_{Ep} = \sqrt{2\mu \dfrac{r_2}{r_1(r_2+r_1)}} = v_{C1}\sqrt{\dfrac{2r_2}{r_1+r_2}} \\ v_{Ea} = \sqrt{2\mu \dfrac{r_1}{r_2(r_2+r_1)}} = v_{C2}\sqrt{\dfrac{2r_1}{r_1+r_2}} \end{cases} \quad (4-8)$$

将式（4-8）代入式（4-7），可得特征速度为

$$\begin{cases} \Delta v_1 = v_{C1}\left(\sqrt{\dfrac{2r_2}{r_1+r_2}} - 1\right) \\ \Delta v_2 = v_{C2}\left(1 - \sqrt{\dfrac{2r_1}{r_1+r_2}}\right) \end{cases} \quad (4-9)$$

而总的特征速度为

$$\Delta v = \Delta v_1 + \Delta v_2$$

令 $\gamma = r_2/r_1$，由式（4-9）得到无因次化的特征速度：

$$\Delta \tilde{v} = \frac{\Delta v}{v_{C1}} = \sqrt{\frac{2\gamma}{1+\gamma}} - 1 + \frac{1}{\sqrt{\gamma}}\left(1 - \sqrt{\frac{2}{1+\gamma}}\right) \quad (4-10)$$

由式（4-10）确定的函数的特性是，当 $1 \leqslant \gamma \leqslant 15.58$ 时，$\Delta \tilde{v}$ 随 γ 的增大而增大；当 $\gamma = 15.58$ 时，$\Delta \tilde{v}$ 取到最大值 $(\Delta \tilde{v})_{\max} = 0.536$；当 $\gamma \geqslant 15.58$ 时，$\Delta \tilde{v}$ 随 γ 的增大而减小，并趋于 $\sqrt{2} - 1$。

特别地，当发生圆轨道微小变轨，即 $\gamma \to 1$，$\Delta r = r_2 - r_1 \ll r_1$ 时，有

$$\Delta v_1 = v_{C1}\left(\sqrt{1 + \frac{r_2 - r_1}{r_1 + r_2}} - 1\right) \approx v_{C1}\frac{1}{2}\frac{\Delta r}{r_1 + r_2}$$

$$\Delta v_2 = v_{C2}\left(1 - \sqrt{\frac{r_2 - r_1}{r_1 + r_2}}\right) \approx v_{C2}\frac{1}{2}\frac{\Delta r}{r_1 + r_2}$$

所以

$$\Delta v = \Delta v_1 + \Delta v_2 = \frac{v_{cav}}{2r_{av}}\Delta r$$

其中，

$$v_{cav} = \frac{1}{2}(v_{C1} + v_{C2})$$

$$r_{av} = \frac{1}{2}(r_1 + r_2)$$

利用式（4-2），可得

$$\Delta v = \frac{1}{2}\sqrt{\frac{\mu}{r_{av}^3}}\Delta r \quad (4-11)$$

可见，在微小变轨的情况下，需要的总特征速度与轨道半径变化量 Δr 成正比。

2. 快速转移

在某些情况下（如紧急救援任务等），除特征速度外，轨道转移的时间也是

重要的因素，这时霍曼转移就不是有利的。在特征速度和机动时间之间的折中的方案是采用与内圆相切、与外圆相交的椭圆轨道作为过渡轨道，如图 4-5 所示。

在圆 C_1 的 M_1 点作用第一个脉冲 Δv_1，变成椭圆 E，其中，$r_p = r_1$，r_a 待定。在椭圆 E 与圆 C_2 的交点 M_2 作用第二个脉冲 Δv_2，使 $v_{C2} = v_2 + \Delta v_2$ 恰好是圆 C_2 的轨道速度。这样就迅速地实现轨道转移。随着 r_a 的增大，特征速度 $\Delta v = \Delta v_1 + \Delta v_2$ 增大，而机动时间减小。兼顾特征速度和机动时间，可以选择适当的 r_a。

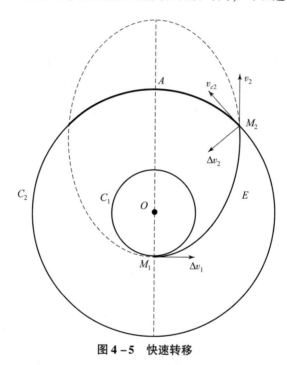

图 4-5 快速转移

3. 共面椭圆轨道的转移

两个共面的椭圆轨道可能有公共点，因此利用单脉冲在公共点处改变速度，从而实现单脉冲机动是可能的。但这并不一定是经济的方式。如果两个椭圆没有公共点，则轨道转移需要至少二次脉冲。

其中较为特殊的一种情况是，两个椭圆轨道的拱线相同，仅大小不同（图 4-6）。首先在初始轨道的近地点施加第一脉冲 Δv_1，使航天器进入过渡轨道 E_t，然后在 E_t 的远地点施加第二脉冲 Δv_2，航天器就达到终止轨道 E_2，完成轨道转移。

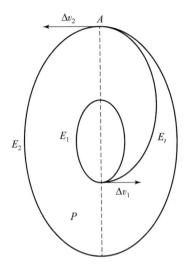

图 4-6 拱线相同的椭圆轨道之间的转移

列出速度方程：

$$\begin{cases} v_{p1} + \Delta v_1 = v_{pt} \\ v_{ut} + \Delta v_2 = v_{a2} \end{cases} \quad (4-12)$$

由椭圆轨道的一般公式（4-3），并结合

$$r_{pt} = r_{p1}, \quad r_{at} = r_{a2}$$

得到

$$\begin{cases} v_{p1} = \sqrt{2\mu \dfrac{r_{a1}}{r_{p1}(r_{a1}+r_{p1})}} \\ v_{pt} = \sqrt{2\mu \dfrac{r_{a2}}{r_{p1}(r_{a2}+r_{p1})}} \\ v_{at} = \sqrt{2\mu \dfrac{r_{p1}}{r_{a2}(r_{a2}+r_{p1})}} \\ v_{a2} = \sqrt{2\mu \dfrac{r_{p2}}{(r_{a2}+r_{p2})}} \end{cases} \quad (4-13)$$

将式（4-13）代入式（4-12），即可求出 Δv_1、Δv_2，然后可以求出

$$\Delta v = \Delta v_1 + \Delta v_2$$

更一般的情况则是两个椭圆的大小和拱点线都不相同（图 4-7）。这时，在

初始轨道 E_1 的 D 点产生 Δv_1，进入过渡椭圆 E_t，在 S 点产生 Δv_2，就到达终止轨道 E_2。至于求 Δv_1、Δv_2 的大小和方向的问题，这里不详细讲述。

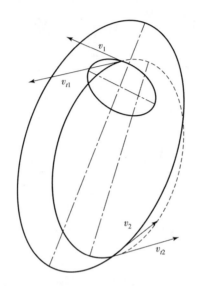

图 4-7　椭圆轨道之间转移的一般情况

4. 不同半径的非共面圆轨道之间的转移

不同半径的非共面圆轨道之间的转移可以通过三种方式的双脉冲实现。

方式 1，第一个脉冲 Δv_1，既改变轨道平面倾角 δ，又提高速度，以致过渡椭圆轨道 E 的远地点距离为 r_2，在过渡椭圆轨道的远地点产生的第二个脉冲 Δv_2，使轨道变成大圆轨道。

方式 2，第一个脉冲 Δv_1 只提高速度，使圆轨道变成椭圆轨道，在椭圆轨道远地点产生的第二个脉冲既改变轨道平面倾角，又使椭圆轨道变成大圆轨道。

方式 3，第一个脉冲使轨道平面倾角改变 δ_1，同时使轨道变成椭圆轨道，在椭圆轨道远地点产生的第二脉冲 Δv_2，使轨道平面再改变 $\delta_2 (\delta = \delta_1 + \delta_2)$，并且使轨道变成大圆轨道。

可以看出，方式 1 和方式 2 均是方式 3 的特例（$\delta_1 = \delta$ 和 $\delta_1 = 0$）。而在方式 3 中，第一次倾角改变量 δ_1 是可选择的。可以通过数值优化的方法找到最优改变量 $(\delta_1)_{opt}$ 以达到耗能最小的目的。

4.2.3 三脉冲机动

1. 双椭圆转移

和霍曼转移一样,双椭圆转移(图4-8)同样是针对共面同心圆轨道之间的脉冲机动,其过程如下。

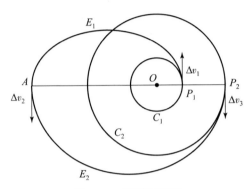

图4-8 双椭圆转移

在圆轨道 C_1 的点 P_1,产生脉冲 Δv_1,使轨道变为椭圆 E_1,它的近地点就是 P_1;然后在椭圆 E_1 的远地点 A(其距离为 r_a)产生第二个脉冲 Δv_2,使轨道变为椭圆 E_2,它的近地点距离也是 r_a,而远地点距离为 r_2;最后在 E_2 的远地点 P_2 沿飞行反方向产生第三个脉冲 Δv_3,使轨道变为半径为 r_2 的圆 C_2。这种转移需要三次脉冲,所以又称为三脉冲转移。

利用关系式

$$\begin{cases} v_{C1} + \Delta v_1 = v_{E1p} \\ v_{E1a} + \Delta v_2 = v_{E2a} \\ v_{E2p} - \Delta v_3 = v_{C2} \end{cases} \qquad (4-14)$$

以及式(4-2)和式(4-3)可以计算出 Δv_1、Δv_2、Δv_3,由此可以求出总的特征速度:

$$\Delta v = \sum_{i=1}^{3} \Delta v_i$$

令 $\gamma = r_2/r_1$,$\alpha = r_a/r_1$ 得到无因次化的总特征速度:

$$\Delta \tilde{v} = \frac{\Delta v}{v_{c1}} = \sqrt{\frac{2\alpha}{1+\alpha}} - 1 + \frac{1}{\sqrt{\alpha}} \left(\sqrt{\frac{2\gamma}{\gamma+\alpha}} - \sqrt{\frac{2}{1+\gamma}} \right) + \frac{1}{\sqrt{\gamma}} \left(\sqrt{\frac{2\alpha}{\gamma+\alpha}} - 1 \right) \qquad (4-15)$$

r_1 和 r_2 是由转移任务决定的,而 r_a 是可以选择的。按优化条件:

$$\frac{\partial \Delta v}{\partial r_a} = 0$$

可以求出最优的 $(r_a)_{opt}$。已有的研究表明,如果 $(r_a)_{opt} > r_2$,则双椭圆轨道优于霍曼转移;反之则应该采用霍曼转移。

2. 半径相同的非共面圆轨道之间的机动

半径相同的非共面圆轨道之间的机动不仅可以用单脉冲转移完成,也可以用较为复杂的三脉冲转移完成(图4-9)。

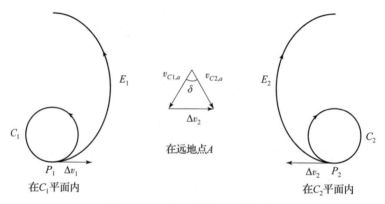

图4-9 三脉冲非共面轨道转移

第一个脉冲 Δv_1 使圆 C_1 变成同平面的椭圆 E_1;第二个脉冲 Δv_2 作用在椭圆 E_1 的远地点,使轨道平面改变倾角 δ,轨道成为椭圆 E_2;第三个脉冲 Δv_3 反向地作用在椭圆 E_2 的近地点,使轨道变成半径为 r_0 的圆 C_2。

需要的三个脉冲速度为

$$\begin{cases} \Delta v_1 = v_p - v_0 \\ \Delta v_2 = 2v_a \sin(\delta/2) \\ \Delta v_3 = \Delta v_1 \\ \Delta v = \Delta v_1 + \Delta v_2 + \Delta v_3 \end{cases} \quad (4-16)$$

利用式(4-16)、式(4-2)和式(4-3),可以得到无量纲的总特征速度:

$$\Delta \tilde{v} = \frac{\Delta v}{v_0} = \frac{1}{v_0}(2\Delta v_1 + \Delta v_3) = 2\left[\sqrt{\frac{2\alpha}{\alpha+1}} - 1 + \sqrt{\frac{2}{\alpha(\alpha+1)}} \sin\frac{\delta}{2}\right] \quad (4-17)$$

其中，$\alpha = r_a/r_0$。

令 $\dfrac{\partial \Delta v}{\partial \alpha} = 0$，可求出 α 的最优值 α_{opt} 为

$$\alpha_{opt} = \dfrac{\sin(\delta/2)}{1 - 2\sin(\delta/2)} \quad (4-18)$$

相应的最小特征速度 $(\Delta \tilde{v})_{opt}$ 为

$$(\Delta \tilde{v})_{opt} = 2\left[2\sqrt{2\sin\dfrac{\delta}{2}\left(1 - \sin\dfrac{\delta}{2}\right)} - 1 \right] \quad (4-19)$$

通过和单脉冲转移时的 $\Delta \tilde{v}$ 相比较，可得：当 $\delta < 38.94°$ 时，单脉冲较为有利；当 $\delta > 38.94°$ 时，三脉冲较为有利；$\delta = 38.94°$ 为临界情况。

双脉冲或者三脉冲方式在某些情况下都可以减少轨道机动所需的能量，但是只有极少数条件下使用四次或四次以上的脉冲可以实现最小能量转移。既然如此，本书将不讨论多脉冲机动情况。

4.3 连续（有限）推力作用下的轨道机动

传统的转移轨道设计一般基于冲量假设，即假定发动机瞬时提供较大推力。飞行器在脉冲施加前后均沿开普勒轨道运行，这样处理脉冲式轨道机动问题的理论基础是开普勒轨道定律。然而在工程实际中，除少数高推力发动机可以用冲量近似外，其他小推力以及中等推力发动机的推进作用都应视为有限推力的情况。高性能液体火箭发动机被广泛采用后，有限推力变轨在空间飞行任务中的应用越来越广泛，有限推力轨道机动问题研究变得尤为迫切。有限推力变轨模式下，航天器除受到地球中心引力外，还受到动力装置产生的控制力作用。飞行器在控制力的作用下就不再沿开普勒轨道运行，这样，传统的基于开普勒轨道定律的轨道理论和方法就不再完全适用，必须研究有限推力作用下的轨道设计问题。

4.3.1 连续力轨道机动的动力学模型

1. 极坐标系建模

假设航天器处于平方反比引力场中，应用拉格朗日方程在极坐标系中建立航

天器有限推力变轨运动方程[85][86]，极坐标示意图如图 4-10 所示。为了提高对状态变量的积分精度，同时提高计算收敛速度，引入地球半径 r_e、航天器初始质量 m_0、参考速度 $\sqrt{g_0 r_e}$ 以及参考时间 $\sqrt{\dfrac{r_e}{g_0}}$，对运动方程进行无量纲化处理，得

$$\begin{cases} \dfrac{\mathrm{d}r}{\mathrm{d}t} = v\sin\gamma \\[2pt] \dfrac{\mathrm{d}\theta}{\mathrm{d}t} = \dfrac{v\cos\gamma}{r} \\[2pt] \dfrac{\mathrm{d}v}{\mathrm{d}t} = -\dfrac{\sin\gamma}{r^2} + G\dfrac{\cos\alpha}{m} \\[2pt] \dfrac{\mathrm{d}\gamma}{\mathrm{d}t} = \left(\dfrac{v^2}{r} - \dfrac{1}{r^2}\right)\dfrac{\cos\gamma}{v} + G\dfrac{\sin\alpha}{mv} \\[2pt] \dfrac{\mathrm{d}m}{\mathrm{d}t} = -\dfrac{G}{v_e} \end{cases} \quad (4-20)$$

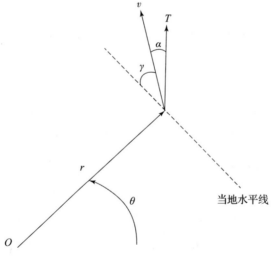

图 4-10　极坐标示意图

为了表述方便起见，无量纲化参数在符号上不做特殊处理，只是数值上有所差别。式（4-20）中，无量纲地心距 r、极角 θ、无量纲速度 v、航迹角 γ 和无量纲质量 m 作为优化问题中的状态变量，v_e 为发动机无量纲燃气喷射速度。推力方向用推力与速度之间的夹角 α 来描述，作为优化问题中的控制变量。$G = \dfrac{T}{m_0 g_0}$

为初始推重比，T 为发动机推力。

2. 地心惯性系建模

由航天器动力学理论可以直接给出航天器在地心惯性坐标系下的动力学方程：

$$\frac{\mathrm{d}}{\mathrm{d}t}\begin{bmatrix} v_x \\ v_y \\ v_z \\ x \\ y \\ z \end{bmatrix} = \begin{bmatrix} 0 & 0 & 0 & -\frac{\mu}{r^3} & 0 & 0 \\ 0 & 0 & 0 & 0 & -\frac{\mu}{r^3} & 0 \\ 0 & 0 & 0 & 0 & 0 & -\frac{\mu}{r^3} \\ 1 & 0 & 0 & 0 & 0 & 0 \\ 0 & 1 & 0 & 0 & 0 & 0 \\ 0 & 0 & 1 & 0 & 0 & 0 \end{bmatrix}\begin{bmatrix} v_x \\ v_y \\ v_z \\ x \\ y \\ z \end{bmatrix} + \begin{bmatrix} \alpha_x \\ \alpha_y \\ \alpha_z \\ 0 \\ 0 \\ 0 \end{bmatrix}\frac{T}{m} + \begin{bmatrix} f_x \\ f_y \\ f_z \\ 0 \\ 0 \\ 0 \end{bmatrix} \quad (4-21)$$

其中，v_x，v_y，v_z 为飞行器速度矢量在地心惯性坐标系中的投影；x，y，z 为飞行器位置矢量在地心惯性坐标系中的投影；α_x，α_y，α_z 为推力方向矢量在地心惯性坐标系中的投影；f_x，f_y，f_z 为摄动加速度矢量在地心惯性坐标系中的投影；T 是发动机推力大小；m 是飞行器质量；μ 是地球引力常数；r 是飞行器到地心的距离。其中，

$$[\alpha_x \quad \alpha_y \quad \alpha_z]^\mathrm{T} = [\cos\phi\cos\psi \quad -\cos\phi\sin\psi \quad -\sin\phi]^\mathrm{T}$$

其中，ϕ 为高低角，ψ 为方位角。建立飞行器轨道坐标系 $O_1x_1y_1z_1$，其中，原点 O_1 位于飞行器质心，O_1z_1 指向地心，O_1x_1 指向前进方向且垂直于 O_1z_1，O_1y_1 指向由右手定则确定。ϕ 为推力矢量与当地水平面 $O_1x_1y_1$ 的夹角，规定推力指向当地水平面之上时为正。ψ 为推力矢量在当地水平面的投影与 O_1x_1 轴的夹角，规定顺着 O_1z_1 轴正向看，自 O_1x_1 轴逆时针转向该投影时 ψ 为正。

极坐标表示的动力学方程只适用于同平面轨道转移，而地心惯性坐标系下的动力学方程不仅适用于同平面轨道转移，也适用于异面轨道转移，另外还适用于考虑摄动力的情形。这两种动力学方程的缺点是对它们进行积分时，在精度相同的情况下，所取的步长相对基于轨道根数的方程要小得多。

此外还有经典的轨道根数建模和改进的轨道根数建模。虽然这两种模型可以

通过切换的方法避免奇点问题,但是这会使优化算法产生切换点的初值估计、病态梯度等新的问题,带来很多麻烦,因此本节使用极坐标和惯性坐标表示动力学方程。

3. 摄动运动方程

如果将推力看作是摄动,可以利用摄动运动方程来研究空间飞行器在连续推力作用下的轨道机动。根据高斯型摄动运动方程写出空间飞行器在连续推力作用下的运动方程为[86]

$$\begin{cases} \dfrac{\mathrm{d}a}{\mathrm{d}t} = 2\sqrt{\dfrac{a^3}{\mu(1-e^2)}}[e\sin\theta a_r + (1+e\cos\theta)a_u] \\ \dfrac{\mathrm{d}e}{\mathrm{d}t} = \sqrt{\dfrac{a(1-e^2)}{\mu}}\left(\sin\theta a_r + \dfrac{e+2\cos\theta+e\cos^2\theta}{1+e\cos\theta}a_u\right) \\ \dfrac{\mathrm{d}\Omega}{\mathrm{d}t} = \sqrt{\dfrac{a(1-e^2)}{\mu}}\dfrac{\sin(\omega+\theta)}{(1+e\cos\theta)\sin i}a_h \\ \dfrac{\mathrm{d}i}{\mathrm{d}t} = \sqrt{\dfrac{a(1-e^2)}{\mu}}\dfrac{\cos(\omega+\theta)}{1+e\cos\theta}a_h \\ \dfrac{\mathrm{d}\omega}{\mathrm{d}t} = \dfrac{1}{e}\sqrt{\dfrac{a(1-e^2)}{\mu}}\left[-\cos\theta a_r + \dfrac{2+e\cos\theta}{1+e\cos\theta}\sin\theta a_u - \dfrac{e\sin(\omega+\theta)\cot i}{1+e\cos\theta}a_h\right] \\ \dfrac{\mathrm{d}M}{\mathrm{d}t} = \sqrt{\dfrac{\mu}{a^3}} - \dfrac{1-e^2}{e}\sqrt{\dfrac{a}{\mu}}\left(\dfrac{2e-\cos\theta-e\cos^2\theta}{1+e\cos\theta}a_r + \dfrac{2+e\cos\theta}{1+e\cos\theta}\sin\theta a_u\right) \end{cases}$$

(4-22)

其中,a_r,a_u,a_h 分别为由推力产生的径向加速度、横向加速度和副法向加速度。

轨道平均技术是动力学系统理论中的动力学系统平均技术在轨道动力学中的应用和延拓。利用轨道平均技术对由作用在空间飞行器上的各种力引起的轨道要素的变化在一个轨道周期内求平均,可获得空间飞行器在这些力作用下轨道要素的长期变化规律。对于某一个轨道要素的变化率 $\dot{x}$(可以是 $\dot{a}$,$\dot{e}$,$\dot{\Omega}$,$\dot{i}$,$\dot{\omega}$,$\dot{M}$),其平均变化率 $\dot{x}_{\mathrm{avg}}$ 为

$$\dot{x}_{\mathrm{avg}} = \dfrac{1}{T}\int_0^T \dot{x}\mathrm{d}t$$

考虑到任何一个轨道要素的变化率都是真近点角 θ 的函数,且有

$$dt = \sqrt{\frac{a^3}{\mu}} \frac{\sqrt{(1-e^2)^3}}{(1+e\cos\theta)^2} d\theta$$

因此，轨道要素的平均变化率 $\dot{x}_{avg}$ 可写成

$$\dot{x}_{avg} = \frac{1}{2\pi} \int_0^{2\pi} \dot{x} \frac{\sqrt{(1-e^2)^3}}{(1+e\cos\theta)^2} d\theta \qquad (4-23)$$

根据轨道平均技术，利用式（4-23）对轨道要素的变化率在一个轨道周期内求平均，可得空间飞行器在径向、横向和副法向常加速度作用下的轨道要素的平均变化率，见表4-1。

表 4-1 空间飞行器在径向、横向和副法向常加速度作用下的轨道要素的平均变化率

	a_r	a_u	a_h
$\dot{a}_{aavg}$	0	$2a\sqrt{\dfrac{a(1-e^2)}{\mu}}a_u$	0
$\dot{e}_{aavg}$	0	$-\dfrac{3}{2}e\sqrt{\dfrac{a(1-e^2)}{\mu}}a_u$	0
$\dot{\Omega}_{aavg}$	0	0	$-\dfrac{3}{2}\dfrac{e\sin\omega}{\sin i}\sqrt{\dfrac{a}{\mu(1-e^2)}}a_h$
$\dot{i}_{aavg}$	0	0	$-\dfrac{3}{2}e\cos\omega\sqrt{\dfrac{a}{\mu(1-e^2)}}a_h$
$\dot{\omega}_{aavg}$	$\sqrt{\dfrac{a(1-e^2)}{\mu}}a_r$	0	$-\dfrac{3}{2}e\sin\omega\cot i\sqrt{\dfrac{a}{\mu(1-e^2)}}a_h$

冻结轨道是指满足冻结条件（即偏心率和近地点幅角的长期变化为零）的轨道。此时，空间飞行器运行轨道的形状始终保持不变，从而保证了空间飞行器在同一地区的轨道高度几乎不变。冻结轨道的这一特性使其在对地观测任务中得到广泛的应用，如 Seasat、Landsat、SPOT、Radarsat 和 Topex/Poseidon 等。传统的冻结轨道对轨道参数的设计有较为苛刻的要求，这在一定程度上限制了冻结轨道的应用。利用轨道平均技术可以得到两种控制策略，应用这两种控制策略，可以使任意轨道满足冻结条件，获得任意轨道要素冻结轨道。

利用轨道平均技术，可得空间飞行器在 J_2 项摄动影响下轨道要素的平均变化率为

$$\dot{a}_{J_2\text{avg}} = 0$$

$$\dot{e}_{J_2\text{avg}} = 0$$

$$\dot{\Omega}_{J_2\text{avg}} = -\frac{3}{2}\sqrt{\frac{\mu}{a}}\frac{J_2 R_e^2}{a^3(1-e^2)^2}\cos i$$

$$\dot{i}_{J_2\text{avg}} = 0$$

$$\dot{\omega}_{J_2\text{avg}} = -\frac{3}{4}\sqrt{\frac{\mu}{a}}\frac{J_2 R_e^2}{a^3(1-e^2)^2}(1-5\cos^2 i)$$

空间飞行器在 J_2 项摄动影响下，施加一个径向常加速度，其近地点幅角平均变化率为

$$\dot{\omega}_{\text{avg}} = \dot{\omega}_{J_2\text{avg}} + \dot{\omega}_{a\text{avg}}$$

为满足冻结条件，令 $\dot{\omega}_{\text{avg}} = 0$，即可求得

$$a_r = -\sqrt{\frac{\mu}{a(1-e^2)}}\dot{\omega}_{J_2\text{avg}}$$

在设计这一控制策略的过程中，没有对径向小推力的方向进行控制，即采用的是单一方向的径向小推力，因此称之为定径向推力方向控制策略。

利用轨道平均技术，求空间飞行器在径向常加速度 a_r 作用下近地点幅角的平均变化率为

$$\begin{aligned}\dot{\omega}_{a\text{avg}} &= \frac{1}{T}\int_0^T \frac{1}{e}\sqrt{\frac{a(1-e^2)}{\mu}}(-\cos\theta a_r)\mathrm{d}t \\ &= \frac{1}{2\pi\sqrt{\frac{a^3}{\mu}}}\int_0^{2\pi}\frac{1}{e}\sqrt{\frac{a(1-e^2)}{\mu}}(-\cos\theta_r)\sqrt{\frac{a^3}{\mu}}\frac{\sqrt{(1-e^2)^3}}{(1+e\cos\theta)^2}\mathrm{d}\theta \\ &= \frac{1}{2\pi}\sqrt{\frac{a}{\mu}}\frac{(1-e^2)^2}{e}\int_0^{2\pi}\frac{-\cos\theta}{(1+e\cos\theta)^2}a_r\mathrm{d}\theta\end{aligned}$$

(4-24)

分析被积函数中 $-\frac{\cos\theta}{(1+e\cos\theta)^2}a_r\mathrm{d}\theta$ 项，发现：

(1) 当 $0 \leq \theta \leq \frac{\pi}{2}$ 时，$-\frac{\cos\theta}{(1+e\cos\theta)^2} \leq 0$；

(2) 当 $\frac{\pi}{2} \leq \theta \leq \frac{3\pi}{2}$ 时，$-\frac{\cos\theta}{(1+e\cos\theta)^2} \geq 0$；

(3) 当 $\frac{3\pi}{2} \leqslant \theta \leqslant 2\pi$ 时，$-\frac{\cos\theta}{(1+e\cos\theta)^2} \leqslant 0$。

为了提高控制效率，即在 a_r 保持大小不变的情况下，使 $\dot{\omega}_{\text{aavg}}$ 的绝对值达到最大，可设计径向小推力方向的控制策略如下：

(1) 当 $0 \leqslant \theta \leqslant \frac{\pi}{2}$ 时，a_r 取负值（或取正值）；

(2) 当 $\frac{\pi}{2} \leqslant \theta \leqslant \frac{3\pi}{2}$ 时，a_r 取正值（或取负值）；

(3) 当 $\frac{3\pi}{2} \leqslant \theta \leqslant 2\pi$ 时，a_r 取负值（或取正值）。

根据以上径向小推力方向的控制策略，利用轨道平均技术求各个轨道要素的平均变化率，得

$$\dot{a}_{\text{aavg}} = 0$$

$$\dot{e}_{\text{aavg}} = 0$$

$$\dot{\Omega}_{\text{aavg}} = 0$$

$$\dot{i}_{\text{aavg}} = 0$$

$$\dot{\omega}_{\text{aavg}} = \frac{1}{2\pi e}\sqrt{\frac{a(1-e^2)}{\mu}}\left(4\sqrt{1-e^2} - 8e\arctan\sqrt{\frac{1-e}{1+e}} + 2\pi e\right)a_r$$

上式说明，采用改变径向小推力方向的控制策略消除近地点旋转实现任意轨道要素冻结轨道也是可行的。

类似地，可以求得 a_r 为

$$a_r = -2\pi e\sqrt{\frac{\mu}{a(1-e^2)}}\left(4\sqrt{1-e^2} - 8e\arctan\sqrt{\frac{1-e}{1+e}} + 2\pi e\right)^{-1}\dot{\omega}_{J_2\text{avg}} \quad (4-25)$$

在这一控制策略中，对径向小推力的方向进行了控制，因此称之为变径向推力方向控制策略。

任何一个轨道要素的变化率除了是真近点角 θ 的函数外，同时也是推力加速度矢量的函数，其径向分量 a_r、横向分量 a_u 和副法向分量 a_h 可以用推力加速度矢量的大小和控制角来表示：

$$a_r = a\cos\beta\sin\alpha$$

$$a_u = a\cos\beta\cos\alpha$$

$$a_h = a\sin\beta$$

其中，a 为推力加速度矢量的大小，α 和 β 为两个推力方向控制角，分别表示俯仰控制角和偏航控制角。俯仰控制角 α 定义横向与推力加速度矢量在轨道平面内的投影所成的角，取径向为正，规定其取值范围为 $-\pi < \alpha \leq \pi$；偏航控制角 β 定义为推力加速度矢量在轨道平面内的投影与推力加速度矢量所成的角，取副法向为正，规定其取值范围为 $-\frac{\pi}{2} \leq \alpha \leq \frac{\pi}{2}$。

在推力加速度矢量的大小保持不变的情况下，可以通过调节俯仰控制角 α 和偏航控制角 β 的大小使任何一个轨道要素的变化率在当前位置达到最大。对于某一个轨道要素的变化率 $\dot{x}$，要使其达到最大，只需满足

$$\frac{\partial}{\partial \alpha}(\dot{x}) = 0, \quad \frac{\partial}{\partial \beta}(\dot{x}) = 0, \quad \frac{\partial^2}{\partial \alpha^2}(\dot{x}) < 0, \quad \frac{\partial^2}{\partial \beta^2}(\dot{x}) < 0$$

求解以上各式可以得到使轨道要素的变化率在当前位置达最大的俯仰控制角 α 和偏航控制角 β。

表 4-2 给出了使轨道要素的变化率在当前位置达最大的俯仰控制角 α 和偏航控制角 β，分别称为半长轴极值控制律、偏心率极值控制律、升交点赤经极值控制律、轨道倾角极值控制律和近地点幅角极值控制律。在推力加速度矢量的大小保持不变的情况下，采用一定的极值控制律可以在最短时间内完成相应轨道要素的改变。

表 4-2 轨道要素的变化率达最大的俯仰控制角 α 和偏航控制角 β

	α	β
a	$\arctan\left(\dfrac{e\sin\theta}{1+e\cos\theta}\right)$	0
e	$\arctan\left(\dfrac{\sin\theta+e\sin\theta\cos\theta}{e+2\cos\theta+e\cos^2\theta}\right)$	0
Ω		$\text{sgn}[\sin(\theta+\omega)]\dfrac{\pi}{2}$
i		$\text{sgn}[\cos(\theta+\omega)]\dfrac{\pi}{2}$
ω^*	$\arctan\left(\dfrac{-\cos\theta-e\cos^2\theta}{2\sin\theta+e\sin\theta\cos\theta}\right)$	0

空间飞行器在连续推力作用下，采用一定的极值控制律，其轨道要素的变化率是真近点角 θ 的函数，因此可以通过计算

$$\frac{\partial}{\partial \theta}(\dot{x}) = 0, \ \frac{\partial^2}{\partial \theta^2}(\dot{x}) < 0$$

得到轨道要素的变化率达到最大值对应的真近点角 θ（表 4-3），以及相应的轨道要素变化率的最大值 $\dot{x}_{\max}$。

表 4-3 轨道要素的变化率达最大的真近点角 θ

	θ
a	0
e	0 或 π
Ω	$\pi - \arccos(e\cos\omega) - \omega$ 或 $\pi + \arccos(e\cos\omega) - \omega$
i	$-\arcsin(e\sin\omega) - \omega$ 或 $\pi + \arcsin(e\sin\omega) - \omega$
ω	$\arccos\left[\frac{1}{6e}(108 - 108e^2 + 12\sqrt{3}\sqrt{4e^6 + 27e^4 - 54e^2 + 27})^{\frac{1}{3}} - 2e(108 - 108e^2 + 12\sqrt{3}\sqrt{4e^6 + 27e^4 - 54e^2 + 27})^{-\frac{1}{3}} - \frac{1}{e}\right]$

定义空间飞行器在连续推力作用下在当前位置改变轨道要素 x 的效率因子为

$$\eta = \frac{\dot{x}}{\dot{x}_{\max}} \quad (4-26)$$

显然，效率因子反映了连续推力在当前位置改变空间飞行器轨道要素的相对能力，效率因子越大，连续推力在当前位置改变空间飞行器轨道要素的相对能力就越强。因此，为了提高推力的作用效果，可以设置一个阈值 χ，当效率因子大于该阈值时，发动机开机；相反，当效率因子小于该阈值时，发动机关机。当阈值 $\chi = 1$ 时，发动机旨在轨道要素的变化率达到最大值的位置开机；相当于在该位置施加一个速度脉冲；当阈值 $\chi = 0$ 时，发动机持续工作，不关机。阈值越大，所需要的燃料消耗量越小，而所需要的时间也越长。这意味着燃料消耗量和时间是阈值选取中的一对矛盾，很难兼顾，需要根据不同任务对燃料消耗量和时间要求的实际情况来选取阈值。

以上分析都是针对改变一个轨道要素的情况，对于改变多个轨道要素的问题可以通过设计基于上述简单控制律的策略来解决，如设计合适的李雅普诺夫函数、采用加权优化算法等。

4.3.2 典型连续推力机动轨道

1. 连续径向推力机动轨道

在中心引力场中,不考虑摄动因素,空间飞行器在连续径向推力作用下的动力学方程为

$$\frac{d^2 \boldsymbol{r}}{dt^2} = -\frac{\mu}{r^3}\boldsymbol{r} + a_r \boldsymbol{u}_r \quad (4-27)$$

其中,a_r 和 $\boldsymbol{u}_r$ 分别表示径向加速度大小和径向单位矢量。

对式 (4-27) 两边同时左叉乘以 $\boldsymbol{r}$,得

$$\boldsymbol{r} \times \frac{d^2 \boldsymbol{r}}{dt^2} = -\frac{\mu}{r^3}\boldsymbol{r} \times \boldsymbol{r} + a_r \boldsymbol{r} \times \boldsymbol{u}_r$$

显然,方程右边为零,则

$$\boldsymbol{r} \times \frac{d^2 \boldsymbol{r}}{dt^2} = 0$$

考察动量矩矢量 $\boldsymbol{H}$ 的导数:

$$\frac{d\boldsymbol{H}}{dt} = \frac{d}{dt}(\boldsymbol{r} \times \boldsymbol{v}) = \frac{d}{dt}\left(\boldsymbol{r} \times \frac{d\boldsymbol{r}}{dt}\right)$$

$$= \frac{d\boldsymbol{r}}{dt} \times \frac{d\boldsymbol{r}}{dt} + \boldsymbol{r} \times \frac{d^2 \boldsymbol{r}}{dt^2} = 0$$

可以推出:

$$\boldsymbol{H} = \text{const} \quad (4-28)$$

式 (4-28) 表明,在中心引力场中,不考虑摄动因素,在连续径向推力作用下空间飞行器的动量矩矢量 $\boldsymbol{H}$ 保持不变。由于动量矩矢量 $\boldsymbol{H}$ 指向轨道平面的法线方向,动量矩矢量 $\boldsymbol{H}$ 保持不变也就意味着空间飞行器轨道平面在惯性空间保持不变。同时,动量矩矢量 $\boldsymbol{H}$ 的大小表示空间飞行器和中心引力体中心的连线扫掠的面积的 2 倍,所以动量矩矢量 $\boldsymbol{H}$ 保持不变还意味着空间飞行器和中心引力体中心的连线扫掠的面积变化率保持不变。

对式 (4-27) 两边同时点乘以 $\frac{d\boldsymbol{r}}{dt}$,得

$$\frac{d\boldsymbol{r}}{dt} \cdot \frac{d^2 \boldsymbol{r}}{dt^2} = -\frac{\mu}{r^3}\frac{d\boldsymbol{r}}{dt} \cdot \boldsymbol{r} + a_r \frac{d\boldsymbol{r}}{dt} \cdot \boldsymbol{u}_r$$

左边为

$$\frac{\mathrm{d}\boldsymbol{r}}{\mathrm{d}t}\cdot\frac{\mathrm{d}^2\boldsymbol{r}}{\mathrm{d}t^2}=\frac{1}{2}\frac{d}{\mathrm{d}t}\left(\frac{\mathrm{d}\boldsymbol{r}}{\mathrm{d}t}\cdot\frac{\mathrm{d}\boldsymbol{r}}{\mathrm{d}t}\right)=\frac{1}{2}\frac{\mathrm{d}}{\mathrm{d}t}(\boldsymbol{v}\cdot\boldsymbol{v})=\frac{\mathrm{d}}{\mathrm{d}t}\left(\frac{1}{2}v^2\right)$$

考虑到

$$\frac{\mathrm{d}r}{\mathrm{d}t}=v\cos\alpha$$

其中，α 为空间飞行器的位置矢量 $\boldsymbol{r}$ 和速度矢量 $\boldsymbol{v}$ 之间的夹角。

若径向加速度大小 a_r 保持不变，则右边为

$$\begin{aligned}
-\frac{\mu}{r^3}\frac{\mathrm{d}\boldsymbol{r}}{\mathrm{d}t}\cdot\boldsymbol{r}+a_r\frac{\mathrm{d}\boldsymbol{r}}{\mathrm{d}t}\cdot\boldsymbol{u}_r &= -\frac{\mu}{r^3}\boldsymbol{v}\cdot\boldsymbol{r}+a_r\boldsymbol{v}\cdot\boldsymbol{u}_r \\
&= -\frac{\mu}{r^3}rv\cos\alpha+a_rv\cos\alpha \\
&= -\frac{\mu}{r^2}\frac{\mathrm{d}r}{\mathrm{d}t}+a_r\frac{\mathrm{d}r}{\mathrm{d}t} \\
&= \frac{\mathrm{d}}{\mathrm{d}t}\left(\frac{\mu}{r}\right)+\frac{\mathrm{d}}{\mathrm{d}t}(a_r r)
\end{aligned}$$

则

$$\frac{\mathrm{d}}{\mathrm{d}t}\left(\frac{1}{2}v^2\right)=\frac{\mathrm{d}}{\mathrm{d}t}\left(\frac{\mu}{r}\right)+\frac{\mathrm{d}}{\mathrm{d}t}(a_r r)$$

即

$$\frac{\mathrm{d}}{\mathrm{d}t}\left(\frac{1}{2}v^2-\frac{\mu}{r}-a_r r\right)=0$$

可以推出：

$$\frac{1}{2}v^2-\frac{\mu}{r}-a_r r=\mathrm{const} \qquad (4-29)$$

则空间飞行器在连续径向推力作用下的能量为

$$E=E_0+a_r(r-r_0) \qquad (4-30)$$

式（4-30）表明，在连续径向常推力作用下，空间飞行器的能量不再是一个常量，其值仅与轨道初始能量、径向加速度的大小以及极半径与初始极半径之差有关，与轨道形状、时间等其他因素无关。

空间飞行器在能量为零时获得逃逸速度，假定空间飞行器的初始运行轨道是半径为 r_0 的圆轨道，则要求满足

$$-\frac{\mu}{2a_0}+a_r(r-r_0)=0$$

可以推出空间飞行器获得逃逸速度时的极半径（记作 r_e）为

$$r_e = r_0 + \frac{\mu}{2a_0 a_r} \qquad (4-31)$$

式（4-29）可写成

$$\frac{1}{2}\left[\left(\frac{\mathrm{d}r}{\mathrm{d}t}\right)^2 + \left(r\frac{\mathrm{d}\theta}{\mathrm{d}t}\right)^2\right] - \frac{\mu}{r} - a_r r = \text{const}$$

考虑到空间飞行器的初始运行轨道是半径为 r_0 的圆轨道，则

$$\frac{1}{2}\left[\left(\frac{\mathrm{d}r}{\mathrm{d}t}\right)^2 + \left(r\frac{\mathrm{d}\theta}{\mathrm{d}t}\right)^2\right] - \frac{\mu}{r} - a_r r = -\frac{\mu}{2r_0} - a_r r_0$$

经整理有

$$\left(\frac{\mathrm{d}r}{\mathrm{d}t}\right)^2 = -\frac{\mu r_0}{r^2} + \frac{2\mu}{r} - \frac{\mu}{r_0} + 2a_r(r - r_0)$$

$$= (r - r_0)\left[2a_r - \frac{\mu}{r_0 r^2}(r - r_0)\right]$$

$$= \frac{2a_r}{r^2}(r - r_0)[r^2 - (r_e - r_0)(r - r_0)]$$

考察 $\dfrac{\mathrm{d}r}{\mathrm{d}t} = 0$，有

（1）当 $r_e > 5r_0$（即 $a_r < \dfrac{\mu}{8r_0^2}$ 时），方程有 3 个实根：

$$r_1 = r_0$$

$$r_2 = \frac{(r_e - r_0) - \sqrt{(r_e - r_0)(r_e - 5r_0)}}{2}$$

$$r_3 = \frac{(r_e - r_0) + \sqrt{(r_e - r_0)(r_e - 5r_0)}}{2}$$

其中，r_3 为增根，舍去增根，计算在 r_1 和 r_2 处 $\dfrac{\mathrm{d}^2 r}{\mathrm{d}t^2}$ 的值，发现：

$$\left.\frac{\mathrm{d}^2 r}{\mathrm{d}t^2}\right|_{r_1} > 0, \quad \left.\frac{\mathrm{d}^2 r}{\mathrm{d}t^2}\right|_{r_2} < 0$$

这说明，空间飞行器在连续径向推力作用下，当径向加速度 $a_r < \dfrac{\mu}{8r_0^2}$ 时，空间飞行器轨道的最小极半径 $r_{\min} = r_1$，最大极半径 $r_{\max} = r_2 < r_e$，无法获得逃逸速度。

空间飞行器从运行 r_1 到 r_2 的过程中 $\frac{dr}{dt}>0$，极半径逐渐增大，直至达到最大极半径，在随后一段过程中 $\frac{dr}{dt}<0$，极半径逐渐减小，直至达到最小极半径，之后又 $\frac{dr}{dt}>0$，如此反复。根据以上分析可以写出 $\frac{dr}{dt}$ 的表达式：

$$\left.\frac{dr}{dt}\right|_{r_{\min} \to r_{\max}} = \sqrt{\frac{2a_r}{r^2}(r-r_0)[r^2-(r_e-r_0)(r-r_0)]}$$

$$\left.\frac{dr}{dt}\right|_{r_{\max} \to r_{\min}} = -\sqrt{\frac{2a_r}{r^2}(r-r_0)[r^2-(r_e-r_0)(r-r_0)]}$$

由以上 $\frac{dr}{dt}$ 的表达式容易知道，空间飞行器在径向加速度 $a_r < \frac{\mu}{8r_0^2}$ 作用下，将螺旋上升至最大极半径，随后沿对称轨道下降至最小极半径，如此反复。这种轨道的周期可以由式（4-32）计算得到：

$$T = 2\int_{r_{\min}}^{r_{\max}} \frac{1}{\sqrt{\frac{2a_r}{r^2}(r-r_0)[r^2-(r_e-r_0)(r-r_0)]}} dr \quad (4-32)$$

（2）当 $r_e = 5r_0$（即 $a_r = \frac{\mu}{8r_0^2}$ 时），方程有两个实根：

$$r_1 = r_0, \quad r_2 = 2r_0$$

计算在 r_1 和 r_2 处 $\frac{d^2r}{dt^2}$ 的值，发现：

$$\left.\frac{d^2r}{dt^2}\right|_{r_1} > 0, \quad \left.\frac{d^2r}{dt^2}\right|_{r_2} = 0$$

说明空间飞行器在连续径向推力作用下，当径向加速度 $a_r = \frac{\mu}{8r_0^2}$ 时，空间飞行器轨道的最小极半径 $r_{\min} = r_1$，最大极半径 $r_{\max} = r_2 < r_e$，无法获得逃逸速度。空间飞行器从运行 r_1 到 r_2 的过程中 $\frac{dr}{dt}>0$，极半径逐渐增大，但无法达到最大，其轨道逐渐逼近，但无法达到以中心引力体中心为圆心、以最大极半径为半径的圆轨道。

（3）当 $r_e < 5r_0$（即 $a_r > \frac{\mu}{8r_0^2}$ 时），方程只有一个实根：

$$r_1 = r_0$$

计算在 r_1 处 $\dfrac{d^2 r}{dt^2}$ 的值，发现：

$$\left.\frac{d^2 r}{dt^2}\right|_{r_1} > 0$$

说明空间飞行器在连续径向推力作用下，当径向加速度 $a_r > \dfrac{\mu}{8 r_0^2}$ 时，空间飞行器轨道的最小极半径 $r_{\min} = r_1$。空间飞行器在运行过程中始终有 $\dfrac{dr}{dt} > 0$，极半径逐渐增大，直至达到 r_e，空间飞行器获得逃逸速度，从而摆脱中心引力体引力的束缚。

2. 连续横向推力机动轨道

在中心引力场中，不考虑摄动因素，空间飞行器在连续横向推力作用下的动力学方程为

$$\frac{d^2 \boldsymbol{r}}{dt^2} = -\frac{\mu}{r^3}\boldsymbol{r} + a_u \boldsymbol{u}_u \qquad (4-33)$$

其中，a_u、$\boldsymbol{u}_u$ 分别为横向加速度大小和横向单位矢量。

$$\frac{\boldsymbol{H}}{H} = \text{const} \qquad (4-34)$$

这表明，在中心引力场中，不考虑摄动因素，在连续横向推力作用下空间飞行器的动量矩矢量的方向 $\dfrac{\boldsymbol{H}}{H}$ 保持不变，即空间飞行器轨道平面在惯性空间保持不变，但是动量矩矢量随时间变化而变化，其变化率由横向加速度大小、极半径和动量矩矢量的方向决定。

同样，有

$$\frac{1}{2}v^2 - \frac{\mu}{r} = E_0 + \int_{t_0}^{t} a_u r \frac{d\theta}{dt} dt \qquad (4-35)$$

则空间飞行器在连续横向推力作用下的能量为

$$E = E_0 + \int_{t_0}^{t} a_u r \frac{d\theta}{dt} dt \qquad (4-36)$$

式（4-36）表明，在连续横向推力作用下，空间飞行器的能量不再是一个常量，其值不仅与轨道初始能量有关，还与横向加速度、横向速度有关。

在连续横向推力作用下，空间飞行器轨道平面在惯性空间保持不变，因此可

以在极坐标系中给出其动力学方程：

$$\begin{cases} \dfrac{d^2 r}{dt^2} - r\left(\dfrac{d\theta}{dt}\right)^2 + \dfrac{\mu}{r^2} = 0 \\ r\dfrac{d^2\theta}{dt^2} + 2\dfrac{dr}{dt}\dfrac{d\theta}{dt} = a_u \end{cases} \quad (4-37)$$

式（4-37）中的第二式可以写成

$$\frac{d}{dt}\left(r^2 \frac{d\theta}{dt}\right) = r a_u$$

将（4-37）第一式代入上式，得

$$\frac{d}{dt}\left(\sqrt{r^3 \frac{d^2 r}{dt^2} + \mu r}\right) = r a_u$$

若横向加速度很小，则可以认为 $\dfrac{d^2 r}{dt^2} = 0$，此时：

$$\frac{d}{dt}(\sqrt{\mu r}) = r a_u$$

经处理得

$$\frac{d}{dt}\sqrt{\frac{\mu}{r}} = -a_u dt$$

两边积分并整理得到空间飞行器在横向小推力作用下的轨道方程为

$$r = \frac{r_0}{\left[1 - \sqrt{\dfrac{r_0}{\mu}} a_u (t - t_0)\right]^2} \quad (4-38)$$

3. 连续切向推力机动轨道

在中心引力场中，不考虑摄动因素，空间飞行器在连续切向推力作用下的动力学方程为

$$\frac{d^2 \boldsymbol{r}}{dt^2} = -\frac{\mu}{r^3}\boldsymbol{r} + a_t \boldsymbol{u}_t \quad (4-39)$$

其中，$\boldsymbol{r}$，r，μ，a_t 和 $\boldsymbol{u}_t$ 分别为空间飞行器的位置矢量、极半径、中心引力体引力常数、切向加速度大小和切向单位矢量。

采用 4.1 节中的方法，可以推出：

$$\frac{\boldsymbol{H}}{H} = \text{const} \quad (4-40)$$

这表明，在中心引力场中，不考虑摄动因素，在连续切向推力作用下空间飞行器的动量矩矢量的方向 $\dfrac{\boldsymbol{H}}{H}$ 保持不变，即空间飞行器轨道平面在惯性空间保持不变，但是动量矩矢量随时间变化而变化，其变化率由切向加速度大小、速度大小和动量矩矢量决定。

同样，可以推出：

$$\frac{1}{2}v^2 - \frac{\mu}{r} - a_r r = \text{const} \tag{4-41}$$

则空间飞行器在连续切向推力作用下的能量为

$$E = E_0 + a_t s \tag{4-42}$$

式（4-42）表明，在连续切向常推力作用下，空间飞行器的能量不再是一个常量，其值不仅与轨道初始能量有关，还与切向加速度和轨道长度有关。

在连续切向推力作用下，空间飞行器轨道平面在惯性空间保持不变，因此可以在极坐标系中给出其动力学方程，

$$\begin{cases} \dfrac{\mathrm{d}^2 r}{\mathrm{d}t^2} - r\left(\dfrac{\mathrm{d}\theta}{\mathrm{d}t}\right)^2 + \dfrac{\mu}{r^2} = a_t \cos\alpha \\ r\dfrac{\mathrm{d}^2\theta}{\mathrm{d}t^2} + 2\dfrac{\mathrm{d}r}{\mathrm{d}t}\dfrac{\mathrm{d}\theta}{\mathrm{d}t} = a_t \sin\alpha \end{cases} \tag{4-43}$$

若切向加速度很小，同时初始轨道为圆轨道，即 $\alpha_0 = 90°$，则可以认为 $\dfrac{\mathrm{d}^2 r}{\mathrm{d}t^2} = 0$ 且 $v = r\dfrac{\mathrm{d}\theta}{\mathrm{d}t}$，此时有

$$v^2 = \frac{\mu}{r}$$

代入式（4-41）得

$$\frac{1}{2}\frac{\mu}{r} - \frac{\mu}{r} - a_t s = \frac{1}{2}v_0^2 - \frac{\mu}{r_0}$$

并考虑到 $v_0^2 = \dfrac{\mu}{r_0}$，整理后得到空间飞行器在切向小推力作用下的轨道方程为

$$r = \frac{r_0}{1 - \dfrac{2r_0 a_t s}{\mu}} \tag{4-44}$$

4.4 （微）小推力作用下的轨道机动

4.4.1 航天器轨道机动最优控制数学模型

传统的变轨设计是基于霍曼最优轨道转移理论，假设速度变化在瞬间完成（即冲量式变轨），这实际上是工程上的简单近似，即假设发动机推力不受限制，作用时间极短且可产生瞬时速度增量以改变轨道根数[87]。对于大推力发动机，这种假设是合理的，但是在工程实际中，许多发动机的推力并不能用脉冲来近似。随着目前航天器飞行任务的多样化，小推力多次变轨在航天器完成长时间空间飞行任务中倍受重视，如何控制推力矢量变化以减少速度损失、如何解决变轨次数增加带来的计算问题应认真研究。与传统的推进系统相比，小推力推进系统的特点是比冲高、推力小、质量轻和寿命长，能将更大的有效载荷送入预定轨道。目前，小推力推进系统的主要用途包括航天器轨道转移、同步卫星南北位置保持、低轨道卫星的阻力补偿、星际航行动力飞行，以及作为近年来兴起的小卫星的推进系统，其应用十分广泛。

国外学者对轨道优化问题的研究始于 20 世纪 60 年代，Ross、Leitmann 和 Edelbaum 等最先开始这方面的工作，对于在牛顿中心力场下的轨道转移优化问题进行了大量的研究。其中大多数研究集中在求解其数值结果，而对于如轨道修正以及任意椭圆轨道之间的长时间转移问题[88]，可以得到其解析解。这一阶段的研究基本将小推力视为有限推力，因此仍然采用传统的优化方法进行研究。

进入 20 世纪 80 年代以来，随着小推力推进系统在低轨道地球卫星上的大量应用，此时的小推力系统和以往的有限推力有了很大的差别。其推力加速度相当小，最小的电推进系统可以提供 1 mm/s^2 的控制加速度，低于轨道重力加速度 4 个量级。此时小推力轨道优化的主要特点是：由地球扁率产生的加速度与小推力加速度处于同一量级，提高了求解最优轨道的难度；而且由于推力很小，产生明显的轨道改变需要很长的轨道周期，航天器轨道将沿开普勒椭圆轻微地摄动而且进展很慢。这些特点使传统的优化方法难以直接应用于小推力轨道优化问题。因此，对传统的优化方法进行改进势在必行。近年来，Kiforenko 和 Guelman 等将天体力学中的平均要素法应用于小推力轨道优化，对微分方程进行降阶，来寻找可能的解析解。1998 年年末，第一个用于星际航行的小推力的 Deep Space 1 氙离子推进系统获得成功，这使发展一种更稳定的支持未来小推力技术的小推力轨道优化方法的需求更为迫切，小推力轨道优化再次成为国际宇航界的研究热点。进入 21 世纪，M. Guelman 和 J. T. Betts 等将高效的积分公式应用于精确的数值求解，对传统的数值方法进行了改进，提出了更适用于小推力轨道优化的数值方法。

20 世纪 90 年代以来，国内学者也开始重视航天器小推力轨道优化研究，严辉等对小推力轨道优化进行了初步研究[89]，王劼等将小推力推进初步应用于月球探测[90]，王志刚等研究了小推力推进在卫星星座上的应用[91]。上述研究取得了一定的成果，但与国外的研究相比还存在一定差距。

1. 最优控制状态方程

本节研究牛顿中心力场中的轨道交会和轨道转移问题，所以建立状态方程时只考虑万有引力的作用，忽略其他摄动力的影响。对于一般空间椭圆轨道转移问题，可以选取常见轨道根数 $x^T = [a, e, i, \Omega, \omega, M]$ 作为状态变量。现将发动机产生的加速度看作是作用在航天器上的摄动加速度，并假设 A_R、A_T、A_W 分别为推力加速度 A 在轨道坐标系上的径向、横向和轨道面法向的分量，则对高斯型拉格朗日方程进行变换，可得如下状态方程[92]：

$$\begin{cases} \dfrac{da}{dt} = S_{aR}A_R + S_{aT}A_T \\[4pt] \dfrac{de}{dt} = S_{eR}A_R + S_{eT}A_T \\[4pt] \dfrac{di}{dt} = S_{iW}A_W \\[4pt] \dfrac{d\Omega}{dt} = S_{\Omega W}A_W \\[4pt] \dfrac{d\omega}{dt} = S_{\omega R}A_R + S_{\omega T}A_T + S_{\omega W}A_W \\[4pt] \dfrac{dM}{dt} = \sqrt{\dfrac{\mu}{a^3}} + S_{MR}A_R + S_{MT}A_T \end{cases} \quad (4-45)$$

其中，各参数见参考文献 [87]。

在实际应用中，常常会出现小偏心率的近圆轨道，此时，$e \approx 0$ 就成为方程 (4-45) 的奇点，则上述状态方程不再适用。为了消除 $e \approx 0$ 这个奇点，引入下述无奇点变量作为状态变量。

$$x_1 = a \quad x_2 = i \quad x_3 = \Omega \quad x_4 = \xi = e\cos\omega \\ x_5 = \eta = -e\sin\omega \quad x_6 = \lambda = M + \omega \tag{4-46}$$

对式 (4-46) 求导并代入式 (4-45)，则可得小偏心率轨道适用的状态方程为

$$\begin{cases} \dfrac{da}{dt} = S_{aR}A_R + S_{aT}A_T \\[4pt] \dfrac{di}{dt} = S_{iW}A_W \\[4pt] \dfrac{d\Omega}{dt} = S_{\Omega W}A_W \\[4pt] \dfrac{d\xi}{dt} = [\cos(\omega+\Omega)S_{eR} - e\sin(\omega+\Omega)S_{\omega R}]A_R + \\ \qquad [\cos(\omega+\Omega)S_{eT} - e\sin(\omega+\Omega)S_{\omega T}]A_T - \\ \qquad e\sin(\omega+\Omega)(S_{\omega W} + S_{\Omega W})A_W \\[4pt] \dfrac{d\eta}{dt} = [-\sin(\omega+\Omega)S_{eR} - e\cos(\omega+\Omega)S_{\omega R}]A_R + \\ \qquad [-\sin(\omega+\Omega)S_{eT} - e\cos(\omega+\Omega)S_{\omega T}]A_T - \\ \qquad e\cos(\omega+\Omega)(S_{\omega W} + S_{\Omega W})A_W \\[4pt] \dfrac{d\lambda}{dt} = \sqrt{\left(\dfrac{\mu}{a^3}\right)} + (S_{MR} + S_{\omega R})A_R + (S_{MT} + S_{\omega T})A_T + \\ \qquad (S_{\omega W} + S_{\Omega W})A_W \end{cases} \tag{4-47}$$

在实际应用中，还常常会出现偏心率 e 和轨道倾角 i 同时趋近于零的情况，如地球同步卫星。此时，$e \approx 0$、$i \approx 0$ 就会成为方程 (4-45) 的奇点。为了消除这些奇点，引入下述无奇点变量作为状态变量，

$$x_1 = a \quad x_2 = h = \sin i \cos\Omega \quad x_3 = k = -\sin i \sin\Omega \\ x_4 = \xi = e\cos(\omega+\Omega) \quad x_5 = \eta = -e\sin(\omega+\Omega) \tag{4-48} \\ x_6 = \lambda = M + \omega + \Omega$$

对式 (4-48) 求导并代入式 (4-45)，则可得新的状态方程为

$$\begin{cases} \dfrac{\mathrm{d}a}{\mathrm{d}t} = S_{aR}A_R + S_{aT}A_T \\[4pt] \dfrac{\mathrm{d}h}{\mathrm{d}t} = (\cos i \cos \Omega S_{iW} - \sin i \sin \Omega S_{\Omega W})A_W \\[4pt] \dfrac{\mathrm{d}k}{\mathrm{d}t} = (-\cos i \sin \Omega S_{iW} - \sin i \cos \Omega S_{\Omega W})A_W \\[4pt] \dfrac{\mathrm{d}\xi}{\mathrm{d}t} = [\cos(\omega+\Omega)S_{eR} - e\sin(\omega+\Omega)S_{\omega R}]A_R + \\ \qquad\quad [\cos(\omega+\Omega)S_{eT} - e\sin(\omega+\Omega)S_{\omega T}]A_T - \\ \qquad\quad e\sin(\omega+\Omega)(S_{\omega W} + S_{\Omega W})A_W \\[4pt] \dfrac{\mathrm{d}\eta}{\mathrm{d}t} = [-\sin(\omega+\Omega)S_{eR} - e\cos(\omega+\Omega)S_{\omega R}]A_R + \\ \qquad\quad [-\sin(\omega+\Omega)S_{eT} - e\cos(\omega+\Omega)S_{\omega T}]A_T - \\ \qquad\quad e\cos(\omega+\Omega)(S_{\omega W} + S_{\Omega W})A_W \\[4pt] \dfrac{\mathrm{d}\lambda}{\mathrm{d}t} = \sqrt{\left(\dfrac{\mu}{a^3}\right)} + (S_{MR} + S_{\omega R})A_R + (S_{MT} + S_{\omega T})A_T + \\ \qquad\quad (S_{\omega W} + S_{\Omega W})A_W \end{cases} \quad (4-49)$$

在 4.3 节研究中,仅考虑小推力发动机产生的推力,忽略了其他摄动因素,这是一种假设的理想状况。在实际飞行中,航天器受到各种摄动因素的影响,其飞行轨道将受到一定的扰动。一般我们所关心的是,摄动因素对航天器飞行轨道的影响有多大,如何才能有效地对航天器的转移轨道进行最优控制。对各种摄动因素对航天器飞行轨道的影响进行分析可以得出,地球扁率 J_2 项摄动是其中的主要因素,其影响比包括高阶非球形引力项、大气阻力、太阳光压、三体引力在内的其他摄动项高几个量级。因此本节主要研究地球扁率 J_2 项摄动对航天器最优轨道转移控制的影响。当只考虑地球扁率 J_2 项时,地球非球形摄动加速度在轨道坐标系上径向、横向和轨道面法向的分量为

$$\begin{cases} f_R = \dfrac{3}{2}J_2\dfrac{\mu}{r^4}R_E^2(3\sin^3 i \sin^2 u - 1) \\[4pt] f_T = -\dfrac{3}{2}J_2\dfrac{\mu}{r^4}R_E^2 \sin^2 i \sin 2u \\[4pt] f_W = -\dfrac{3}{2}J_2\dfrac{\mu}{r^4}R_E^2 \sin 2i \sin u \end{cases} \quad (4-50)$$

其中,R_E 为地球平均赤道半径;u 为升交点角距。一般取 $J_2 = 1.082\,63 \pm 1 \times 10^{-3}$。

对于一般椭圆轨道转移问题,仍然选取轨道根数 $x^T = [a,e,i,\Omega,\omega,M]$ 作为状态变量。现将发动机产生的加速度和地球扁率 J_2 项看作是作用在航天器上的摄动加速度,并假设 A_R、A_T、A_W 分别为小推力加速度 A 在轨道坐标系上的径向、横向和轨道面法向分量,f_R、f_T、f_W 为地球扁率 J_2 项摄动加速度 A 在轨道坐标系上的相应分量,则可得如下状态方程:

$$\begin{cases} \dfrac{\mathrm{d}a}{\mathrm{d}t} = S_{aR}(A_R + f_R) + S_{aT}(A_T + f_T) \\ \dfrac{\mathrm{d}e}{\mathrm{d}t} = S_{eR}(A_R + f_R) + S_{eT}(A_T + f_T) \\ \dfrac{\mathrm{d}i}{\mathrm{d}t} = S_{iW}(A_W + f_W) \\ \dfrac{\mathrm{d}\Omega}{\mathrm{d}t} = S_{\Omega W}(A_W + f_W) \\ \dfrac{\mathrm{d}\omega}{\mathrm{d}t} = S_{\omega R}(A_R + f_R) + S_{\omega T}(A_T + f_T) + S_{\omega W}(A_W + f_W) \\ \dfrac{\mathrm{d}M}{\mathrm{d}t} = \sqrt{\left(\dfrac{\mu}{a^3}\right)} + S_{MR}(A_R + f_R) + S_{MT}(A_T + f_T) \end{cases} \quad (4-51)$$

可见对于小偏心率近圆轨道,为了消除奇点,引入式(4-46)的无奇点变量来作为状态变量。

对式(4-46)求导并代入式(4-51),则可得小偏心率轨道适用的状态方程为

$$\begin{cases} \dfrac{\mathrm{d}a}{\mathrm{d}t} = S_{aR}(A_R + f_R) + S_{aT}(A_T + f_T) \\ \dfrac{\mathrm{d}i}{\mathrm{d}t} = S_{iW}(A_W + f_W) \\ \dfrac{\mathrm{d}\Omega}{\mathrm{d}t} = S_{\Omega W}(A_W + f_W) \\ \dfrac{\mathrm{d}\xi}{\mathrm{d}t} = [\cos(\omega+\Omega)S_{eR} - e\sin(\omega+\Omega)S_{\omega R}](A_R + f_R) + \\ \qquad [\cos(\omega+\Omega)S_{eT} - e\sin(\omega+\Omega)S_{\omega T}](A_T + f_T) - \\ \qquad e\sin(\omega+\Omega)(S_{\omega W} + S_{\Omega W})(A_W + f_W) \\ \dfrac{\mathrm{d}\eta}{\mathrm{d}t} = [-\sin(\omega+\Omega)S_{eR} - e\cos(\omega+\Omega)S_{\omega R}](A_R + f_R) + \\ \qquad [-\sin(\omega+\Omega)S_{eT} - e\cos(\omega+\Omega)S_{\omega T}](A_T + f_T) - \\ \qquad e\cos(\omega+\Omega)(S_{\omega W} + S_{\Omega W})(A_W + f_W) \\ \dfrac{\mathrm{d}\lambda}{\mathrm{d}t} = \sqrt{\left(\dfrac{\mu}{a^3}\right)} + (S_{MR} + S_{\omega R})(A_R + f_R) + \\ \qquad (S_{MT} + S_{\omega T})(A_T + f_T) + (S_{\omega W} + S_{\Omega W})(A_W + f_W) \end{cases} \quad (4-52)$$

可见对于小偏心率小倾角轨道，为了消除奇点，引入式（4-48）的无奇点变量作为状态变量。

对式（4-48）求导并代入式（4-51），则可得新的状态方程：

$$\begin{cases} \dfrac{\mathrm{d}a}{\mathrm{d}t} = S_{aR}(A_R + f_R) + S_{aT}(A_T + f_T) \\ \dfrac{\mathrm{d}h}{\mathrm{d}t} = (\cos i \cos \Omega S_{iW} - \sin i \sin \Omega S_{\Omega W})(A_W + f_W) \\ \dfrac{\mathrm{d}k}{\mathrm{d}t} = (-\cos i \sin \Omega S_{iW} - \sin i \cos \Omega S_{\Omega W})(A_W + f_W) \\ \dfrac{\mathrm{d}\xi}{\mathrm{d}t} = [\cos(\omega + \Omega) S_{eR} - e\sin(\omega + \Omega) S_{\omega R}](A_R + f_R) + \\ \qquad [\cos(\omega + \Omega) S_{eT} - e\sin(\omega + \Omega) S_{\omega T}](A_T + f_T) - \\ \qquad e\sin(\omega + \Omega)(S_{\omega W} + S_{\Omega W})(A_W + f_W) \\ \dfrac{\mathrm{d}\eta}{\mathrm{d}t} = [-\sin(\omega + \Omega) S_{eR} - e\cos(\omega + \Omega) S_{\omega R}](A_R + f_R) + \\ \qquad [-\sin(\omega + \Omega) S_{eT} - e\cos(\omega + \Omega) S_{\omega T}](A_T + f_T) - \\ \qquad e\cos(\omega + \Omega)(S_{\omega W} + S_{\Omega W})(A_W + f_W) \\ \dfrac{\mathrm{d}\lambda}{\mathrm{d}t} = \sqrt{\left(\dfrac{\mu}{a^3}\right)} + (S_{MR} + S_{\omega R})(A_R + f_R) + \\ \qquad (S_{MT} + S_{\omega T})(A_T + f_T) + (S_{\omega W} + S_{\Omega W})(A_W + f_W) \end{cases} \quad (4-53)$$

2. 最优控制的控制变量约束条件

本节只研究航天器在连续小推力作用下的变轨问题，为了与状态方程相对应，选取发动机提供的推力加速度作为控制变量，并将其分解为轨道坐标系上的径向加速度 A_R、横向加速度 A_T 和轨道面法向分量 A_W。这样发动机提供的加速度都是存在一定约束条件的，首先假设控制变量加速度为连续变量，即发动机是连续工作的，在此基础上主要考虑以下两类控制变量的约束。

（1）可变小推力控制约束。A_R、A_T、A_W 都为可变小推力加速度，但总加速度较小并且有上限，即约束条件为

$$|A^2| = A_R^2 + A_T^2 + A_W^2 \leqslant A_{\max^2} \quad (4-54)$$

（2）恒定小推力控制约束。总加速度数值恒定，但 A_R、A_T、A_W 3 个投影可

变,则其约束条件为

$$\frac{1}{2}|A^2| = \frac{1}{2}A_R^2 + \frac{1}{2}A_T^2 + \frac{1}{2}A_W^2 = \frac{1}{2}A^2 \qquad (4-55)$$

3. 最优控制的终端条件

在航天器变轨过程中,实际上存在多种终端条件,本节只考虑以下几种。

(1) 时间自由的轨道交会,即航天器需要到达指定的轨道地点,6 个轨道根数终端值都是给定的,此时的终端约束条件为

$$\begin{cases} \boldsymbol{x}^{\mathrm{T}}(t_0) = \boldsymbol{x}_0^{\mathrm{T}} \\ \boldsymbol{x}^{\mathrm{T}}(t_f) = \boldsymbol{x}_f^{\mathrm{T}} \end{cases} \qquad (4-56)$$

其中,$\boldsymbol{x}$ 为状态变量。

(2) 时间自由的轨道转移,即航天器到达指定轨道即可,则前 5 个轨道根数给定,第 6 个轨道根数是自由的,此时的终端约束条件为

$$\begin{cases} \sum_{i=1}^{6} x_i(t_0) = \sum_{i=1}^{6} x_{i0} \\ \sum_{i=1}^{5} x_i(t_f) = \sum_{i=1}^{5} x_{if}, \quad p_6(t_f) = 0 \end{cases} \qquad (4-57)$$

(3) 时间固定的轨道交会,这通常为空间拦截问题,则时间和 6 个轨道根数终端值都是给定的,此时的终端约束条件为

$$\begin{cases} \boldsymbol{x}^{\mathrm{T}}(t_0) = \boldsymbol{x}_0^{\mathrm{T}} \\ \boldsymbol{x}^{\mathrm{T}}(t_f) = \boldsymbol{x}_f^{\mathrm{T}} \\ t_f = t_{f0} \end{cases} \qquad (4-58)$$

4. 最优控制的性能指标

由于航天器对节省推进能量要求非常高,因此在本节的研究中,主要考虑能量最省,对于不同的控制变量约束有不同的性能指标。

对于可变小推力控制约束,性能指标为

$$J = \frac{1}{2}\int_{t_0}^{t} -A^2 \mathrm{d}t = -\frac{1}{2}\int_{t_0}^{t}(A_R^2 + A_T^2 + A_W^2)\mathrm{d}t \qquad (4-59)$$

对于恒定小推力约束,性能指标为

$$J = t_f \qquad (4-60)$$

4.4.2 牛顿中心场中可变小推力非共面椭圆最优轨道控制

本节将对可变小推力条件下牛顿中心力场的各种轨道转移最优控制问题进行研究。根据 4.4.1 节的介绍，本节将分别对牛顿中心力场中的三种状态方程进行最优控制研究，同时选择对应可变小推力控制约束式 (4-59) 作为性能指标。根据式 (4-45)、式 (4-47)、式 (4-49) 三种状态方程，同时考虑到式 (4-56) 的轨道转移和式 (4-57) 的轨道交会两种终端条件。

为了获得一定条件下的解析解，假设改变轨道参数的推进系统是有限的小推力系统，其产生的推力加速度很小，量级为 $10^{-5} \sim 10^{-3}$，则推力加速度的二次项量级为 $10^{-10} \sim 10^{-6}$，在一般的轨道摄动计算中可以忽略。所以在后面的推导和计算中，只考虑小推力加速度 A 的一次项，忽略其他高次项。在推导中将根据上述小推力的假设对优化模型进行适当的简化，以求得到解析解。如果实际推进情况不满足上述小推力假设，则需要采用数值解法来获得最优控制解，其最优控制的推导与解析解的过程基本类似，在此就不介绍了。

问题可以定义如下：牛顿中心力场中，考虑在可变小推力约束条件下，给定初始轨道根数、目标轨道根数和转移时间，研究航天器从初始椭圆轨道 O_0 转移到目标椭圆轨道 O_f 指定点的最小燃料消耗问题。

1. 优化模型

对于椭圆轨道转移问题，可以选取常见轨道根数 $x^T = [a, e, i, \Omega, \omega, M]$ 作为状态变量。取式 (4-45) 作为状态方程，则伴随变量取 $p^T = [p_a, p_e, p_i, p_\Omega, p_\omega, p_M]$。控制变量为可变小推力加速度 A_R、A_T、A_W。

取性能指标为式 (4-59)，则增广哈密尔顿函数为

$$H = -\frac{1}{2}(A_R^2 + A_T^2 + A_W^2) + p_a(S_{aR}A_R + S_{aT}A_T) + \\ p_e(S_{eR}A_R + S_{eT}A_T) + p_i S_{iW} A_W + p_\Omega S_{\Omega W} A_W \\ + p_\omega(S_{\omega R}A_R + S_{\omega T}A_T + S_{iW}A_W) + p_M\left[\left(\frac{\mu}{a^3}\right)^{\frac{1}{2}} + S_{MR}A_R + S_{MT}A_T\right] \tag{4-61}$$

根据本节定义的轨道交会问题，航天器要达到目标轨道上的指定点，则横截条件为

$$x^T(t_0) = x_0^T \quad x^T(t_f) = x_f^T \tag{4-62}$$

根据 Pontryagin 极大值原理，对于最优控制来说，必须选取合适的控制变量 A 来使哈密顿函数取极大值。对式（4-61）进行变换，有

$$\begin{aligned} H = &\left[-\frac{1}{2}A_R^2 + A_R(p_a S_{aR} + p_e S_{eR} + p_\omega S_{\omega R} + p_M S_{MR}) \right] + \\ &\left[-\frac{1}{2}A_T^2 + A_T(p_a S_{aT} + p_e S_{eT} + p_\omega S_{\omega T} + p_M S_{MT}) \right] + \\ &\left[-\frac{1}{2}A_W^2 + A_W(p_i S_{iW} + p_\Omega S_{\Omega W} + p_\omega S_{\omega W}) \right] + p_M \left(\frac{\mu}{a^3}\right)^{\frac{1}{2}} \end{aligned} \tag{4-63}$$

则易得最优推力加速度为

$$\begin{cases} A_R^* = p_a S_{aR} + p_e S_{eR} + p_\omega S_{\omega R} + p_M S_{MR} \\ A_T^* = p_a S_{aT} + p_e S_{eT} + p_\omega S_{\omega T} + p_M S_{MT} \\ A_W^* = p_i S_{iW} + p_\Omega S_{\Omega W} + p_\omega S_{\omega W} \end{cases} \tag{4-64}$$

最大化的哈密尔顿函数为

$$\begin{aligned} H^* &= \frac{1}{2}(A_R^{*2} + A_T^{*2} + A_W^{*2}) + p_M\left(\frac{\mu}{a^3}\right)^{\frac{1}{2}} \\ &= \frac{1}{2}A^{*2} + p_M\left(\frac{\mu}{a^3}\right)^{\frac{1}{2}} \end{aligned} \tag{4-65}$$

2. 简化假设

与式（4-65）对应的伴随方程为

$$\begin{cases} \dfrac{dp_a}{dt} = p_M \dfrac{3}{2}\left(\dfrac{\mu}{a^5}\right)^{\frac{1}{2}} + A\dfrac{dA}{da} = p_M \dfrac{3}{2}\left(\dfrac{\mu}{a^5}\right)^{\frac{1}{2}} + O(A) \\ \dfrac{dp_e}{dt} = A\dfrac{dA}{de} = O(A) \\ \dfrac{dp_i}{dt} = A\dfrac{dA}{di} = O(A) \\ \dfrac{dp_\Omega}{dt} = A\dfrac{dA}{d\Omega} = O(A) \\ \dfrac{dp_\omega}{dt} = A\dfrac{dA}{d\omega} = O(A) \\ \dfrac{dp_M}{dt} = A\dfrac{dA}{dM} = O(A) \end{cases} \tag{4-66}$$

如果推力较大,即不满足本节的小推力假设,则需要对式(4-66)右端一一进行求导,从而得到伴随方程的表达式,然后根据横截条件、边界条件与状态方程共同构成一个两点边值问题,进行数值求解。但是此时式(4-66)右端的表达式会十分复杂,造成数值求解十分烦琐。因此对推力进行一定假设,研究小推力发动机则只需要考虑小推力加速度 A 的一次项,忽略其他高次项。注意到式(4-66)中 A 的一次项积分后为二次项,对式(4-66)积分,并忽略 A 的高次项,得

$$p_a = p_{a_0} + p_{M_0} \frac{3}{2} \left(\frac{\mu}{a^5}\right)^{\frac{1}{2}} t, \quad p_e = p_{e_0}$$
$$p_i = p_{i_0}, \quad p_\Omega = p_{\Omega_0}, \quad p_\omega = p_{\omega_0}, \quad p_M = p_{M_0}$$
(4-67)

将式(4-67)代入式(4-64),则可得

$$\begin{cases} A_R^* = p_{a_0} S_{aR} + p_{e_0} S_{eR} + p_{\omega_0} S_{\omega R} + p_{M_0} S_{MaR} \\ A_T^* = p_{a_0} S_{aT} + p_{e_0} S_{eT} + p_{\omega_0} S_{\omega T} + p_{M_0} S_{MaT} \\ A_W^* = p_{i_0} S_{iW} + p_{\Omega_0} S_{\Omega W} + p_{\omega_0} S_{\omega W} \end{cases}$$
(4-68)

其中,$S_{MaR} = S_{MR} + \frac{3}{2}\left(\frac{\mu}{a^5}\right)^{\frac{1}{2}} t S_{aR}$,$S_{MaT} = S_{MT} + \frac{3}{2}\left(\frac{\mu}{a^5}\right)^{\frac{1}{2}} t S_{aT}$。

根据上面的假设研究式(4-45),注意到式(4-45)中前5项的等式右端都是 A 的一次项的线性表达式,则积分后忽略 A 的高次项,可知 a、e、i、Ω、ω 可以用初值 a_0、e_0、i_0、Ω_0、ω_0 来代替,在等式右端的积分过程中可认为是不变量。观察式(4-45),可以看出 a、e、i、Ω、ω 不受其他轨道根数的摄动影响,而 a 会对 M 产生一阶的摄动,所以对 M 积分时必须考虑这种一阶摄动影响。将式(4-68)代入式(4-45),整理后得

$$\begin{cases} \dfrac{\mathrm{d}a}{\mathrm{d}t} = p_{a_0}(S_{aR}^2 + S_{aT}^2) + p_{e_0}(S_{aR}S_{eR} + S_{aT}S_{eT}) + \\ \qquad p_{\omega_0}(S_{aR}S_{\omega R} + S_{aT}S_{\omega T}) + p_{M_0}(S_{aR}S_{MaR} + S_{aT}S_{MaT}) \\ \dfrac{\mathrm{d}e}{\mathrm{d}t} = p_{a_0}(S_{aR}S_{eR} + S_{aT}S_{eT}) + p_{e_0}(S_{eR}^2 + S_{eT}^2) + \\ \qquad p_{\omega_0}(S_{eR}S_{\omega R} + S_{eT}S_{\omega T}) + p_{M_0}(S_{eR}S_{MaR} + S_{eT}S_{MaT}) \end{cases}$$
(4-69)

$$\begin{cases}
\dfrac{\mathrm{d}i}{\mathrm{d}t} = p_{i_0} S_{iW}^2 + p_{\Omega_0} S_{iW} S_{\Omega W} + p_{\omega_0} S_{iW} S_{\omega W} \\[6pt]
\dfrac{\mathrm{d}\Omega}{\mathrm{d}t} = p_{i_0} S_{iW} S_{\Omega W} + p_{\Omega_0} S_{\Omega W}^2 + p_{\omega_0} S_{\Omega W} S_{\omega W} \\[6pt]
\dfrac{\mathrm{d}\omega}{\mathrm{d}t} = p_{a_0}(S_{aR} S_{\omega R} + S_{aT} S_{\omega T}) + p_{\Omega_0} S_{\omega W} S_{\Omega W} + \\[3pt]
\qquad\quad p_{e_0}(S_{eR} S_{\omega R} + S_{eT} S_{\omega T}) + p_{\omega_0}(S_{\omega R}^2 + S_{\omega T}^2 + S_{\omega W}^2) + \\[3pt]
\qquad\quad p_{M_0}(S_{MaR} S_{\omega R} + S_{MaT} S_{\omega T}) + p_{i_0} S_{\omega W} S_{iW} \\[6pt]
\dfrac{\mathrm{d}M}{\mathrm{d}t} = \sqrt{\left(\dfrac{\mu}{a_0^3}\right)} + \dfrac{3}{2}\sqrt{\left(\dfrac{\mu}{a_0^5}\right)} t \dfrac{\mathrm{d}a}{\mathrm{d}t} - \dfrac{3}{2}\sqrt{\left(\dfrac{\mu}{a_0^5}\right)} t \dfrac{d(t\Delta a)}{dt} + S_{MR} A_R + S_{MT} A_T \\[6pt]
\qquad = \sqrt{\left(\dfrac{\mu}{a_0^3}\right)} - \dfrac{3}{2}\sqrt{\left(\dfrac{\mu}{a_0^5}\right)} t \dfrac{d(t\Delta a)}{dt} + p_{a_0}(S_{aR} S_{MaR} + S_{aT} S_{MaT}) + \\[3pt]
\qquad\quad p_{e_0}(S_{eR} S_{MaR} + S_{eT} S_{MaT}) + p_{\omega_0}(S_{\omega R} S_{MaR} + S_{\omega T} S_{MaT}) + p_{M_0}(S_{MaR}^2 + S_{MaT}^2)
\end{cases}$$

$$(4-69 \text{ 续})$$

由平近角的定义可得

$$M = \left(\dfrac{\mu}{a^3}\right)^{\frac{1}{2}} (t-\tau) \tag{4-70}$$

又根据平近点角和偏近点角的关系有

$$M = E - e\sin E \tag{4-71}$$

将式（4-70）代入式（4-71）并进行微分，得到

$$dt = \left(\dfrac{\mu}{a^3}\right)^{\frac{1}{2}} (1 - e\cos E) dE \tag{4-72}$$

式（4-72）将积分变量转换为偏近点角，便于后面的积分运算。

3. 积分求解

将式（4-72）代入式（4-69），以偏近点角为积分变量对其积分，则可得

$$\begin{cases}
\Delta a = p_{a_0} L_{aa} + p_{e_0} L_{ae} + p_{\omega_0} L_{a\omega} + p_{M_0} L_{aM} \\
\Delta e = p_{a_0} L_{ea} + p_{c_0} L_{ee} + p_{u_0} L_{e\omega} + p_{M_0} L_{eM} \\
\Delta i = p_{i_0} L_{ii} + p_{\Omega_0} L_{i\Omega} + p_{\omega_0} L_{i\omega} \\
\Delta \Omega = p_{i_0} L_{\Omega i} + p_{\Omega_0} L_{\Omega\Omega} + p_{\omega_0} L_{\Omega\omega}
\end{cases} \tag{4-73}$$

$$\begin{cases} \Delta\omega = p_{a_0}L_{\omega a} + p_{e_0}L_{\omega e} + p_{\omega_0}L_{\omega\omega} + p_{i_0}L_{\omega i} + p_{\Omega_0}L_{\omega\Omega} + p_{M_0}L_{\omega M} \\ M = \sqrt{\dfrac{\mu}{a^3}}t - 1.5\sqrt{\dfrac{\mu}{a^5}}t\Delta a + p_{a_0}L_{Ma} + p_{e_0}L_{Me} + p_{\omega_0}L_{M\omega} + p_{M_0}L_{MM} \end{cases} \quad (4-73\text{ 续})$$

其中，各参数见参考文献 [87]。

对式 (4-72) 进行积分有

$$t = \left(\dfrac{a^3}{\mu}\right)^{\frac{1}{2}}(E - e\sin E - M_0) \quad (4-74)$$

式 (4-73) 得出了一个完整的小推力椭圆轨道最优转移的解析解形式。式中含有 6 个伴随常数 p_{a_0}、p_{e_0}、p_{i_0}、p_{Ω_0}、p_{ω_0}、p_{M_0}，并且是这 6 个常数的线性方程式，如果给定轨道交会时状态变量的初始条件和终端条件，就可以从式 (4-73) 中解得这 6 个伴随常数。将解出的 p_{a_0}、p_{e_0}、p_{i_0}、p_{Ω_0}、p_{ω_0}、p_{M_0} 代入式 (4-68)，则最终可得最优推力的解析解。其表达式比较复杂，这里不一一列出了。

4. 长轨道转移时间时的简化解

如果给定的轨道交会飞行时间足够长，远远超过了椭圆转移轨道的周期，则航天器围绕椭圆轨道进行了很多圈的旋转，此时，就可以忽略式 (4-73) 右端的周期项，只保留长期项，则可以得到一个简明的解析解形式，写成矩阵形式为

$$\Delta \boldsymbol{X} = \boldsymbol{A}_s \boldsymbol{P}_0 + \boldsymbol{B}_s \quad (4-75)$$

其中，$\Delta \boldsymbol{X}^\mathrm{T} = [\Delta a, \Delta e, \Delta i, \Delta\Omega, \Delta\omega, M]$，$\boldsymbol{P}_0^\mathrm{T} = [p_{a_0}, p_{e_0}, p_{i_0}, p_{\Omega_0}, p_{\omega_0}, p_{M_0}]$，

$$\boldsymbol{A}_s = \begin{bmatrix} A_{ad} & 0 & 0 & 0 & 0 & A_{aM} \\ 0 & A_{ee} & 0 & 0 & 0 & 0 \\ 0 & 0 & A_{ii} & A_{i\Omega} & A_{i\omega} & 0 \\ 0 & 0 & A_{\Omega i} & A_{\Omega\Omega} & A_{\Omega\omega} & 0 \\ 0 & 0 & A_{\omega i} & A_{\omega\Omega} & A_{\omega\omega} & A_{\omega M} \\ A_{Ma} & 0 & 0 & 0 & A_{M\omega} & A_{MM} \end{bmatrix}$$

$$\boldsymbol{B}_s^\mathrm{T} = [0,0,0,0,0,E]$$

其中，各参数见参考文献 [87]。

4.4.3 地球扁率影响下可变小推力非共面椭圆最优轨道控制

4.4.2 节研究了在可变小推力控制约束条件下，牛顿中心力场中航天器在小推力作用下任意轨道转移的最优控制问题。但在实际飞行中，由于摄动因素的存

在，航天器受到各种摄动因素的影响后，其飞行轨道将受到一定的扰动。地球扁率的 J_2 项摄动是其中的主要因素，因此本节也将研究在可变小推力约束条件下，地球扁率对轨道转移的影响。

地球扁率 J_2 项摄动对航天器最优轨道转移控制的影响用式（4-50）来表示：

$$\begin{cases} f_R = \frac{3}{2} J_2 \frac{\mu}{r^4} R_E^2 (3\sin^3 i \sin^2 u - 1) \\ f_T = -\frac{3}{2} J_2 \frac{\mu}{r^4} R_E^2 \sin^2 i \sin 2u \\ f_W = -\frac{3}{2} J_2 \frac{\mu}{r^4} R_E^2 \sin 2i \sin u \end{cases} \quad (4-76)$$

假设改变轨道参数的推进系统是有限的小推力系统，其产生的推力加速度很小，量级为 $10^{-5} \sim 10^{-3}$，因此可认为无量纲推力加速度 γ 和地球扁率二阶带谐系数 J_{20} 为同一阶量级。即 $\gamma = \frac{A}{n^2 a} = O(J_2)$。

这样，对于地球扁率 J_{20} 项对转移轨道的摄动影响，同样只需要考虑其一阶项的影响，而忽略高阶项。

第 5 章
航天器自主交会调相策略

航天器交会对接任务通常需要经历远程调相段、近程相对导引段、终端接近段、对接段等过程。在每一个阶段,一个飞行器作为目标航天器处于被动无控状态,另一个飞行器作为追踪航天器通过主动机动接近抓捕目标航天器并与其对接。在远程调相段,追踪航天器与目标航天器的距离大于十几或几十千米,追踪航天器的跟瞄设备还无法捕获目标航天器。因此,需要设计相应的远程自主交会调相策略。

■ 5.1 特殊点变轨策略

在交会调相段,当前的空间交会任务(如 Progres – Mir 和 Shuttle – ISS[1])一般利用地面测控站对追踪航天器进行控制,为提高轨道机动的可靠性,一般要求追踪航天器的轨道机动限定在地面测控站的测控范围内[19],而且施加机动时,追踪航天器与地面测控站应建立直接联系[2],因此,所有的机动需要在满足测控约束条件的特定时间段和特定区域施加。然而,发射后航天器与地面测控站的通信联系受到限制,因此,无地面干涉的自主交会调相策略受到越来越多的重视,而且在轨自主控制可以降低操作的复杂性、减少任务的费用、简化航天器的地面支持系统。

特殊点变轨策略是指所有的机动都在轨道的特殊点施加,包括近地点或远地点、升交点或降交点和纬度幅角最大点或最小点[40]。特殊点变轨策略利用了轨道动力学特性,将轨道面内外的调整机动分开执行,减小相互耦合性,便于轨控参数的计算。

本节提出了一种改进的基于特殊点变轨的自主交会策略，可以实现在轨自主控制。自主调相策略使用追踪航天器和目标航天器的绝对轨道要素作为输入，追踪航天器的轨道信息由全球定位系统提供，目标航天器的轨道信息由追踪航天器星载的轨道预报系统提供，然后利用导引策略实现无地面干涉的自主接近。由于该自主控制策略比较简洁，其可以在星载计算机上实现自主解算。

本节首先介绍了特殊点变轨策略和基于平均轨道要素的二阶轨道预报微分方程，微分方程包括对近地轨道影响最大的地球带谐项主项 J_2、J_3、J_4 摄动。然后描述了自主交会过程的三个子飞行阶段并给出了三个子飞行阶段的机动策略。接下来，提出了以机动燃料消耗最小为目标的调整子飞行阶段预设参数确定方法。最后，对两种交会场景进行了数值仿真，分别为需要轨道机动形成自然交会轨道和不需要轨道机动形成交会轨道，即初始轨道可作为自然交会轨道，数值仿真表明两种场景下均可以实现自主交会。

5.1.1 基于轨道预报的特殊点变轨基本模型

远程调相段的主要目的是减小追踪航天器和目标航天器的相位角，相位角即为两个航天器的纬度幅角差。远程调相主要基于较低轨道的轨道周期较短、轨道角速度较大，来调整追踪航天器与目标航天器的相位角，远程调相过程中通过轨道机动调整轨道高度或消除相位角，在这一阶段，轨道倾角和升交点赤经的发射入轨误差逐渐被修正。通过在特殊点（如近地点和远地点等）施加脉冲机动实现调相接近，特殊点变轨策略可以在燃料消耗最少的基础上实现特定的轨道改变。当追踪航天器到达目标航天器的初始目标点时，远程调相段结束，在远程调相段末端，除了真近点角（即纬度幅角）外，两个航天器的轨道要素偏差应接近于零。

特殊点变轨的实质是利用轨道动力学特性，将轨道面内外的调整分开，减小相互耦合性，便于轨控参数的计算。根据 Gauss 摄动运动方程体现的轨道动力学特性，给出应用于本节的特殊点变轨原理的基本原则[40]。

（1）关于轨道平面内的半长轴调整。由于轨道周期由轨道半长轴决定，因此两个航天器的半长轴偏差可以用于调整相位角。半长轴的调整利用一次近地点和远地点的横向双脉冲实现。对于小偏心率的近圆轨道,为了避免变轨过程中轨道的近地点和远地点互换,轨道抬高在近地点开始执行,轨道降低在远地点开始执行。

(2)关于轨道平面内的偏心率修正。偏心率的修正通过调整近地点和远地点的高度间接实现。

(3)关于轨道平面内的近地点幅角调整。在近地点或远地点施加径向脉冲,不改变半长轴(轨道高度)及偏心率,只改变近地点幅角,可以用于修正近地点幅角偏差。

(4)关于轨道法向的轨道倾角修正。在升交点或降交点施加法向冲量,可以调整轨道倾角而对升交点赤经影响较小。

(5)关于轨道法向的升交点赤经修正。在纬度幅角的最高点或最低点施加法向冲量,可以调整升交点赤经而对轨道倾角影响较小。

假设 ΔV_R、ΔV_T 和 ΔV_R 分别为施加在轨道径向、横向和法向的速度增量,根据 Gauss 摄动方程,横向速度增量导致的半长轴改变量和径向速度增量导致的近地点幅角改变量分别为[93-94]

$$\begin{aligned} \delta a &= \frac{2(1+e\cos\theta)}{n\sqrt{1-e^2}}\Delta v_T \\ \delta\omega &= -\frac{\sqrt{1-e^2}\cos\theta}{nae}\Delta v_R \end{aligned} \quad (5-1)$$

轨道法向的速度增量导致的升交点赤经和轨道倾角改变量分别为[95-96]

$$\begin{aligned} \delta\Omega &= \frac{r\sin u}{na^2\sqrt{1-e^2}\sin i}\Delta v_N \\ \delta i &= \frac{r\cos u}{na^2\sqrt{1-e^2}\sin i}\Delta v_N \end{aligned} \quad (5-2)$$

追踪航天器的轨道信息由 GPS 接收机提供。为了减小短周期项对轨道控制的影响,平均轨道要素作为轨道控制的输入[97-98]。平均轨道要素指的是去除短周期项的拟平均轨道要素,短周期项的周期与轨道周期相同。Brouwer[99] 和 Kozai[100] 在经典的航天动力学文献中给出了瞬时轨道要素与平均轨道的映射关系。

Liu 和 Alford[101-102]研究的二阶半解析理论，本书将其命名为 Liu 的半解析解，用于递推目标航天器的轨道。Liu 的半解析解包括长期项和长周期项，适用于短时间轨道预报；而且，Liu 的半解析解相比 Brouwer 和 Kozai 的解析解更加紧凑。Liu 的半解析解二阶微分方程表达式如下：

$$\begin{aligned}
\frac{da}{dt} &= 0 \\
\frac{de}{dt} &= f_e(n,p,e,i,\omega,R_{eq},J_2,J_3,J_4) \\
\frac{di}{dt} &= f_i(n,p,e,i,\omega,R_{eq},J_2,J_3,J_4) \\
\frac{d\Omega}{dt} &= f_\Omega(n,p,e,i,\omega,R_{eq},J_2,J_3,J_4) \\
\frac{d\omega}{dt} &= f_\omega(n,p,e,i,\omega,R_{eq},J_2,J_3,J_4) \\
\frac{dM}{dt} &= f_M(n,p,e,i,\omega,R_{eq},J_2,J_3,J_4)
\end{aligned} \quad (5-3)$$

其中，$R_{eq} = 6\,378.137$ km，为地球赤道平均半径；J_2、J_3 和 J_4 分别为地球 2、3、4 阶带谐项摄动系数，$J_2 = 1\,082.63 \times 10^{-6}$，$J_3 = -2.52 \times 10^{-6}$，$J_4 = -1.61 \times 10^{-6}$。

本节提到的轨道要素均为去除短周期项的平均轨道要素。速度增量与平均轨道要素改变量的关系可以由 Gauss 微分方程式（5-1）和式（5-2）确定。由于 Gauss 微分方程的轨道要素均为瞬时轨道要素，所以 Gauss 微分方程式（5-1）和式（5-2）涉及内在的近似。

5.1.2 自主调相过程描述

令 $E = (a,e,i,\Omega,\omega,\theta)$ 代表经典轨道要素，则 $E_{c0} = (a_{c0},e_{c0},i_{c0},\Omega_{c0},\omega_{c0},\theta_{c0})$ 代表追踪航天器的初始轨道要素，$E_{t0} = (a_{t0},e_{t0},i_{t0},\Omega_{t0},\omega_{t0},\theta_{t0})$ 代表目标航天器的初始轨道要素，下标 c 和 t 分别指追踪航天器和目标航天器。轨道要素偏差定义为目标航天器的轨道要素与追踪航天器的相应轨道要素的差。假设两个航天器均处于近圆轨道，偏心率的量级为 10^{-3}，追踪航天器的轨道低于目标航天器的轨道，采用前向调相策略[15]实现自主接近。当两个航天器的初始相位差过大或追踪航天器的轨道高于目标航天器的轨道时，需要考虑利用后向调相策略[15]实现接近。

任务给定的总飞行时间为 T_a,当追踪航天器到达目标航天器横向后方的悬停位置 Δs_f 处时[103],远程调相段结束。由于调相末端时刻的横向距离远小于目标航天器轨道的半长轴,所以两个航天器的横向距离 Δs 与相位角 Δu 的关系可以近似为

$$\Delta u \approx \frac{\Delta s}{a_{t0}} \tag{5-4}$$

如图 5-1 所示,根据追踪航天器和目标航天器的纬度幅角偏差与半长轴偏差的关系,远程调相段被分割为三个子飞行阶段——初始子飞行阶段、自然调相子飞行阶段和调整子飞行阶段。定义两个子飞行阶段间的转移轨道(转移轨道 A 和转移轨道 B)隶属于前一子飞行阶段。

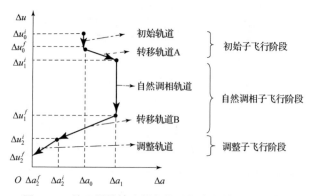

图 5-1 航天器的纬度幅角偏差与半长轴偏差的关系

初始子飞行阶段进行初始轨道到自然调相轨道的转移机动和轨道共面修正,其中,追踪航天器从初始轨道到自然调相轨道的转移由分别施加在近地点和远地点的双脉冲实现;共面修正由两个法向脉冲完成,分别独立控制升交点赤经和轨道倾角。由于 J_2 摄动导致的升交点赤经的长期漂移主要由半长轴决定[104],而且自然调相子飞行阶段两个航天器的半长轴差距相对较大,所以此处升交点赤经差的目标值不是零,目标值由自然调相子飞行阶段导致的升交点赤经漂移差决定。在 J_2 摄动的影响下,升交点赤经偏差在自然调相子飞行阶段由目标值演变为零。

在初始子飞行阶段,两个航天器的相位角由 Δu_0^i($\Delta u_0^i = u_{t0} - u_{c0}$)改变为 Δu_1^i,两个航天器的半长轴差由 Δa_0($\Delta a_0 = a_{t0} - a_{c0}$)改变为 Δa_1。下标 0、1 和 2 分别指的是初始子飞行阶段、自然调相子飞行阶段和调整子飞行阶段的相应参数,上标 i 和 f 分别指的是每个子飞行阶段的初始时刻与末端时刻的相应参数。

从初始轨道的初始时刻到达转移轨道 A(一个典型的半个轨道周期轨道)的

初始时刻的最长时间是一个轨道周期。因此，初始子飞行阶段最长需要1.5个轨道周期。注意，如果初始半长轴偏差足够大、能够实现追踪航天器在任务要求时间内追上目标航天器，则没有必要进行机动改变半长轴偏差进入自然调相轨道，在这种情况下，初始轨道即可作为自然调相轨道。

自然调相子飞行阶段包括自然调相轨道和转移轨道 B。此子飞行阶段，首先进行近地点幅角和升交点赤经修正，由于两个航天器的轨道周期不同，两个航天器的相位角将逐渐减小，当相位角小于 $(\Delta u_1^f)^{max}$（此为星上计算量）后，当追踪航天器第一次经过近地点时，记相位角的星上测量值为 $(\Delta u_1^f)^{on}$。

追踪航天器然后进入转移轨道 B：利用两对施加在近地点和远地点的双脉冲机动减小半长轴偏差，此次机动共包括 4 个脉冲，追踪航天器先从自然调相轨道转移到中间轨道，中间轨道的半长轴 a_{cb} 根据相位角 $(\Delta u_1^f)^{on}$ 的值星上自主解算，然后从中间轨道转移到调整轨道。由于双脉冲轨道转移精度有限，因此，对于远距离交会调相，有必要在远程调相的末端执行多个机动，从而使追踪航天器以较高的精度进入初始目标点，即通过增加调整子飞行阶段来提高轨道转移的精度。

自然调相子飞行阶段结束时，半长轴偏差和相位角分别降为预设值 Δa_2^i、Δu_2^i，追踪航天器在转移轨道 B 运行 1.5 个轨道周期。整个子飞行阶段的飞行时间由任务给定的总飞行时间与其他两个子飞行阶段总飞行时间的差决定。

在调整子飞行阶段，利用一个近地点脉冲机动，将追踪航天器轨道的远地点抬高到目标航天器轨道的远地点高度；然后根据任务给定的交会过程中的两个航天器的横向距离约束，利用三次远地点脉冲机动调整两个航天器的半长轴偏差，在最后一次远地点脉冲机动后，两个航天器的近地点高度相同，此时，追踪航天器进入目标航天器的轨道，两者的相位角为 Δu_2^f（预设值）。在调整子飞行阶段还需要一次共面修正机动以修正升交点赤经和轨道倾角，由于从自然调相轨道到调整轨道的机动脉冲较大，不可避免对近地点幅角造成影响，此子飞行阶段还执行一个脉冲修正近地点幅角偏差。

在此子飞行阶段，两个航天器的相位角由 Δu_2^i 减小为 Δu_2^f，半长轴偏差由 Δa_2^i（预设值）修正为 Δu_2^f（Δu_2^f 为预设值，等于零），此子飞行阶段需要 3 个轨道周期。

根据以上三个子飞行阶段的过程描述，除了调整子飞行阶段的轨道，其他所有子飞行阶段的轨道参数均需星上自主解算，5.1.3 节将给出各个子飞行阶段的轨道半长轴求解方法。

5.1.3　远程调相各子飞行阶段的变轨操作

根据 5.1.2 节的描述，只有调整子飞行节点的轨道半长轴是预设参数，本节将主要介绍其他非预设参数的解算方法。为了简化计算，所有轨道的偏心率都设置为预设参数。

自然调相轨道的半长轴取决于初始相位角和任务给定的总时间，一个轨道周期的相位角改变量可以由式（5-5）确定：

$$\partial u_0 = 2\pi - n_{t0} P_{c0} \qquad (5-5)$$

其中，n_{t0} 为目标航天器的初始轨道角速度；P_{c0} 为追踪航天器的初始轨道周期。

首先评估追踪航天器的初始轨道是否可以作为自然调相轨道，如果初始轨道不符合作为自然调相轨道的条件，需要通过施加机动形成一个自然调相轨道。根据 5.1.2 节的描述，调整子飞行阶段需要 3 个轨道周期，追踪航天器在转移轨道 B 运行 1.5 个轨道周期。因此，当以下条件 [式（5-6）] 满足时，交会调相可以在不施加机动形成自然调相轨道的情况下完成。

$$\frac{\Delta u_0^i - \Delta u_2^i}{\partial u_0} < \frac{T - (3 + 1.5) P_{t0}}{P_{t0}} \qquad (5-6)$$

其中，P_{t0} 为目标航天器的轨道周期。

在这种情况下，整个调相飞行只包括初始子飞行阶段和调整子飞行阶段两个阶段。如果式（5-6）不满足，需要施加机动增加两个航天器的半长轴偏差，以增大相位角变化率。根据 5.1.2 节的描述，初始子飞行阶段最多需要 1.5 个轨道周期，因此，剩余的用于追踪航天器在自然调相轨道运行的时间为

$$T_1 = T_a - (1.5 + 1.5 + 3) P_{t0} \qquad (5-7)$$

为了在任务给定的总时间内完成调相任务，追踪航天器在自然调相轨道运行一圈，追踪航天器需要超前目标航天器的纬度幅角为

$$\partial u_1 = \frac{P_{t0}}{T_1} (\Delta u_0^i - \Delta u_2^i) \qquad (5-8)$$

因此，追踪航天器处于自然调相轨道的轨道周期为

$$P_{c1} = \frac{2\pi - \partial u_1}{n_{t0}} \quad (5-9)$$

追踪航天器在自然调相轨道的半长轴可以由式（5-10）计算：

$$P = 2\pi \sqrt{\frac{a^3}{\mu}} \quad (5-10)$$

同时，根据式（5-2）施加一个机动可以将轨道倾角修正到零。

两个航天器的升交点赤经偏差和近地点幅角偏差在航天器从近地点进入自然调相轨道的半个轨道周期内消除。近地点幅角偏差的目标值是零；然而，升交点赤经偏差目标值的确定需要考虑 J_2 项摄动的影响，J_2 项摄动导致的升交点赤经长期漂移变化率已经由式（5-3）给出，追踪航天器运行在自然调相子飞行阶段的飞行时间大约为 T_1 [由式（5-7）确定]，J_2 项摄动在此飞行时间内导致的升交点赤经偏差的改变量为

$$\partial \Omega_1 = -\frac{3}{2} J_2 \left[\left(\frac{R_e}{p_{c1}}\right) n_{c1} \cos i_{c1} - \left(\frac{R_e}{p_{t0}}\right) n_{t0} \cos i_{t0} \right] T_1 \quad (5-11)$$

因此，升交点赤经偏差的目标值应该为零与以上改变量的差值。

$$\Delta \Omega_1 = 0 - \partial \Omega_1 \quad (5-12)$$

从自然调相轨道到调整轨道（图5-1的转移轨道B）的变轨过程如图5-2所示，从自然调相轨道到调整轨道共需要施加四次速度增量（$\Delta v_1 \sim \Delta v_4$）。其间经历三个半轨道周期弧段：各半周期弧段的时间分别为 t_{h1}、t_{h2} 和 t_{h3}，其中，t_{h1} 由自然调相轨道的近地点高度和过渡轨道的远地点高度确定，t_{h2} 是过渡轨道的半个周期，t_{h3} 由过渡轨道的近地点高度和调整轨道的远地点高度确定：

$$\begin{aligned} t_{h1} &= \pi \sqrt{\frac{[a_{c1}(1-e_{c1}) + a_{cb}(1+e_{cb})]^3}{8\mu_e}} \\ t_{h2} &= \pi \sqrt{\frac{a_{cb}^3}{\mu_e}} \\ t_{h3} &= \pi \sqrt{\frac{[a_{cb}(1-e_{cb}) + a_{c2}^i(1+e_{c2}^i)]^3}{8\mu_e}} \end{aligned} \quad (5-13)$$

其中，下标 cb 指过渡轨道；a_{c2}^i、e_{c1}、e_{cb} 和 e_{c2}^i 均为预设参数；a_{c1} 为在轨计算参数，由本节的算法确定，过渡轨道的半长轴 a_{cb} 是在轨确定的控制参数。

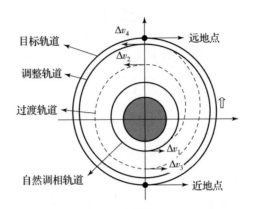

图 5-2　自然调相轨道到调整轨道的变轨过程

当追踪航天器进入调整轨道的初始点（即转移轨道 B 的末点）时，两个航天器的相位角的期望值为 Δu_2^i，在转移轨道 B 的初始点，两个航天器的相位角的实际值为 Δu_1^f。两者的差正好为此 3 个半轨道周期的相位角改变量，用 ∂u_b 表示：

$$\partial u_b = \Delta u_1^f - \Delta u_2^f \quad (5-14)$$

当过渡轨道与自然调相轨道重合时，过渡轨道起始点的相位角取得最大值：

$$\begin{aligned} t_{h1} &= P_{c1}/2 \\ t_{h2} &= P_{c1}/2 \\ t_{h3} &= t_h^{1-2} \end{aligned} \quad (5-15)$$

$$(\Delta u_1^f)^{\max} = \max(\Delta u_{1n}) = 3\pi - n_{t0}(P_{c1} + t_h^{1-2}) + \Delta u_2^i \quad (5-16)$$

当过渡轨道与调整轨道重合时，过渡轨道起始点的相位角取得最小值：

$$\begin{aligned} t_{h1} &= t_h^{1-2} \\ t_{h2} &= P_{c2}^i/2 \\ t_{h3} &= P_{c2}^i/2 \end{aligned} \quad (5-17)$$

$$(\Delta u_1^f)^{\min} = \min(\Delta u_{1n}) = 3\pi - n_{t0}(t_h^{1-2} + P_{c2}^i) + \Delta u_2^i \quad (5-18)$$

其中，P_{c2}^i 为调整轨道的初始轨道周期；t_h^{1-2} 为由调相轨道的近地点到调整轨道的远地点的半个轨道周期内经历的时间。

过渡轨道起始点的相位角 Δu_1^f 的最大值与最小值的差为

$$(\Delta u_1^f)^{\max} - (\Delta u_1^f)^{\min} = n_{t0}(T_{c2}^i - T_{c1}) \approx 2\pi - n_{t0} T_{c1} \quad (5-19)$$

此差值恰为追踪航天器在自然调相轨道运行一个轨道周期，追踪航天器与目标航天器的相位角改变量，当两个航天器的相位角处于 $[(\Delta u_1^f)^{\min} \quad (\Delta u_1^f)^{\max}]$ 时，追踪航天器可以遍历自然调相轨道的任何位置（包括近地点），所以，过渡轨道的半长轴肯定可以求解获得。

当两个航天器的相位角小于 $(\Delta u_1^f)^{\max}$，且第一次经过近地点时，开始解算过渡轨道的半长轴并进行双脉冲变轨。记此时的相位角在轨测量值为 $(\Delta u_1^f)^{\mathrm{on}}$，追踪航天器从自然调相轨道的近地点到调整轨道的远地点，追踪航天器超前目标航天器的纬度幅角期望值为

$$\partial u_{bd} = (\Delta u_1^f)^{\mathrm{on}} - \Delta u_2^i \quad (5-20)$$

追踪航天器从自然调相轨道的近地点到调整轨道的远地点，追踪航天器超前目标航天器的纬度幅角实际值为

$$\delta u_{ba} = 3\pi - n_{t0}(t_{h1} + t_{h2} + t_{h3}) \quad (5-21)$$

将式（5-13）代入式（5-21），并简化得

$$\delta u_{bd} = 3\pi - \frac{\pi n_{t0}}{\sqrt{8\mu}} \left(\sqrt{[a_{c1}(1-e_{c1}) + a_{cb}(1+e_{cb})]^3} + \sqrt{8a_{cb}^3} + \sqrt{[a_{cb}(1-e_{cb}) + a_{c2}^i(1+e_{c2}^i)]^3} \right) \quad (5-22)$$

通过将式（5-20）的期望值和式（5-22）的实际值相等，可以求解获得过渡轨道的半长轴 a_{cb}，然而，这涉及求解非线性方程（5-22）以确定 a_{cb}。通过观察方程（5-22）可以发现，实际相位角改变量仅是过渡轨道半长轴 a_{cb} 的函数，而且是单调函数，因此可以利用一维搜索算法求解半长轴 a_{cb}，从而避免直接求解非线性方程（5-22）。在一维搜索半长轴 a_{cb} 的过程中，首先令 a_{cb} 的初始值为 a_{c1}，然后增大追踪航天器的半长轴 a_{cb} 直到相位角改变量的期望值大于实际值（$\delta u_{bd} > \delta u_{ba}$）。

追踪航天器进入调整轨道的远地点后，接下来的半圈轨道用于再次消除近地点幅角偏差、升交点赤经偏差和轨道倾角偏差。然后对轨道的近地点和远地点进行调整，首先在近地点变轨使追踪航天器的远地点高度与目标航天器的远地点高度相同，半长轴变化量由式（5-23）确定：

$$\Delta a_2^p = \frac{a_{c2}^i(1-e_{c2}^i) + a_{t0}(1+e_{t0})}{2} - a_{c2}^i \quad (5-23)$$

接下来进行三次远地点机动，从而可以在不改变远地点高度的情况下，以较高的精度进入远距离调相的初始目标点，同时，逐渐修正近地点高度。假设三次远地点机动时刻，两个航天器的相位角分别为 $(\Delta u_2^{a1})^{on}$、Δu_2^{a2} 和 Δu_2^{f}，其中，相位角 $(\Delta u_2^{a1})^{on}$ 是在轨测量值，相位角 Δu_2^{a2} 和 Δu_2^{f} 是预设值。在第一次和第二次远地点机动后，一个轨道周期内，两个航天器的相位角的改变量分别为 $(\Delta u_2^{a1})^{on} - \Delta u_2^{a2}$ 和 $\Delta u_2^{a2} - \Delta u_2^{f}$，因此前两次远地点变轨后，追踪航天器的轨道周期为

$$P_{c2}^{a1} = \frac{2\pi - [(\Delta u_2^{a1})^{on} - \Delta u_2^{a2}]}{n_{t0}} \tag{5-24}$$

$$P_{c2}^{a2} = \frac{2\pi - (\Delta u_2^{a2} - \Delta u_2^{f})}{n_{t0}} \tag{5-25}$$

第三次远地点变轨的目的是修正轨道周期，使其与目标航天器的轨道周期相同，从而两个航天器的相位角不再发生变化。因此，第三次远地点变轨后追踪航天器的轨道周期为

$$P_{c2}^{f} = P_{t0} \tag{5-26}$$

相应的三次远地点变轨后追踪航天器的半长轴可以由式（5-10）确定。

5.1.4 预设参数确定

表 5-1 给出了以上各节提到的预设参数，根据预设参数的确定原则，本节将预设参数分为两级。第一级预设参数直接由任务约束确定，初始子飞行阶段和自然调相子飞行阶段的机动星上在线自主确定以满足相应的时间约束；第二级预设参数的确定原则是尽量减少调整子飞行阶段的轨道机动燃料消耗，机动燃料的最少消耗通过设置参数使调整子飞行阶段的近地点机动和前两次远地点机动为零实现。

表 5-1 两级预设参数

预设参数	相位角	半长轴	偏心率
第一级预设参数	Δu_2^{f}，Δu_2^{a2}	a_{c2}^{f}	e_{c1}，e_{cb}
第二级预设参数	Δu_2^{i}	a_{c2}^{i}	e_{c2}^{i}

为了消除追踪航天器的近地点机动，初始调整轨道的远地点高度需要与近地点机动后的远地点（即目标航天器的远地点）高度相同，即

$$a_{c2}^i(1+e_{c2}^i) = a_{t0}(1+e_{t0}) \tag{5-27}$$

为了消除追踪航天器的第二次远地点机动，初始调整轨道半长轴需要与第二次远地点机动后的半长轴相同，因此，初始调整轨道的半长轴可以综合式（5-10）和式（5-25）确定。

$$a_{c2}^i = \sqrt[3]{\mu \left[\frac{2\pi - (\Delta u_2^{a2} - \Delta u_2^f)}{2\pi n_{t0}}\right]^2} \tag{5-28}$$

为了消除近地点机动和前两次远地点机动，在调整子飞行阶段的前两个轨道周期，每个轨道周期的相位角改变量应与最后一个轨道周期的相位角改变量相同，即 $\Delta u_2^{a2} - \Delta u_2^f$，因此，整个调整子飞行阶段的相位角的改变量应为 $3(\Delta u_2^{a2} - \Delta u_2^f)$。同时，由于在调整子飞行阶段，相位角由 Δu_2^{a2} 减小为 Δu_2^f，因此：

$$\Delta u_2^f - \Delta u_2^i = 3(\Delta u_2^{a2} - \Delta u_2^f) \tag{5-29}$$

联合式（5-27）、式（5-28）和式（5-29），可以求解获得第二级预设参数 Δu_2^i、a_{c2}^i 和 e_{c2}^i。根据以上描述，近地点机动和前两次远地点机动可以消除的充分必要条件是满足式（5-27）、式（5-28）和式（5-29）。

5.1.5 案例分析

交会调相任务的主要约束包括如下几点。

（1）追踪航天器在 25 小时内完成交会调相机动。

（2）追踪航天器在目标航天器后方 10~50 km 的接近在一个轨道周期内完成。

（3）交会调相结束后，追踪航天器在目标航天器后方 10±2 km 的范围内保持一个轨道周期以上。

两个航天器的初始平均轨道要素如表 5-2 所示，目标航天器运行在半长轴为 7 000 km 的小偏心率近圆轨道。设想的场景包括两种，不同场景中仅追踪航天器的真近点角不同，其他轨道要素相同，场景一和场景二中两个航天器的相位角分别为 180°和 80°。

表 5-2　两个航天器的初始平均轨道要素

轨道要素	目标航天器	追踪航天器
a/km	7 000	6 900
e	0.001	0.003
$i/°$	97.5	98
$\Omega/°$	10	9.5
$\omega/°$	30	20
$\theta/°$	180	场景一：10 场景二：110

根据以上主要约束指标可以确定第一级预设参数：$\Delta u_2^f = 10/a_t$，$\Delta u_2^{a2} = 50/a_t$，$a_{c2}^f = a_{t0}$，$e_{c1} = 2.0 \times 10^{-3}$，$e_{cb} = e_{c2}^i$。利用式 (5-27)、式 (5-28) 和式 (5-29) 可以计算第二级预设参数。$a_{c2}^i = a_t - 4.24$，$e_{c2}^f = 1.6 \times 10^{-3}$，$\Delta u_2^i = 130/a_{t0}$。数值仿真中，两个航天器的状态利用定步长积分非线性动力学方程（Cowell 法），仿真步长为 1 s。轨道摄动考虑对近地轨道影响最大的地球扁率 J_2，J_3 和 J_4 项。

追踪航天器的轨道由星载 GPS 提供，追踪航天器的位置和速度实时估计精度分别为 20 m 和 0.03 m/s[105]。自 1970 年以来，激光技术和无线电跟踪技术与摄动模型的进展将地球轨道的三维定位精度提高到 2～5 cm，目标航天器的初始位置和速度信息可以由地面测控站提供，因此，目标航天器的位置和速度的初始精度取为 0.1 m 和 0.001 m/s 是合理的，目标航天器的轨道利用式 (5-3) 进行星上递推，为了减小长时间轨道递推的积累误差，轨道的初始位置和速度每 3 个轨道周期更新一次。

场景一：需要机动形成自然调相轨道

对于本场景的参数，式 (5-6) 不满足，为了在任务给定的时间内完成交会调相，必须施加机动增加半长轴偏差，以增大相位角改变率。

图 5-3 给出了追踪航天器的轨道机动速度增量的时间历程，最后一次脉冲的施加时刻为 22.7 小时（14 个目标航天器的轨道周期），满足约束指标的总时间约束。

图 5-4 给出了追踪航天器接近目标航天器过程中沿横向和径向的运动轨迹，

图中星点为横向机动施加位置,最后三次脉冲施加在远地点,追踪航天器在最后两次远地点机动的一个轨道周期内,两个航天器的横向距离从 49.7 km 改变为 9.6 km。最后一次远地点机动后,两个航天器的半长轴偏差为 65 m(图 5 - 5 的 Δa_n),偏心率偏差为 6.0×10^{-5}(图 5 - 6 的 Δe_n),近地点幅角偏差为 0.4°(图 5 - 7 的 $\Delta \omega_n$),因此,一个轨道周期内横向距离漂移量 0.630 km($3\pi \Delta a_n$),相对运动轨迹沿横向的振荡幅值为 0.840 km($2a_t \Delta e_n$)。

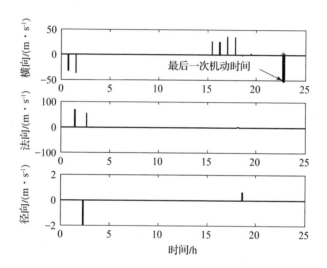

图 5 - 3 场景一:追踪航天器的轨道机动速度增量时间历程

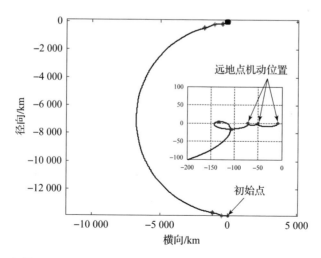

图 5 - 4 场景一:追踪航天器接近目标航天器过程中沿横向和径向的运动轨迹

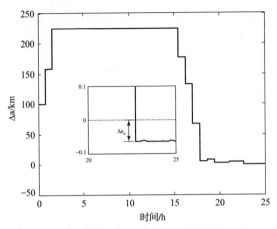

图 5-5　场景一：半长轴偏差的时间历程

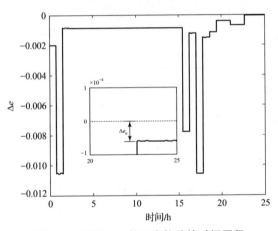

图 5-6　场景一：偏心率偏差的时间历程

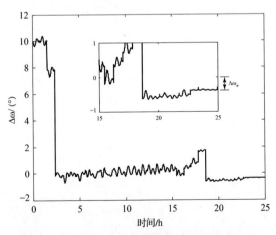

图 5-7　场景一：近地点幅角偏差的时间历程

共面修正完成后，轨道法向的振荡幅值为 35 m（图 5-8 的 A_y），其中，升交点赤经的偏差为 2.3×10^{-4}°（图 5-9 的 $\Delta\Omega_n$），轨道倾角的偏差为 2.0×10^{-4}°（图 5-10 的 Δi_n）。

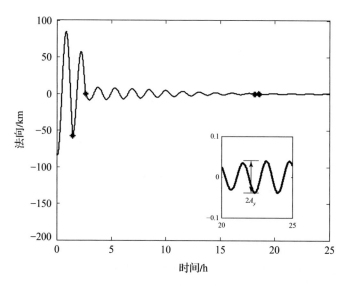

图 5-8　场景一：轨道法向的相对运动的时间历程

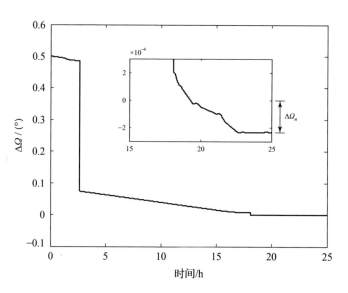

图 5-9　场景一：升交点赤经偏差的时间历程

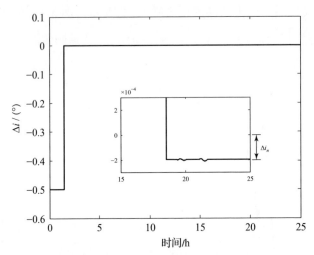

图 5-10 场景一：轨道倾角偏差的时间历程

场景二：不需要机动形成自然调相轨道

在本场景的参数下，式（5-6）满足，因此在不施加轨道机动增大半长轴偏差的情况下，交会调相可以在任务给定的时间内完成，初始轨道即可作为自然调相轨道，然而，仍需要施加机动将初始轨道的偏心率变为 e_{c1}。

图 5-11 给出了追踪航天器的轨道机动速度增量的时间历程，最后一次脉冲的施加时刻为 21.1 小时（13 个目标航天器的轨道周期），满足约束指标的总时间约束。

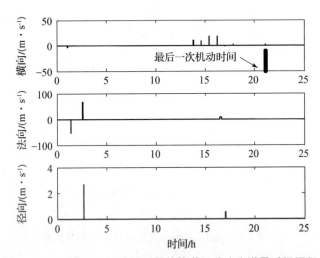

图 5-11 场景二：追踪航天器的轨道机动速度增量时间历程

图 5-12 给出了追踪航天器接近目标航天器过程中沿横向和径向的运动轨迹,图中星点为横向机动施加位置,最后三次脉冲施加在远地点,追踪航天器在最后两次远地点机动的一个轨道周期内,两个航天器的横向距离从 51.0 km 变为 10.0 km。最后一次远地点机动后,两个航天器的半长轴偏差为 25 m(图 5-13 的 Δa_n),偏心率偏差为 5.5×10^{-5}(图 5-14 的 Δe_n),近地点幅角偏差为 0.4°(图 5-15 的 $\Delta \omega_n$)。因此,一个轨道周期内横向距离的漂移量为 0.613 km($3\pi\Delta a_n$),相对运动轨迹沿横向的振荡幅值为 0.770 km($2a_t\Delta e_n$)。

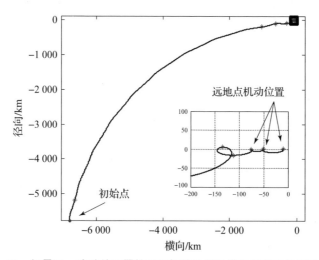

图 5-12 场景二:追踪航天器接近目标航天器沿横向和径向的运动轨迹

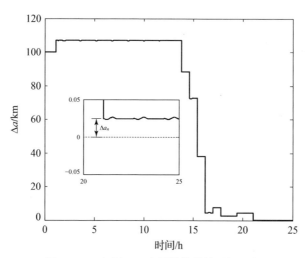

图 5-13 场景二:半长轴偏差的时间历程

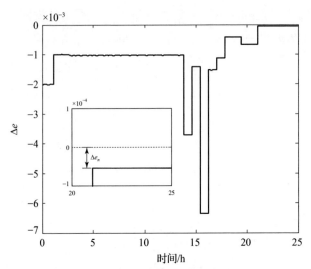

图 5-14 场景二：偏心率偏差的时间历程

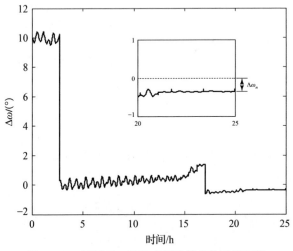

图 5-15 场景二：近地点幅角偏差的时间历程

在共面机动修正后，轨道法向的振荡幅值为 45 m（图 5-16 的 A_y），其中，升交点赤经的偏差为 2.8×10^{-4}°（图 5-17 的 $\Delta\Omega_n$），轨道倾角的偏差为 2.0×10^{-4}°（图 5-18 的 Δi_n）。

以上数值仿真表明，本节提出的自主交会调相算法可以满足两类典型场景的所有交会调相的主要约束。在两种场景中，交会调相的初始时刻与最后一次机动时刻的时间间隔是目标轨道周期的整数倍，这是由于本节的数值仿真算例的初始时刻目标航天器处于远地点，最后一次机动目标航天器也处于远地点。

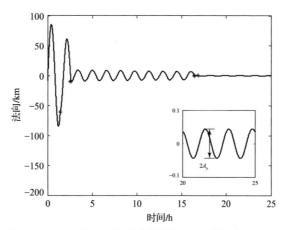

图 5-16 场景二：轨道法向的相对运动的时间历程

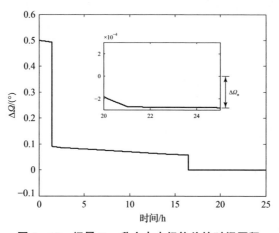

图 5-17 场景二：升交点赤经偏差的时间历程

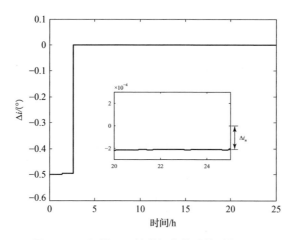

图 5-18 场景二：轨道倾角偏差的时间历程

5.2 综合变轨策略

5.2.1 综合变轨的策略方法

在远程调相阶段，受限于测控条件、交会时间和燃料消耗等约束条件，并不适宜在特殊点进行变轨修正，故提出了综合变轨方法对轨道偏差（Δa，Δe，Δi，$\Delta \Omega$）进行统一修正。根据国际经验和国内条件，追踪航天器与目标航天器在空间进行交会可在 1~3 天内进行动态调整。因此，标称交会时间设定在 2 天为宜，根据实际交会情况还可变为 3 天或 1 天。根据选定的交会时间方案，在远程引导段先选择预估变轨机动的空间交会瞄准点位置，用于测控条件、燃料消耗量和远程变轨精度的优化。瞄准点的位置通常选在近程导引和最后逼近两阶段之间的空间区域。而变轨点的位置可以根据约束条件的综合优化进行灵活选择。远程导引阶段还要考虑测控等待、误差修正和故障处理的机动策略，以使追踪航天器在最后逼近及与目标航天器对接的操作能够实现。

5.2.2 近圆 Kepler 轨道与基准圆轨道偏差方程和解析解

为了建立多脉冲综合变轨的瞄准点偏差方程，首先需要研究近圆 Kepler 轨道与基准轨道偏差方程及其解析解。

在航天器轨道坐标系下，航天器沿近圆 Kepler 轨道的运动参数可写为矢径 $r = r_c + \Delta r$，纬度幅角 $\theta = \theta_c + \Delta \theta$，径向速度 $v_r = \Delta v_r$，横向速度 $v_n = v_c + \Delta v_n$，法向速度 $v_z = \Delta v_z$，法向位置 $z = \Delta z$。其中，r_c、θ_c 和 v_c 分别为基准圆轨道的矢径、纬度幅角和速度；Δr、$\Delta \theta$、Δv_r、Δv_n、Δz 和 Δv_z 为近圆 Kepler 轨道的运动参数与基准圆轨道参数的偏差。

在极坐标形式的航天器轨道运动方程中，有 $v_r = \dot{r}$、$v_n = r\dot{\theta}$，可推导出近圆 Kepler 轨道与基准圆轨道的偏差方程为

$$\Delta \dot{r} = \Delta v_r$$

$$\Delta \dot{\theta} = \frac{\Delta v_n}{r_c} - \omega_c \frac{\Delta r}{r_c}$$

$$\begin{aligned}
\Delta \dot{z} &= \Delta v_z \\
\Delta \dot{v}_r &= 2\omega_c \Delta v_n + \omega_c^2 \Delta r \\
\Delta \dot{v}_n &= -\omega_c \Delta v_r \\
\Delta \dot{v}_z &= -\omega_c^2 \Delta z
\end{aligned} \qquad (5-30)$$

其中，$\omega_c = \sqrt{\mu/r_c^3}$ 为沿基准圆轨道运动的角速度。

记偏差矢量的量纲为"1"的分量列阵 $\boldsymbol{\Delta} = (\Delta r/r_c \quad \Delta v_r/v_c \quad \Delta v_n/v_c \quad \Delta \theta \quad \Delta z/r_c \quad \Delta v_z/v_c)^T$，式（5-30）的解析解写成偏差矢量的量纲为"1"的状态转移方程形式为

$$\Delta(t) = \boldsymbol{\Phi}(t - t_0) \Delta(t_0) \qquad (5-31)$$

其中，

$$\boldsymbol{\Phi}(t - t_0) = \begin{bmatrix}
2 - \cos \Delta\theta_c & \sin \Delta\theta_c & 2(1 - \cos \Delta\theta_c) & 0 & 0 & 0 \\
\sin \Delta\theta_c & \cos \Delta\theta_c & 2\sin \Delta\theta_c & 0 & 0 & 0 \\
\cos \Delta\theta_c - 1 & -\sin \Delta\theta_c & 2\cos \Delta\theta_c - 1 & 0 & 0 & 0 \\
2\sin \Delta\theta_c - 3\Delta\theta_c & 2(\cos \Delta\theta_c - 1) & 4\sin \Delta\theta_c - 3\Delta\theta_c & 1 & 0 & 0 \\
0 & 0 & 0 & 0 & \cos \Delta\theta_c & \sin \Delta\theta_c \\
0 & 0 & 0 & 0 & -\sin \Delta\theta_c & \cos \Delta\theta_c
\end{bmatrix}$$

5.2.3 多脉冲综合变轨的瞄准点偏差方程

选择追踪航天器计算瞄准点 K 的参考系为航天器轨道坐标系。追踪航天器主发动机推力为脉冲式，其向 K 点转移由 N 个脉冲实现，第 i 个脉冲 $\boldsymbol{W}_i$ 作用在时刻 t_i，它在坐标系中各轴分量列阵可写成 $\boldsymbol{W}_i = (w_{ri} \quad w_{ni} \quad w_{zi})^T$。

若将空间交会的两个航天器相对于同一基准圆轨道给出偏差方程，则式（5-31）表征了追踪航天器与目标航天器轨道偏差的状态转移关系。再将 $\boldsymbol{W}_i$ 看作追踪航天器与目标航天器的速度偏差，则可求出 $\boldsymbol{W}_i$ 在坐标系中 K 点引起的追踪航天器对目标航天器的偏差矢量，并将 N 个脉冲在 K 点引起的偏差矢量线性相加，就可得到多脉冲变轨的瞄准点偏差方程为

$$\Delta(t_k) = \boldsymbol{\Phi}(t_k - t_i) \Delta(t_i) \qquad (5-32)$$

其中，$\Delta(t_k) = (\Delta r_k/r_c \quad \Delta v_{rk}/v_c \quad \Delta v_{nk}/v_c \quad \Delta \theta_k \quad \Delta z_k/r_c \quad \Delta v_{zk}/v_c)^T$ 为在 K 点偏差的量纲为"1"的形式；$\Delta(t_i) = (0 \quad w_{ri}/v_c \quad w_{ni}/v_c \quad 0 \quad 0 \quad w_{zi}/v_c)^T$ 为在 t_i 时刻偏差的量纲为"1"的形式。令 $\varphi_i = \omega_c(t_k - t_i)$ 为从第 i 个脉冲作用到点 K 的角度，以 φ_i 代替 $\boldsymbol{\Phi}(t-t_0)$ 中的 $\Delta \theta_c$，可由 $\boldsymbol{\Phi}(t-t_0)$ 得到 $\boldsymbol{\Phi}(t_k - t_i)$ 的矩阵形式。计算瞄准点偏差与变脉冲的关系方程（5-32）可写成标量形式为

$$\begin{cases} \sum_{i=1}^{N} [w_{ri}\sin\varphi_i + 2w_{ni}(1-\cos\varphi_i)] = \omega_c \Delta r_k \\ \sum_{i=1}^{N} (w_{ri}\cos\varphi_i + 2w_{ni}\sin\varphi_i) = \Delta v_{rk} \\ \sum_{i=1}^{N} [-w_{ri}\sin\varphi_i + w_{ni}(2\cos\varphi_i - 1)] = \Delta v_{nk} \\ \sum_{i=1}^{N} [2w_{ri}(\cos\varphi_i - 1) + w_{ni}(-3\varphi_i + 4\sin\varphi_i)] = v_c \Delta \theta_k \\ \sum_{i=1}^{N} w_{zi}\sin\varphi_i = \omega_c \Delta z_k \\ \sum_{i=1}^{N} w_{zi}\cos\varphi_i = \Delta v_{zk} \end{cases} \quad (5-33)$$

5.2.4 多脉冲综合变轨的数值求解

确定第 i 个脉冲 $\boldsymbol{W}_i$ 的作用时刻 t_i 和它在坐标系分量中的分量列阵 $(w_{ri} \quad w_{ni} \quad w_{zi})^T$ 时，寻优的目标函数是总特征速度最小，即

$$J = \min \sum_{i=1}^{N} \sqrt{w_{ri}^2 + w_{ni}^2 + w_{zi}^2} \quad (5-34)$$

在寻优过程中，需要限定某些变轨脉冲的大小、方向和作用点。在式（5-33）中，非共面交会时有 $4N$ 个未知数和 6 个约束方程，共面交会时有 $3N$ 个未知数和 4 个约束方程，未知数数量多于约束方程数目。4 脉冲交会时，将 φ_3 和 φ_4 固定，令 $w_{r1} = w_{r2} = w_{r3} = w_{r4} = w_{z3} = w_{z4} = 0$，在 φ_1 和 φ_2 允许机动弧段内寻优，共面交会时可求出 w_{n1}、w_{n2}、w_{n3} 和 w_{n4}，非共面交会时再求出 w_{z1} 和 w_{z2}。

令追踪航天器与目标航天器在计算瞄准点 K 应修正的脱靶矢量 $\boldsymbol{P} = \boldsymbol{P}_k - \boldsymbol{P}_{k0}$，

$\boldsymbol{P}_k = (\Delta r_k \quad \Delta v_{rk} \quad \Delta v_{nk} \quad \Delta \theta_k \quad \Delta z_k \quad \Delta v_{zk})^{\mathrm{T}}$ 为追踪航天器与目标航天器在计算瞄准点 K 的偏差矢量，$\boldsymbol{P}_{k0} = (\Delta r_{k0} \quad \Delta v_{rk0} \quad \Delta v_{nk0} \quad \Delta \theta_{k0} \quad \Delta z_{k0} \quad \Delta v_{zk0})^{\mathrm{T}}$ 为选定的计算瞄准矢量。寻优的约束条件可以写为 $\boldsymbol{QP} = 0$，其中，$\boldsymbol{Q}$ 为 6×6 维正状态管理矩阵，由它来控制某个方向的偏差是否进行修正。

而采用数值方法计算实际摄动作用下的多脉冲综合变轨策略的具体步骤如下。

（1）仅考虑轨道摄动，仿真目标航天器轨道运动到 K 点；

（2）考虑轨道摄动和发动机推力，仿真追踪航天器轨道运动到 K 点；

（3）求出两个航天器在 K 点的偏差矢量；

（4）若在 K 点偏差大于允许值，利用 Kepler 状态的线性方程（5-33）确定交会变轨脉冲参数，返回步骤（2）进行反复迭代，直到脱靶量满足精度要求。

第 6 章
航天器交会轨道转移优化问题

6.1 航天器交会最优轨道转移

静止轨道星座在轨服务过程中需要进行目标卫星间的定点位置调整以实现多目标卫星交会，定点位置调整同时在静止轨道轨位调整任务中起到重要作用，静止轨道轨位调整指的是卫星从原定点位置调整到一个新的定点位置。

由于电推进推力器的比冲较大，电推进系统消耗的燃料较少，本节将研究基于电推进的最短时间静止轨道定点位置调整问题。不考虑偏心率匹配的时间最优位置调整，可以利用 Edelbaum 提出的简单横向推力控制方法实现，连续推力首先施加在横向直到完成一半的经度改变，然后将推力方向改变为原方向的反向，直到全部的经度变化完成。Casalino 的研究指出，这一控制律仅在总转移轨道圈数为偶数时，最终偏心率为零。

Titus 利用间接优化方法研究了最省时间静止轨道调相问题，Titus 将该问题建模为固定时间-定点位置改变最大化问题，终端条件考虑了偏心率为零。然而，实际转移任务通常是初末点位置固定的时间最优问题。虽然 Titus 获得的轨道转移解仍是时间最优的，但是，需要进行额外的工作以建立最大位置差与固定转移时间之间的关系，Titus 没有解决的另一个重要问题是如何有效地估计协态初值以快速获得最优解。

本节的目的是以一种直接方式处理初始点和末端点给定的静止轨道定点位置调整时间最短问题，这通过将静止轨道定点位置轨道转移问题建模为时间最优问题实现。本节进一步提出了一种解析方法用于估计协态初值以减少打靶求解过程中的迭代次数并提高打靶算法的鲁棒性。在解析方法中应用了两项近似方法以获得终端时间以及半长轴、经度和质量的协态初值，这两项近似方法分别为将简单横向推力策略近似为最优推力控制策略和去除短周期项。

6.1.1 时间最优问题建模

1. 静止轨道模型

本节的静止轨道转移的动力学模型忽略了地球非球形摄动、日月引力摄动和太阳光压摄动的影响。对于短时间转移问题，以上摄动对轨道的积累效应较小，忽略以上摄动是合理的。经度、半长轴和偏心率作为忽略摄动的静止轨道交会调相的状态量，为了防止奇异问题，采用一组轨道平面内的无奇异轨道要素：

$$\lambda = \Omega + \omega + M - \alpha_G \qquad (6-1)$$

$$e_x = e\cos(\Omega + \omega) \qquad (6-2)$$
$$e_y = e\sin(\Omega + \omega)$$

其中，e 为轨道偏心率（无量纲），Ω 为升交点赤经（$0° \leq \Omega < 360°$）；ω 为近地点幅角（$0° \leq \omega < 360°$）；M 为平近地点角（$0° \leq M < 360°$）；α_G 为历元时刻格林尼治恒星时，从瞬时春分点开始测量。

施加连续推力的近圆轨道平面内的运动方程为

$$\frac{da}{dt} = 2a\frac{uT}{mv}d_T \qquad (6-3)$$

$$\frac{d\lambda}{dt} = n - \Omega_E - \frac{uT}{mv}d_R \qquad (6-4)$$

$$\frac{de_x}{dt} = \frac{uT}{mv}\sin(l)d_R + 2\frac{uT}{mv}\cos(l)d_T$$
$$\frac{de_y}{dt} = -\frac{uT}{mv}\cos(l)d_R + 2\frac{uT}{mv}\sin(l)d_T \qquad (6-5)$$

其中，v 为近圆轨道的卫星速度，$v = na$，$n = \sqrt{\mu_e/a^3}$ 为轨道平均角速度；Ω_E 为地球自转角速度；l 为卫星赤经，$l = \Omega + \omega + M$；u 为推力幅值比，$u \in [0,1]$；T 为推力幅值；d_R、d_T 分别为单位推力方向沿径向和横向的分量的大小；m 为卫星的质量。

式(6-3)~式(6-5)成立的条件为轨道转移的过程中偏心率和轨道倾角较小,所以,式(6-3)~式(6-5)适用于半长轴可能发生较大变化的静止轨道调相问题。

式(6-3)~式(6-5)可以写为状态空间的形式:

$$\dot{x} = \frac{uT}{mv}Ad + B \quad (6-6)$$

其中,$x = [a \quad \lambda \quad e_x \quad e_y]^T$,$A = \begin{bmatrix} 0 & -1 & s_l & -c_l \\ 2a & 0 & 2c_l & 2s_l \end{bmatrix}^T$,$B = [0 \quad n-\Omega_E \quad 0 \quad 0]^T$,$d = [d_R \quad d_T]^T$,$s_l = \sin l$ 和 $c_l = \cos l$。

质量的微分方程为

$$\dot{m} = -\frac{uT}{I_{sp}g_0} \quad (6-7)$$

其中,I_{sp}为推力器的比冲;g_0为海平面的地球引力加速度。

2. 时间最优问题

时间最优问题即最小化轨道转移时间,性能指标可以表示为

$$J_t = \int_{t_0}^{t_f} 1 \, dt \quad (6-8)$$

对于实际静止轨道转移任务,卫星质量、半长轴、经度和偏心率的初始值以及半长轴、经度和偏心率的末端值为给定的固定值,即式(6-9)和式(6-10)必须满足:

$$\begin{cases} a(t_i) - a_s = 0, \ \lambda(t_i) - \lambda_i = 0 \\ e_x(t_i) = 0, \ e_y(t_i) = 0 \\ m(t_i) - 1 = 0 \end{cases} \quad (6-9)$$

$$\begin{cases} a(t_f) - a_s = 0, \ \lambda(t_f) - \lambda_f = 0 \\ e_x(t_f) = 0, \ e_y(t_f) = 0 \end{cases} \quad (6-10)$$

其中,a_s为地球静止轨道同步半长轴;λ_i和λ_f分别为静止轨道调相任务的初始点和末端点的经度。为了计算方便,距离、质量和时间分别用地球平均半径($R_E = 6371.004$ km)、卫星初始质量和一天进行无量纲化。

时间最优问题的Hamiltonian函数为

$$H = \frac{uT}{mv}\boldsymbol{p}_x^{\mathrm{T}}\boldsymbol{A}\boldsymbol{d} + \boldsymbol{p}_x^{\mathrm{T}}\boldsymbol{B} - p_m\frac{uT}{I_{sp}g_0} + 1 \qquad (6-11)$$

协态的微分方程为[106]

$$\begin{aligned}\dot{\boldsymbol{p}}_x &= \boldsymbol{f}_{p_x}(\boldsymbol{y},\boldsymbol{d})\\ \dot{p}_m &= \frac{uT}{m^2v}\boldsymbol{p}_x^{\mathrm{T}}\boldsymbol{A}\boldsymbol{d}\end{aligned} \qquad (6-12)$$

其中，$\boldsymbol{p}_x = [p_a \quad p_\lambda \quad p_{e_x} \quad p_{e_y}]^{\mathrm{T}}$，$\boldsymbol{y} = [\boldsymbol{x}^{\mathrm{T}} \quad m \quad \boldsymbol{p}_x^{\mathrm{T}} \quad p_m]^{\mathrm{T}}$，$\boldsymbol{f}_{p_x}(\boldsymbol{y},\boldsymbol{d}) = \left[\left(-\frac{uT}{2m}\sqrt{\frac{1}{\mu_e a}}\boldsymbol{p}_x^{\mathrm{T}}\boldsymbol{A}\boldsymbol{d} - 2p_a d_t\frac{uT}{mv} + \frac{3}{2}p_\lambda\sqrt{\frac{\mu_e}{a}}\right) \quad -\frac{uT}{mv}\boldsymbol{C}^{\mathrm{T}}\boldsymbol{d} \quad 0 \quad 0\right]^{\mathrm{T}}$，$\boldsymbol{C} = \begin{bmatrix} c_l p_{e_x} + s_l p_{e_y} \\ -2s_l p_{e_x} + 2c_l p_{e_y} \end{bmatrix}$。

由于终端质量是自由变量，质量协态的终端值应为零：

$$p_m(t_f) = 0 \qquad (6-13)$$

最优推力方向 $\boldsymbol{d}^*$ 为最小化瞬时 Hamiltonian 函数的方向，由式（6-14）确定：

$$\boldsymbol{d}^* = -\frac{\boldsymbol{A}^{\mathrm{T}}\boldsymbol{p}_x}{\|\boldsymbol{A}^{\mathrm{T}}\boldsymbol{p}_x\|} \qquad (6-14)$$

将方程（6-14）的最优推力方向 $\boldsymbol{d}^*$ 代入方程（6-12），可以发现质量协态 p_m 对时间的微分小于零。由于质量协态的终端值 p_m 为零，轨道转移过程中质量协态 p_m 的符号应该为

$$\begin{cases} p_m(t) > 0, & t < t_f \\ p_m(t) = 0, & t = t_f \end{cases} \qquad (6-15)$$

将方程（6-14）的最优推力方向 $\boldsymbol{d}^*$ 代入 Hamiltonian 函数方程（6-11），并化简得

$$H = \boldsymbol{p}_x^{\mathrm{T}}\boldsymbol{B} + 1 + \frac{uT}{I_{sp}g_0}\left(-\frac{I_{sp}g_0}{mv}\|\boldsymbol{A}^{\mathrm{T}}\boldsymbol{p}_x\| - p_m\right) \qquad (6-16)$$

最优推力幅值比 u^* 可以表示为最省时间开关函数 S 的函数：

$$\begin{cases} u^* = 0 & \text{if} \quad S > 0 \\ u^* = 1 & \text{if} \quad S < 0 \\ u^* \in [0,1] & \text{if} \quad S = 0 \end{cases} \qquad (6-17)$$

其中，

$$S = -\frac{I_{sp}g_0}{mv}\|A^T p_x\| - p_m \qquad (6-18)$$

通过观察式（6-18）发现，时间最优静止轨道调相的最省时间开关函数 S 总小于零，因此，时间最优静止轨道调相的推力总是开：

$$u^* = 1 \qquad (6-19)$$

由于最优控制变量 d^* 和 u^* 完全由矢量 y 决定，通过综合式（6-6）、式（6-7）和式（6-12），状态和协态的微分方程可以一起进行隐式积分：

$$\dot{y} = f(y) \Rightarrow \begin{cases} \dot{x} = \dfrac{u^* T}{mv} A d^* + B \\[4pt] \dot{m} = -\dfrac{u^* T}{I_{sp}g_0} \\[4pt] \dot{p}_x = f_{p_x}(y, d^*) \\[4pt] \dot{p}_m = -\dfrac{u^* T}{m^2 v}\|A^T p_x\| \end{cases} \qquad (6-20)$$

除了横截条件 $p_m(t_f) = 0$，由于终端时间自由，Hamiltonian 函数的终端值也为零：

$$H(t_f) = 0 \qquad (6-21)$$

时间最优问题可以描述如下：寻找未知的初始协态变量 $p(t_i)$ 和终端时间 t_f 与已知的初始条件式（6-9）组合，使状态和协态的微分方程（6-20）获得如下终端值：

$$\boldsymbol{\varphi}(z) = \begin{bmatrix} x(t_f) - x_f \\ p_m(t_f) \\ H(t_f) \end{bmatrix} = \mathbf{0} \qquad (6-22)$$

其中，$\boldsymbol{\varphi}(z)$ 被称为打靶函数，z 是未知初始协态 $p(t_i)$ 和终端时间 t_f 的组合，$z = [p(t_i)^T \quad t_f]^T$。

3. Jacobian 矩阵

基于梯度函数的打靶需要打靶函数（6-22）的 Jacobian 矩阵，为了提高打靶函数的 Jacobian 矩阵的计算精度，本节采用解析法求解 Jacobian 矩阵。Jacobian 矩阵代表初始时刻未知初值的小变化量 $\delta z(t_i)$ 到打靶函数的终端时刻改变量 $\delta \boldsymbol{\varphi}(t_f)$ 的映射。

$$\delta \boldsymbol{\varphi}(t_f) = \boldsymbol{\Psi}(t_f, t_i) \delta z(t_i) \qquad (6-23)$$

Jacobian 矩阵可以分解成分块矩阵的形式：

$$\boldsymbol{\Psi}(t_f, t_i) = \begin{bmatrix} \dfrac{\partial \boldsymbol{x}(t_f)}{\partial \boldsymbol{p}(t_i)} & \dfrac{\partial \boldsymbol{x}(t_f)}{\partial t_f} \\ \dfrac{\partial p_m(t_f)}{\partial \boldsymbol{p}(t_i)} & \dfrac{\partial p_m(t_f)}{\partial t_f} \\ \dfrac{\partial H(t_f)}{\partial \boldsymbol{p}(t_i)} & \dfrac{\partial H(t_f)}{\partial t_f} \end{bmatrix} \qquad (6-24)$$

其中，

$$\begin{aligned} \frac{\partial \boldsymbol{x}(t_f)}{\partial t_f} &= \frac{\mathrm{d}\boldsymbol{x}}{\mathrm{d}t}\bigg|_{t=t_f} \\ \frac{\partial p_m(t_f)}{\partial t_f} &= \frac{\mathrm{d}p_m}{\mathrm{d}t}\bigg|_{t=t_f} \\ \frac{\partial H(t_f)}{\partial \boldsymbol{p}(t_i)} &= \frac{\partial H}{\partial \boldsymbol{y}}\bigg|_{t=t_f} \frac{\partial \boldsymbol{y}(t_f)}{\partial \boldsymbol{p}(t_i)} \\ \frac{\partial H(t_f)}{\partial t_f} &= \frac{\partial H}{\partial \boldsymbol{y}}\bigg|_{t=t_f} \frac{\mathrm{d}\boldsymbol{y}}{\mathrm{d}t}\bigg|_{t=t_f} \end{aligned} \qquad (6-25)$$

根据方程（6-20），可以获得 Hamiltonian 函数相对于状态的偏微分方程为

$$\begin{aligned} \frac{\partial H}{\partial x} &= -\boldsymbol{f}_{p_x}(\boldsymbol{y}, \boldsymbol{d}^*) \\ \frac{\partial H}{\partial m} &= -\frac{uT}{m^2} \boldsymbol{p}_x^{\mathrm{T}} \boldsymbol{A} \boldsymbol{d}^* \end{aligned} \qquad (6-26)$$

Hamiltonian 函数相对于协态的偏微分方程为

$$\begin{aligned} \frac{\partial H}{\partial p_a} &= -2a d_2 \frac{u^* T}{mvd} \\ \frac{\partial H}{\partial p_\lambda} &= 2 d_1 \frac{u^* T}{mvd} + (n - \Omega_{\mathrm{E}}) \\ \frac{\partial H}{\partial p_{e_x}} &= -\frac{u^* T}{mvd}(s_l d_1 + 2 c_l d_2) \\ \frac{\partial H}{\partial p_{e_y}} &= -\frac{u^* T}{mvd}(-c_l d_1 + 2 s_l d_2) \\ \frac{\partial H}{\partial p_m} &= -\frac{u^* T}{I_{\mathrm{sp}} g_0} \end{aligned} \qquad (6-27)$$

其中，

$$d_1 = -2p_\lambda + s_l p_{e_x} - c_l p_{e_y}$$
$$d_2 = 2ap_a + 2c_l p_{e_x} + 2s_l p_{e_y} \quad (6-28)$$
$$d = \sqrt{d_1^2 + d_2^2}$$

变量 d_1 和 d_2 是矩阵 $-A^T p_x$ 的两个分量，根据方程（6-14），最优推力方向的分量分别为

$$d_R^* = -\frac{d_1}{d}$$
$$d_T^* = -\frac{d_2}{d} \quad (6-29)$$

偏微分 $\partial x(t_f)/\partial p(t_i)$，$\partial p_m(t_f)/\partial p(t_i)$ 和 $\partial y(t_f)/\partial p(t_i)$ 是方程（6-20）的状态转移矩阵 $\boldsymbol{\Phi}(t,t_i) = \delta y(t)/\delta y(t_i)$ 的一部分，状态转移矩阵可以通过差分法近似计算或积分状态转移矩阵的微分方程精确计算。为了提高收敛效率，此处将通过积分状态转移矩阵的微分方程确定打靶函数的 Jacobian 矩阵。状态转移矩阵的微分方程和初始值为

$$\dot{\boldsymbol{\Phi}}(t,t_i) = \boldsymbol{J}_t \boldsymbol{\Phi}(t,t_i), \quad \boldsymbol{\Phi}(t_i,t_i) = \boldsymbol{I} \quad (6-30)$$

其中，$\boldsymbol{J}_t$ 是方程（6-20）的 Jacobian 矩阵，$\boldsymbol{J}_t = \partial f/\partial y$，附录 D 给出了矩阵 $\boldsymbol{J}_t$ 的元素。Jacobian 矩阵 $\boldsymbol{J}_t$ 和矢量 y 一起计算，因此，需要同时积分方程（6-20）和方程（6-30）。

6.1.2 协态初值估计

由于收敛半径较小且打靶法对协态变量的初始值敏感，两点边值问题的解难以获得，本节提出一种解析方法用于估计协态的初值，从而可以减少打靶次数、提高打靶过程中的稳定性。

将 Edelbaum 提出的简单横向推力控制方法近似为最优控制以用于猜测终端时间以及半长轴、经度和质量的协态初值，简单横向推力控制方法将连续推力施加在横向直到完成一半的目标经度改变，然后将推力方向变为原推力的反向，直到完成全部经度改变。

在轨道转移的过程中，由于卫星的质量变化较小，卫星的半长轴 a 接近静止

轨道的同步半长轴 a_s。为了解析估计飞行时间和半长轴、经度和质量的协态初值，本节做以下近似：$m \approx 1$，$a \approx a_s$ 和 $v \approx v_s$，v_s 是静止轨道的同步速度。

1. 飞行时间

将以上近似表达式 $m \approx 1$、$a \approx a_s$ 和 $v \approx v_s$ 以及最优推力幅值比 $u^* = 1$ 代入方程（6-3）：

$$\frac{\mathrm{d}a}{\mathrm{d}t} = 2a_s \frac{T}{v_s} d_T \tag{6-31}$$

由于转移过程中卫星的半长轴接近同步半长轴 a_s，卫星的平均角速度可以在同步半长轴 a_s 展开成 Taylor 级数的形式，从而成为半长轴的线性函数：

$$n = \sqrt{\frac{\mu_e}{a^3}} \approx \sqrt{\frac{\mu_e}{a_s^3}} - \frac{3}{2}\sqrt{\frac{\mu_e}{a_s^5}}(a - a_s) = \Omega_E - \frac{3}{2}\sqrt{\frac{\mu_e}{a_s^5}}(a - a_s) \tag{6-32}$$

简单横向推力控制方法仅施加横向推力，这意味着 $d_R = 0$，从而经度的微分方程（6-4）可以简化为

$$\frac{\mathrm{d}\lambda}{\mathrm{d}t} = -\frac{3}{2}\sqrt{\frac{\mu_e}{a_s^5}}(a - a_s) \tag{6-33}$$

对于采用简单横向推力的定点位置调整，根据方程（6-31），半长轴随时间线性变化，其变化趋势取决于推力方向，因此，推力在总飞行时间的一半完成一半的经度改变，然后将推力方向变为原来的反向。对于一个利用简单横向推力控制方法的正向定点位置变化（Positive Station Change，PSC），在前一半飞行时间完成一半的经度改变，横向推力首先施加在飞行方向的反方向，$d_T = -1$。将推力 $d_T = -1$ 和初始条件 $a(t_i) = a_s$ 代入方程（6-31）进行积分，可以得到半长轴随时间的变化：

$$a(t) = a_s - 2a_s \frac{T}{v_s}(t - t_i) \quad t \in [t_i, (t_i + t_f^g)/2] \tag{6-34}$$

其中，t_f^g 代表终端时间 t_f 的猜测值。

将方程（6-34）代入方程（6-33）的右端，并以初始值 $\lambda(t_i) = \lambda_i$ 对方程（6-33）进行积分从而可以获得经度随时间的变化为

$$\lambda(t) = \lambda_i - \frac{3}{2}\sqrt{\frac{\mu_e}{a_s^3}} \frac{T}{v_s}(t - t_i)^2 \quad t \in [t_i, (t_i + t_f^g)/2] \tag{6-35}$$

卫星在中间时刻的经度改变量为总改变量的一半，即 $\lambda[(t_i + t_f^g)/2] = (\lambda_i + \lambda_f)/2$，将该式代入方程（6-35），从而可以获得正向转移的终端时间猜测值：

$$t_f^{g-p} = \left[\frac{4v_s(\lambda_f - \lambda_0)}{3T}\sqrt{\frac{a_s^3}{\mu_e}}\right]^{\frac{1}{2}} + t_i \tag{6-36}$$

利用类似的方法，也可以获得负向定点位置变化（Negative Station Change，NSC）的终端时间猜测值：

$$t_f^{g-n} = \left[\frac{4v_s(\lambda_0 - \lambda_f)}{3T}\sqrt{\frac{a_s^3}{\mu_e}}\right]^{\frac{1}{2}} + t_i \tag{6-37}$$

正向转移、负向转移的终端时间猜测值式（6-36）和式（6-37）可以统一表达成如下形式：

$$t_f^g = \left[\frac{4v_s|\lambda_f - \lambda_0|}{3T}\sqrt{\frac{a_s^3}{\mu_e}}\right]^{\frac{1}{2}} + t_i \tag{6-38}$$

因此，飞行时间的估计值为

$$\Delta t^g = t_f^g - t_i = \left[\frac{4v_s|\lambda_f - \lambda_0|}{3T}\sqrt{\frac{a_s^3}{\mu_e}}\right]^{\frac{1}{2}} \tag{6-39}$$

2. 半长轴和经度的协态初值

忽略包含小推力 T 的较小项，方程（6-12）中半长轴协态的微分方程可以近似为

$$\dot{p}_a \approx \frac{3}{2}p_\lambda\sqrt{\frac{\mu_e}{a_s^5}} \tag{6-40}$$

经过代数运算，方程（6-12）中经度协态的微分方程可以整理为

$$\dot{p}_\lambda = \frac{T\left[s_l(-4ap_ap_{e_x} - 2p_\lambda p_{e_y}) + c_l(4a_sp_ap_{e_y} - 2p_\lambda p_{e_x}) - \frac{3}{2}s_{2l}(p_{e_x}^2 - p_{e_y}^2) + \frac{3}{2}c_{2l}p_{e_x}p_{e_y}\right]}{v_s\sqrt{(2ap_a + 2c_lp_{e_x} + 2s_lp_{e_y})^2 + (-2p_\lambda + s_lp_{e_x} - c_lp_{e_y})^2}} \tag{6-41}$$

其中，$s_{2l} = \sin(2l)$ 和 $c_{2l} = \cos(2l)$。

通过观察方程（6-41）等号右侧的表达式可以发现，其分子为 p_{e_x} 或 p_{e_y} 与卫星赤经 l 正余弦函数乘积的组合，这些项是赤经 l 的函数，均为短周期项，在方程（6-41）相对于时间进行积分时，长时间的积累效应接近于零。所以，经度

协态 p_λ 相对于时间的变化率接近于零,即

$$p_\lambda(t) \approx p_\lambda^g \qquad (6-42)$$

其中,p_λ^g 代表初始经度协态的猜测值。

通过综合式(6-40)和式(6-42),可以获得协态 $p_a(t)$ 和 $p_\lambda(t)$ 相对于时间的表达式:

$$p_a(t) = p_a^g + \frac{3}{2} p_\lambda \sqrt{\frac{\mu_e}{a_s^5}}(t - t_i) \qquad (6-43)$$

$$p_\lambda(t) = p_\lambda^g$$

其中,p_a^g 代表初始半长轴协态的猜测值。

对于正向时间最优定点位置调整,横向推力首先施加在飞行方向反向然后改变为正向。推力单位方向矢量横向分量与时间的关系为

$$\text{PSC}: \begin{cases} d_T(t) = -1 & t \in [t_i, t_m] \\ d_T(t) = 1 & t \in (t_m, t_f] \end{cases} \qquad (6-44)$$

对于负向时间最优定点位置调整,推力单位方向矢量横向分量和时间的关系与正向转移相反:

$$\text{NSC}: \begin{cases} d_T(t) = 1 & t \in [t_i, t_m] \\ d_T(t) = -1 & t \in (t_m, t_f] \end{cases} \qquad (6-45)$$

其中,t_m 代表转移时间的中间时刻,$t_m = (t_i + t_f^g)/2$。

相应地,对于正向和负向的位置调整,根据推力方向结构和简单横向推力控制的横向分量的符号,可以获得半长轴协态在末端值与初始值的关系为

$$p_a(t_f^g) \approx -p_a^g \qquad (6-46)$$

根据打靶函数(6-22),可以获得半长轴、质量协态和 Hamiltonian 函数的终端值分别为

$$\begin{aligned} &a(t_f^g) = a_s \\ &p_m(t_f^g) = 0 \\ &H(t_f^g) = 0 \end{aligned} \qquad (6-47)$$

将式 (6-46) 和式 (6-47) 代入 Hamiltonian 函数 (6-11), 忽略包含偏心率协态 p_{e_x} 和 p_{e_y} 的项, 将正向 (负向) 转移的末端横向推力分量 $d_T(t_f^g) = 1[d_T(t_f^g) = -1]$ 代入 Hamiltonian 函数, 可以求解获得初始半长轴协态的猜测值:

$$p_a^g = \begin{cases} \dfrac{v_s}{2Ta_s}, & \text{PSC} \\ -\dfrac{v_s}{2Ta_s}, & \text{NSC} \end{cases} \quad (6-48)$$

综合方程 (6-43) 和方程 (6-46) 可以获得初始经度协态的猜测值:

$$p_\lambda^g = \begin{cases} -\dfrac{2a_s}{3T\Delta t^g}, & \text{PSC} \\ \dfrac{2a_s}{3T\Delta t^g}, & \text{NSC} \end{cases} \quad (6-49)$$

3. 质量的协态初值

平均掉方程 (6-20) 中包括赤经 l 的短周期项, 质量协态 p_m 的时间微分方程可以近似为

$$\dot{p}_m(t) \approx -\frac{2u^*T}{m^2 v_s}\sqrt{(a_s p_a(t))^2 + (p_\lambda(t))^2} \quad (6-50)$$

将方程 (6-43) 中的协态 $p_a(t)$ 和 $p_\lambda(t)$ 的表达式代入方程 (6-50), 并从时间 t_i 到 t_f 积分方程的两端。质量协态的初始值表示为 $p_m(t_i) = p_m^g$, 根据方程 (6-22), 质量协态末端值为 $p_m(t_f) = 0$, 从而可以求解获得正向转移和负向转移的质量协态初值 p_m^g:

$$p_m^g = \frac{Ta_s|p_a^g|}{v_s k_2}\begin{Bmatrix} [1+k_2 t_a]\sqrt{k_1^2+(1+k_2 t_a)^2} \\ +k_1^2 \ln[1+k_2 t_a + \sqrt{k_1^2+(1+k_2 t_a)^2}] \\ -[\sqrt{k_1^2+1}+k_1^2\ln(1+\sqrt{k_1^2+1})] \end{Bmatrix} \quad (6-51)$$

其中, $k_1 = p_\lambda^g/(a_s p_a^g)$ 和 $k_2 = (3p_\lambda^g)\sqrt{\mu_e/a_s^5}/(2p_a^g)$。

值得注意的是, 在估计协态 p_a、p_λ 和 p_m 的初值时忽略了包含赤经 l 的短周期项, 由于以上微分方程右侧的短周期项为协态 p_{e_x} 或 p_{e_y} 与卫星赤经 l 的正余弦函数, 对微分方程进行积分可以将这些短周期项平均掉, 所以以上忽略是合理的。

本节提出的协态初值估计方法可以产生半长轴、经度和质量的初始协态近似解，虽然偏心率矢量协态初值的猜测值仍未获得，但本节提出的方法可以将未知协态初值的数量由 5 个降为两个，如 6.1.3 节的数值仿真所示，这可以大幅度地减少打靶过程中的迭代次数并提高打靶过程的鲁棒性。

6.1.3 案例分析

本节所有的数值仿真均在处理器频率为 3.4 GHz 和内存为 8.0 GB 的台式机上处理，MATLAB® 的 fsolve 函数用于求解两点边值问题，fsolve 的求解器为默认求解器，其选项除"Jacobian"外均为默认选项，此处 Jacobian 矩阵利用解析积分获得。变步长七阶八级 Runge – Kutta 方法将用于同时数值积分方程（6 – 20）和方程（6 – 30），积分过程中的相对误差和绝对误差均设为 10^{-14}。

1. 解析协态初值估计

本节的数值仿真算例包括正向和负向定点位置变化，经度变化从 10°到 180°，时间最优调相卫星以及推力器的参数如表 6 – 1 所示，三种场景的卫星初始质量分别为 1 000 kg、1 500 kg 和 2 000 kg，初始时间取为 $t_i = 0$。

表 6 – 1 时间最优调相卫星以及推力器的参数

参数	数值
推力大小 T/mN	80
比冲 I_{sp}/s	3 800
卫星初始质量 m_0/kg	场景一：1 000
	场景二：1 500
	场景三：2 000

表 6 – 2 为正向和负向定点位置变化的轨道参数，除了初始经度和末端经度外，正向转移和负向转移的初始轨道参数与末端轨道参数相同，每一轨道转移的经度改变量为 $10°k$，$k \in \{1,2,\cdots 17,18\}$。

表6-2 正向和负向定点位置变化的轨道参数

轨道要素	初始值	末端值
半长轴，R_E	6.618	6.618
经度（正向转移）/(°)	0	$10k$
经度（负向转移）/(°)	$10k$	0
偏心率矢量	[0　0]	[0　0]
格林尼治恒星时/(°)	0	—

为了充分展示验证6.1.2节提出的解析协态初值估计方法的有效性，此处比较两种协态初值初始化方法。第一种初始化方法，半长轴、经度和质量的协态初值利用本节提出的解析协态初值估计方法确定，在第一次打靶求解时，偏心率矢量的协态初值均取为零，如果打靶求解不收敛，偏心率矢量的初始协态重置为正态分布随机数重新打靶求解，直到打靶过程收敛，正态分布随机数的平均值为零、方差为$|p_A^g|^2$；第二种初始化方法，半长轴、经度、质量以及偏心率的协态均由基于随机猜测的协态初值齐次化方法产生，并利用初始条件$p_m(t_i) \geq 0$。这两种协态初始化方法的终端时间均由切向控制方法获得，以上两种方法均运行100次的蒙特卡洛仿真。

表6-3为需要重置偏心率矢量协态初值才能收敛的算例；图6-1为使用解析协态初值估计方法的偏心率矢量协态初值平均重置次数。在数值仿真的108个算例中，仅9个算例需要重置偏心率矢量的协态初值才能获得收敛解，大多数需要重置偏心率矢量协态初值的算例重置协态初值的平均次数小于2。而对于采用随机协态初值的算例，图6-2表明，每个算例都需要重置协态初值才能获得收敛解，而且每种场景的协态初值的重置次数均大于利用本节提出的解析协态初值估计方法的重置次数。

表6-3 需要重置偏心率矢量协态初值才能收敛的算例

卫星质量/kg	方向	经度改变量/(°)	次数
1 500	正向	10	1.53
1 000	负向	30	5.09

续表

卫星质量/kg	方向	经度改变量/(°)	次数
1 000	负向	50	1.20
1 500	负向	10	1.64
1 500	负向	20	6.30
1 500	负向	50	1.22
1 500	负向	70	1.12
2 000	负向	70	1.11
2 000	负向	90	1.08

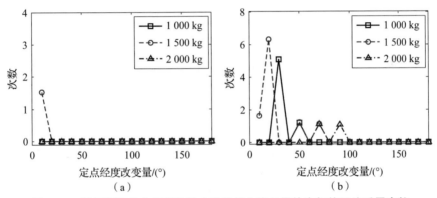

图 6-1　使用解析协态初值估计方法的偏心率矢量协态初值平均重置次数

(a) 正向转移；(b) 负向转移

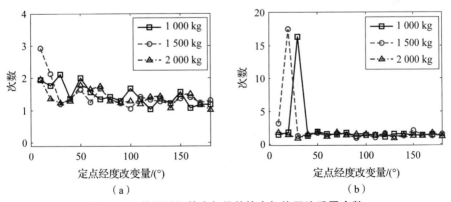

图 6-2　使用随机协态初值的协态初值平均重置次数

(a) 正向转移；(b) 负向转移

图 6-3 为使用解析协态初值估计方法的平均迭代次数,在大多数算例中平均迭代次数小于 10;最大平均迭代次数小于 300。图 6-4 为使用随机协态初值的平均迭代次数,在大多数算例中平均迭代次数均大于 100;最大平均迭代次数大于 1 000。所以利用解析协态初值估计方法,大多数算例的平均迭代次数从大于 100 降到小于 10。

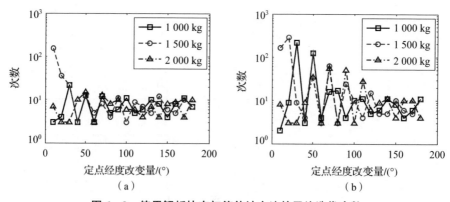

图 6-3 使用解析协态初值估计方法的平均迭代次数

(a) 正向转移;(b) 负向转移

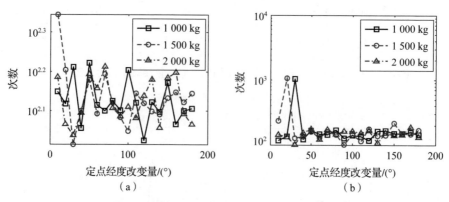

图 6-4 使用随机协态初值的平均迭代次数

(a) 正向转移;(b) 负向转移

图 6-5 为使用解析协态初值估计方法的平均运行时间,大多数算例中 CPU (中央处理器) 运行时间大约为 1 s;最大的平均运行时间小于 30 s。图 6-6 为使用随机协态初值的平均运行时间,大多数算例中 CPU 运行时间大约为 10 s;最长的平均运行时间大约为 200 s。所以利用解析协态初值估计方法,大多数算例

的平均运行时间从长于 10 s 降到短于 1 s。

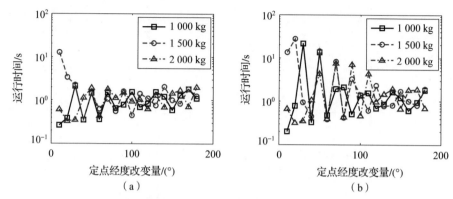

图 6-5 使用解析协态初值估计方法的平均运行时间

(a) 正向转移；(b) 负向转移

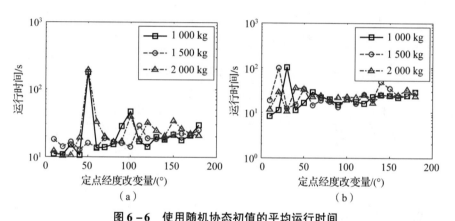

图 6-6 使用随机协态初值的平均运行时间

(a) 正向转移；(b) 负向转移

蒙特卡洛数值仿真表明，采用解析协态初值估计方法可以大幅地减少打靶过程中的迭代次数并缩短运行时间。

图 6-7 给出了最优控制、解析协态估计以及简单横向推力控制的飞行时间与定点经度改变量的关系，每一种定点经度改变场景，最优控制需要的时间几乎等于解析估计和简单横向控制的飞行时间，这表明相对于简单横向控制，最优控制在不增加时间消耗的基础上，可以实现终端偏心率的匹配。

图 6-8 为采用横向控制的偏心率矢量终值，偏心率终值的最小值接近于零，此时，位置调整过程中的总飞行圈数接近偶数，但是，偏心率的最大值接

近于 3×10^{-3},说明了研究考虑偏心率终值匹配的最优控制的必要性。

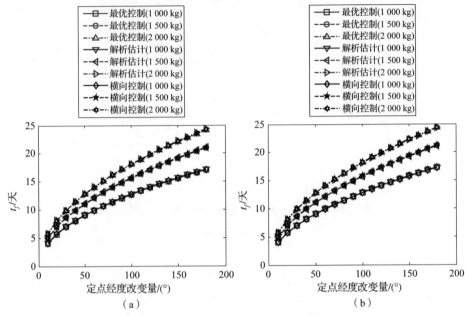

图 6-7 飞行时间与定点经度改变量的关系

(a) 正向转移;(b) 负向转移

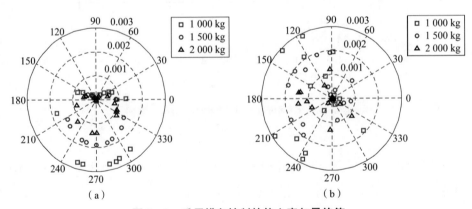

图 6-8 采用横向控制的偏心率矢量终值

(a) 正向转移;(b) 负向转移

图 6-9、图 6-10 和图 6-11 分别为最优控制和解析协态估计的半长轴协态初值、经度协态初值和质量协态初值与定点经度改变量的关系。最优控制的协态初值与本节提出的解析协态初值估计方法获得的协态初值估计值匹配良好,表明了本节提出的协态初值估计方法的有效性。

第 6 章 航天器交会轨道转移优化问题

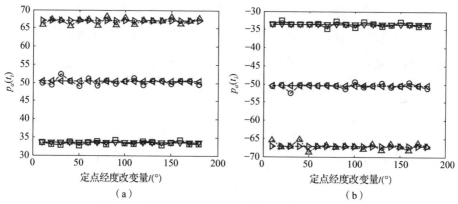

图 6-9 半长轴协态初值与定点经度改变量的关系

(a) 正向转移；(b) 负向转移

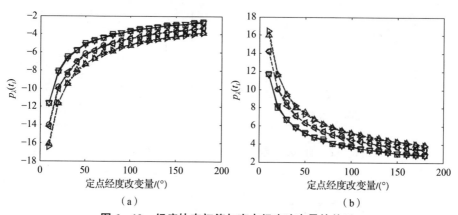

图 6-10 经度协态初值与定点经度改变量的关系

(a) 正向转移；(b) 负向转移

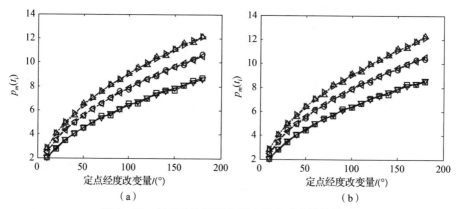

图 6-11 质量协态初值与定点经度改变量的关系

(a) 正向转移；(b) 负向转移

图 6-12 为最优控制的偏心率矢量的协态初值与定点经度改变量的关系，比较图 6-9 和图 6-12 可以发现，每一种定点经度改变场景最优转移的偏心率矢量的协态初值相对于半长轴的协态初值较小，这可以为 6.1.2 节协态初值估计过程忽略包含偏心率矢量协态的项提供另一个支撑依据。

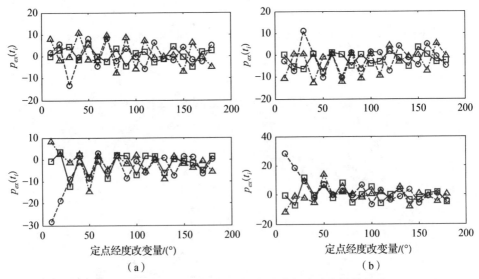

图 6-12　偏心率矢量协态初值与定点经度改变量的关系
(a) 正向转移；(b) 负向转移

2. 时间最优静止轨道调相

为了表明最优控制策略相对于简单横向控制策略的优势，本节将展示正向以及负向调相最优控制和简单横向控制的轨道时间历程。本节的卫星初始质量为 1 500 kg，定点经度改变量为 50°。表 6-1 和表 6-2 分别提供了卫星和轨道的参数，本节的初始参数对应表 6-1 的场景一和表 6-2 的 $k=5$。

图 6-13、图 6-14 和图 6-15 分别给出了时间最优控制和简单横向控制的半长轴、经度和偏心率矢量的时间历程，时间最优控制的半长轴、经度和偏心率的终值与表 6-2 中给出的终端目标值相同。最优控制的半长轴和经度相对于时间的变化趋势与简单横向控制的类似，对于正向（负向）定点位置调整，半长轴相对于时间以接近线性的趋势首先减小（增大），然后增大（减小），变化趋势的转折点为总转移时间的中点。最优控制的偏心率矢量终值均为零，但是对于简单横向推力控制策略，偏心率矢量终值不一定为零。

第 6 章 航天器交会轨道转移优化问题

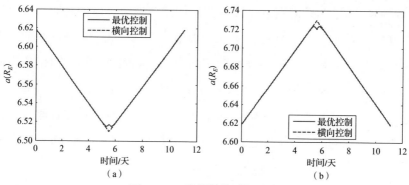

图 6 – 13 半长轴的时间历程

（a）正向转移；（b）负向转移

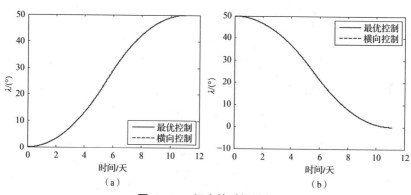

图 6 – 14 经度的时间历程

（a）正向转移；（b）负向转移

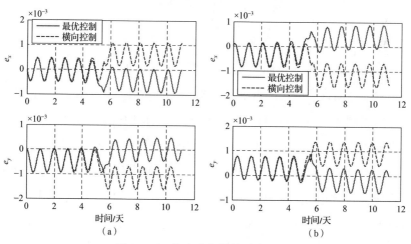

图 6 – 15 偏心率矢量的时间历程

（a）正向转移；（b）负向转移

图 6 - 16（a）为正向定点位置调整最优控制推力分量的时间历程，最优控制的推力几乎首先施加在负横向，然后施加在正横向。由于向里的径向力可以导致经度发生正向改变[107]，在总飞行时间的中点时刻附近，当推力由负横向逐渐转变为正横向时，推力的径向分量是向里指向地球的，这一趋势可以通过观察方程（6 - 4）获得。另外，可以推测，对于时间最优负向定点位置改变，在横向推力改变方向时，径向推力肯定是指向径向外侧的，图 6 - 16（b）提供的负向定点位置改变最优控制推力分量的时间历程，正好符合这一推测。

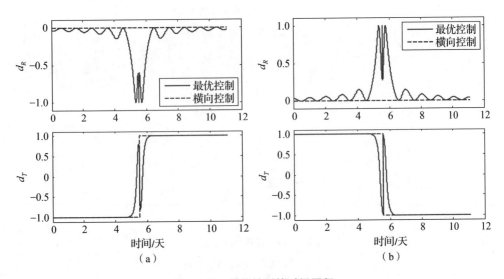

图 6 - 16 最优控制的时间历程
(a) 正向转移；(b) 负向转移

对于时间最优正向（负向）定点位置改变，在横向推力改变方向的飞行时间中点时刻，径向推力的指向由定点位置改变的方向决定。对于正向转移，径向推力是指向里侧的；对于负向转移，径向推力是指向外侧的。由于 Titus 研究的运动方程建立在极坐标系下，这一结论在 Titus 的研究中并未得到[60]。

图 6 - 17 和图 6 - 18 分别给出了最优控制的半长轴协态和经度协态的时间历程，在定点位置改变过程中，经度协态改变较小，半长轴协态几乎相对于时间线性变化，这与 6.1.2 节获得方程（6 - 42）和方程（6 - 43）的解析结果一致。

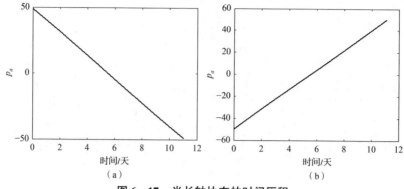

图 6-17　半长轴协态的时间历程

（a）正向转移；（b）负向转移

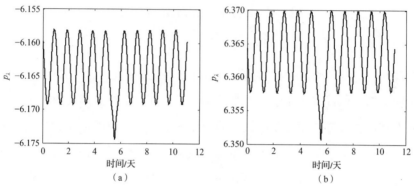

图 6-18　经度协态的时间历程

（a）正向转移；（b）负向转移

图 6-19 和图 6-20 分别为质量协态和 Hamiltonian 函数的时间历程，质量协态和 Hamiltonian 函数的终值均为零，满足方程（6-15）和方程（6-21）给出的横向条件，所以获得的定点位置调整是时间最优的。

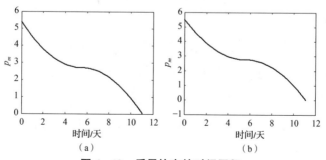

图 6-19　质量协态的时间历程

（a）正向转移；（b）负向转移

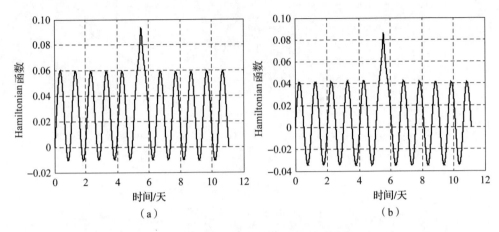

图 6-20 Hamiltonian 函数的时间历程

(a) 正向转移；(b) 负向转移

本节研究了基于小推力的时间最优静止轨道卫星定点位置调整，并提出了一种解析协态初值估计方法用于获得半长轴、经度和质量的协态初值，本节提出的解析协态初值估计方法相对于随机猜测协态初值可以大幅度地减少迭代次数、缩短收敛时间。虽然本节提出的解析协态初值估计方法仅可以估计出 5 个协态中的 3 个，但应用本节提出的方法获得的协态初值，打靶求解过程仍能够快速收敛，这是由于推力方向主要由半长轴和经度的协态确定，本节正是利用这一原理估计了半长轴和经度的协态初值。

除了半长轴和经度外，时间最优控制策略也可以将偏心率矢量控制到目标值，相对于不控制偏心率矢量终值的简单横向推力控制策略，时间最优控制策略不增加总飞行时间。简单横向控制的偏心率终值也可以接近于零，但是需要轨道转移的圈数接近于偶数。

为了使偏心率终值为零，定点经度改变过程中最优控制的径向分量不再是零，最优控制的径向分量的方向由定点位置改变的方向决定。由于径向向里（向外）的推力可以造成正向（负向）的经度改变，对于时间最优定点位置改变，在横向推力分量改变方向时，正向定点位置调整的径向分量指向里侧；负向定点位置调整的径向分量指向外侧。

6.2 考虑 GEO 主摄动的小推力燃料最优轨道调相

6.1.1 节研究了时间最优的静止轨道调相,当任务给定的静止轨道调相飞行时间足够长时,可以通过增加滑行段,获得燃料消耗减少与转移时间增加之间的平衡,以进一步减少燃料消耗[108]。以电推进、离子推进作为推进系统的静止轨道卫星,由于星载的电源电量有限,星上需要搭载面积较大的太阳帆板以提供推进系统所需要的电能;另外,由于静止轨道燃料最优调相可能需要较长的飞行时间,所以除了地球三轴性和日月第三体引力摄动外,还需要考虑较大面质比的太阳光压在长时间飞行过程中对静止轨道调相终端边界的影响。

对于低地球轨道到静止轨道的转移,燃料最优的小推力转移和脉冲转移具备较强的内在关联,脉冲转移的燃料消耗可以被视为小推力转移随飞行时间增长的极限[69]。考虑地球三轴性和日月第三体引力摄动的总速度增量最小脉冲转移的经度漂移率大约为 1 天,考虑主摄动的燃料最优小推力定点位置调整的经度漂移率是否接近此值,以及考虑主摄动的静止轨道定点位置调整的燃料最优小推力转移和脉冲转移之间的关系也是本节需要研究的问题。

本节的研究主要侧重于飞行时间较长(如几十天)的燃料最优静止轨道定点位置调整,所以本节忽略了周期为 1/2 天的短周期项摄动效应,仅考虑 GEO 主摄动导致的长周期项和长期项漂移,包括地球三轴性导致的半长轴和经度的漂移、日月第三体引力摄动导致的轨道倾角矢量漂移以及太阳光压导致的偏心率矢量漂移[109]。

本节的目的是,在考虑 GEO 主摄动的情况下,研究小推力静止轨道定点位置调整燃料最优问题。建立了考虑 GEO 主摄动的静止轨道转移模型,推导了地球三轴性、日月第三体引力摄动和太阳光压等 GEO 主摄动在长时间轨道转移过程中导致的轨道改变,并将该改变量加入终端条件建立高精度交会调相模型。利用庞特里亚金极大值原理建立了考虑 GEO 主摄动的小推力燃料最优静止轨道定点位置调整模型,综合利用同伦方法、初始协态齐次化方法、解析计算 Jacobian 矩阵以及推力开关函数检测方法求解间接优化方法对应的两点边值问题,快速地获得燃料最优问题的解。最后,对比了不同调相时间的小推力燃料最优转移和脉冲最优转移的燃料消耗,获得了小推力最优转移和脉冲最优转移之间的关系。

6.2.1 考虑 GEO 主摄动的静止轨道模型

本节研究考虑地球三轴性、日月第三体引力摄动和太阳光压的小推力燃料最优静止轨道调相,所以需要推导以上静止轨道主摄动对静止轨道调相终端边界的影响。

1. 无奇点轨道要素

当施加小推力时,基于静止轨道无奇点轨道要素[110]的运动方程如下[111-112]:

$$\begin{cases} \dfrac{\mathrm{d}a}{\mathrm{d}t} = 2a\dfrac{uT}{mv}d_T \\ \dfrac{\mathrm{d}\lambda}{\mathrm{d}t} = n - \Omega_E - 2\dfrac{uT}{mv}d_R \\ \dfrac{\mathrm{d}e_x}{\mathrm{d}t} = \dfrac{uT}{mv}[2\cos(l)d_T + \sin(l)d_R] \\ \dfrac{\mathrm{d}e_y}{\mathrm{d}t} = \dfrac{uT}{mv}[2\sin(l)d_T - \cos(l)d_R] \\ \dfrac{\mathrm{d}i_x}{\mathrm{d}t} = \dfrac{uT}{mv}\cos(l)d_N \\ \dfrac{\mathrm{d}i_y}{\mathrm{d}t} = \dfrac{uT}{mv}\sin(l)d_N \end{cases} \quad (6-52)$$

其中,v 为近圆轨道的速度,$v = na$,n 为平均角速度;Ω_E 为地球自转角速度;l 为卫星的赤经,$l = \Omega + \omega + M$;m 为卫星的质量;u 为推力幅值比,$u \in [0,1]$;T 为推力幅值;d_R、d_T 和 d_N 分别为推力方向单位矢量沿径向、横向以及法向的分量。

运动方程(6-52)可以描述成状态空间的形式:

$$\dot{x} = \dfrac{uT}{mv}Ad + B \quad (6-53)$$

其中,$x = \begin{bmatrix} a \\ \lambda \\ e_x \\ e_y \\ i_x \\ i_y \end{bmatrix}$,$A = \begin{bmatrix} 0 & 2a & 0 \\ -2 & 0 & 0 \\ s_l & 2c_l & 0 \\ -c_l & 2s_l & 0 \\ 0 & 0 & c_l \\ 0 & 0 & s_l \end{bmatrix}$,$B = \begin{bmatrix} 0 \\ n - \Omega_E \\ 0 \\ 0 \\ 0 \\ 0 \end{bmatrix}$,$d = \begin{bmatrix} d_R \\ d_T \\ d_N \end{bmatrix}$ 和 $\begin{cases} s_l = \sin(l) \\ c_l = \cos(l) \end{cases}$。

质量的微分方程为

$$\dot{m} = -\frac{uT}{I_{sp}g_0} \tag{6-54}$$

其中，I_{sp} 为推力器比冲；g_0 为海平面的重力加速度。

2. 地球三轴性导致的半长轴和经度变化

在长时间静止轨道定点位置调整的过程中，卫星半长轴和经度漂移率的变化主要由地球三轴性造成，特别是田谐项摄动。

考虑 J_{22} 摄动的半长轴和经度二阶解是（推导过程见 6.3.2 节）

$$a = \bar{a} + \frac{6J_{22}}{\varpi}R_{eq}^2\sqrt{\frac{\mu_e}{\bar{a}^5}}\cos[2(\bar{\lambda}-\lambda_{22})] + O(J_{22}^2)$$
$$\lambda = \bar{\lambda} + \frac{9J_{22}}{2\varpi}R_{eq}^2\sqrt{\frac{\mu_e}{\bar{a}^5}}\left(\frac{2}{\bar{a}} - \frac{1}{\varpi}\sqrt{\frac{\mu_e}{a_c^5}}\right)\sin[2(\bar{\lambda}-\lambda_{22})] + O(J_{22}^2) \tag{6-55}$$

$$\frac{d\bar{a}}{dt} = 0 + O(J_{22}^3)$$
$$\frac{d\bar{\lambda}}{dt} = \varpi + O(J_{22}^3) \tag{6-56}$$

其中，$\bar{a}$、$\bar{\lambda}$ 分别为 a 和 λ 的平均值；R_{eq} 为地球赤道平均半径；J_{22}、λ_{22} 分别为地球引力场二阶二次的田谐项系数和角度；a_c 为考虑 J_2 摄动的静止轨道半长轴；ϖ 为由 $\bar{a}$ 决定的常数：

$$\varpi = -\frac{3}{2}\sqrt{\frac{\mu_e}{a_c^5}}(\bar{a} - a_c) \tag{6-57}$$

本节将采用解析方法求解半长轴和经度变化的近似表达式。根据式（6-55），初始时刻和末端时刻的经度 λ_i 和 λ_f 可以分别表示为

$$\lambda_i = \bar{\lambda}_i + \frac{9J_{22}}{2\varpi}R_{eq}^2\sqrt{\frac{\mu_e}{\bar{a}^5}}\left(\frac{2}{\bar{a}} - \frac{1}{\varpi}\sqrt{\frac{\mu_e}{a_c^5}}\right)\sin[2(\bar{\lambda}_i-\lambda_{22})] + O(J_{22}^2)$$
$$\lambda_f = \bar{\lambda}_f + \frac{9J_{22}}{2\varpi}R_{eq}^2\sqrt{\frac{\mu_e}{\bar{a}^5}}\left(\frac{2}{\bar{a}} - \frac{1}{\varpi}\sqrt{\frac{\mu_e}{a_c^5}}\right)\sin[2(\bar{\lambda}_f-\lambda_{22})] + O(J_{22}^2) \tag{6-58}$$

其中，$\bar{\lambda}_i$ 和 $\bar{\lambda}_f$ 代表平均值 $\bar{\lambda}$ 在初始时刻和末端时刻的值。

利用式（6-55），可以获得第一次横向脉冲机动后和最后一次横向脉冲机动

前的半长轴，分别用 a_i 和 a_f 代表：

$$a_i = \bar{a} + \frac{6J_{22}}{\varpi}R_{eq}^2\sqrt{\frac{\mu_e}{\bar{a}^5}}\cos[2(\bar{\lambda}_i - \lambda_{22})] + O(J_{22}^2) \approx \bar{a} + \frac{6J_{22}}{\varpi}R_{eq}^2\sqrt{\frac{\mu_e}{\bar{a}^5}}\cos[2(\lambda_i - \lambda_{22})]$$

$$a_f = \bar{a} + \frac{6J_{22}}{\varpi}R_{eq}^2\sqrt{\frac{\mu_e}{\bar{a}^5}}\cos[2(\bar{\lambda}_f - \lambda_{22})] + O(J_{22}^2) \approx \bar{a} + \frac{6J_{22}}{\varpi}R_{eq}^2\sqrt{\frac{\mu_e}{\bar{a}^5}}\cos[2(\lambda_f - \lambda_{22})]$$

$$(6-59)$$

在静止轨道卫星定点位置调整的过程中，经度改变的表达式可以利用式（6-58）获得：

$$\Delta\lambda = \Delta\bar{\lambda} + \frac{9J_{22}}{\varpi}R_{eq}^2\sqrt{\frac{\mu_e}{\bar{a}^5}}\left(\frac{1}{\bar{a}} - \frac{1}{2\varpi}\sqrt{\frac{\mu_e}{a_c^5}}\right)\{\sin[2(\bar{\lambda}_f - \lambda_{22})] - \sin[2(\bar{\lambda}_i - \lambda_{22})]\}$$

$$(6-60)$$

其中，$\Delta\bar{\lambda} = \bar{\lambda}_f - \bar{\lambda}_i$，根据方程（6-56）、方程（6-57）、方程（6-59），可以得到：

$$\Delta\bar{\lambda} = \varpi\Delta t = -\frac{3}{2}\sqrt{\frac{\mu_e}{a_c^5}}(\bar{a} - a_c)\Delta t$$

$$= -\frac{3}{2}\sqrt{\frac{\mu_e}{a_c^5}}(a_i - a_c)\Delta t + 9\sqrt{\frac{\mu_e}{a_c^5}}\left(\frac{J_{22}}{\varpi}R_{eq}^2\sqrt{\frac{\mu_e}{\bar{a}^5}}\cos[2(\lambda_i - \lambda_{22})]\right)\Delta t$$

$$(6-61)$$

在长时间轨道转移过程中，J_{22} 摄动导致的经度改变量相对于总经度改变量较小，因此可以做以下近似：$\bar{\lambda}_i \approx \lambda_i$、$\bar{\lambda}_f \approx \lambda_f$，$\bar{a} \approx a_c$ 和 $\varpi \approx \Delta\lambda/\Delta t$，从而在定点位置调整的过程中，$J_{22}$ 项摄动导致的经度改变量为

$$\Delta\lambda_p = \Delta\lambda - \left[-\frac{3}{2}\sqrt{\frac{\mu_e}{a_c^5}}(a_i - a_c)\Delta t\right]$$

$$\approx 9\sqrt{\frac{\mu_e}{a_c^5}}\frac{J_{22}\Delta t}{\Delta\lambda}R_{eq}^2\sqrt{\frac{\mu_e}{a_c^5}}g_c(\lambda_i)\Delta t + \frac{9J_{22}\Delta t}{\Delta\lambda}R_{eq}^2\sqrt{\frac{\mu_e}{a_c^5}}\left(\frac{1}{a_c} - \frac{\Delta t}{2\Delta\lambda}\sqrt{\frac{\mu_e}{a_c^5}}\right)[g_s(\lambda_f) - g_s(\lambda_i)]$$

$$(6-62)$$

其中，$g_c(\lambda) = \cos[2(\lambda - \lambda_{22})]$。

J_{22} 项摄动导致的半长轴改变量为

$$\Delta a_p = a_f - a_i \approx \frac{6J_{22}\Delta t}{\Delta \lambda} R_{eq}^2 \sqrt{\frac{\mu_e}{a_c^5}} [\, g_c(\lambda_f) - g_c(\lambda_i)\,] \qquad (6-63)$$

在推导方程 (6-62)、(6-63) 的过程中，由于令 λ_i、λ_f 和 a_c 分别取代 $\bar{\lambda}_i$、$\bar{\lambda}_f$ 和 $\bar{a}$，所以方程 (6-62)、(6-63) 是近似表达式。由于长时间静止轨道定点位置调整的过程中，J_{22} 摄动导致的经度改变量相对于总经度改变量仍然较小，而且在轨道转移的过程中，摄动导致的半长轴改变量较小，所以以上假设是合理的。

迭代田谐项修正和近似解析田谐项修正以及无田谐项修正的地理经度时间历程如图 6-21 所示，各转移区间的转移时间均为 100 天，使用迭代法和近似解析法的 J_{22} 修正的终端经度误差如表 6-4 所示，其中，J_{22} 修正包括两种方法，两种方法都可以大幅地降低终端误差，近似解析 J_{22} 修正可以获得与迭代法 J_{22} 修正量级相同的转移精度。

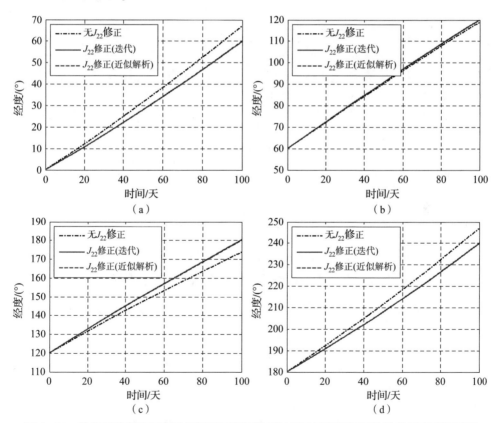

图 6-21 迭代田谐项修正和近似解析田谐项修正以及无田谐项修正的地理经度时间历程
(a) 0°到60°；(b) 60°到120°；(c) 120°到180°；(d) 180°到240°；

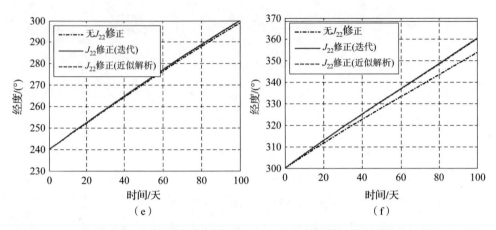

图 6-21 迭代田谐项修正和近似解析田谐项修正以及无田谐项修正的地理经度时间历程（续）

(e) 240°到300°；(f) 300°到360°

表 6-4 使用迭代法和近似解析法的 J_{22} 修正的终端经度误差 　　单位：(°)

λ_i	λ_f	无修正	迭代	近似解析
0	60	6.947 7	-0.180 4	-0.035 9
60	120	-1.157 5	-0.022 9	-0.125 1
120	180	-6.196 8	0.385 7	0.116 2
180	240	6.947 7	-0.180 4	-0.035 9
240	300	-1.157 5	-0.022 9	-0.125 1
300	360	-6.196 8	0.385 7	0.116 2

3. 日月第三体引力导致的轨道倾角矢量改变量

在静止轨道定点位置调整过程中轨道倾角漂移主要由日月第三体引力摄动造成，轨道倾角矢量的长期项和长周期项改变量将在6.3.3节推导，总轨道倾角矢量改变量由长期项和长周期项的总和组成：

$$\Delta i_{xp} = \Delta i_{xs}^{(\text{sec})} + \Delta i_{xs}^{(\text{per})} + \Delta i_{xm}^{(\text{sec})} + \Delta i_{xm}^{(\text{per})} \\ \Delta i_{yp} = \Delta i_{ys}^{(\text{sec})} + \Delta i_{ys}^{(\text{per})} + \Delta i_{ym}^{(\text{sec})} + \Delta i_{ym}^{(\text{per})}$$

(6-64)

其中，$\Delta i_{xs}^{(\text{sec})}$、$\Delta i_{ys}^{(\text{sec})}$、$\Delta i_{xs}^{(\text{per})}$ 和 $\Delta i_{ys}^{(\text{per})}$ 分别为太阳导致的长期项和长周期项轨道倾角漂移；

$$\Delta i_{xs}^{(\text{sec})} = 0$$

$$\Delta i_{ys}^{(\text{sec})} = \frac{3}{8}\frac{n_s^2}{n}(\sin 2i_s)\Delta t \tag{6-65}$$

$$\Delta i_{xs}^{(\text{per})} = \frac{3}{8}\frac{n_s}{n}[\sin i_s(\cos 2u_{s0} - \cos 2u_{s1})]$$

$$\Delta i_{ys}^{(\text{per})} = \frac{3}{16}\frac{n_s}{n}[\sin 2i_s(\sin 2u_{s0} - \sin 2u_{s1})] \tag{6-66}$$

$\Delta i_{xm}^{(\text{sec})}$、$\Delta i_{ym}^{(\text{sec})}$、$\Delta i_{xm}^{(\text{per})}$ 和 $\Delta i_{ym}^{(\text{per})}$ 分别为月球导致的长期项和长周期项的轨道倾角漂移。

$$\Delta i_{xm}^{(\text{sec})} = \frac{3}{8}\frac{\eta n_m^2}{n}(-\sin\Omega_m\sin 2i_m)\Delta t$$

$$\Delta i_{ym}^{(\text{sec})} = \frac{3}{8}\frac{\eta n_m^2}{n}(\cos\Omega_m\sin 2i_m)\Delta t \tag{6-67}$$

$$\Delta i_{xm}^{(\text{per})} = \frac{3}{8}\frac{\eta n_m}{n}\begin{bmatrix} -\sin i_m\cos\Omega_m(\cos 2u_{m1} - \cos 2u_{m0}) \\ +\frac{1}{2}\sin 2i_m\sin\Omega_m(\sin 2u_{m1} - \sin 2u_{m0}) \end{bmatrix}$$

$$\Delta i_{ym}^{(\text{per})} = \frac{3}{8}\frac{\eta n_m}{n}\begin{bmatrix} -\sin i_m\sin\Omega_m(\cos 2u_{m1} - \cos 2u_{m0}) \\ -\frac{1}{2}\sin 2i_m\cos\Omega_m(\sin 2u_{m1} - \sin 2u_{m0}) \end{bmatrix} \tag{6-68}$$

其中，$\eta = \mu_m/(\mu_m + \mu_e)$，下标 s 和 m 分别代表太阳和月球；u_{s0} 和 u_{s1} 分别代表太阳的纬度幅角 u_s 在定点位置调整的初始时刻和末端时刻的值，$u_{s1} = u_{s0} + \sqrt{\mu_s/r_s^3}(t_f - t_0)$；与之类似，$u_{m0}$ 和 u_{m1} 分别代表月球的纬度幅角 u_m 在定点位置调整的初始时刻和末端时刻的值，$u_{m1} = u_{m0} + \sqrt{(\mu_e + \mu_m)/r_m^3}\Delta t$。

4. 太阳光压导致的偏心率矢量改变量

太阳光压导致的偏心率矢量的微分方程为[111,112]

$$\frac{\text{d}e_x}{\text{d}t} = -\frac{3}{2}\frac{1}{na}C_r\left(\frac{S}{m}\right)P_r\cos i_s\sin u_s$$

$$\frac{\text{d}e_y}{\text{d}t} = \frac{3}{2}\frac{1}{na}C_r\left(\frac{S}{m}\right)P_r\cos u_s \tag{6-69}$$

其中，C_r 为光压系数，与卫星表面材料、形状等性质有关（取值在 1～2 之间[113],本节取 1.5);P_r 为太阳光压强度,单位面积的阳光辐射功率与光速的比值,取阳光单位面积的平均辐射功率为 1.4 kW/m^2,得太阳光压强度 $P = 4.65 \times 10^{-6} \text{ N/m}^2$;$S$ 为垂直于太阳光的卫星截面积;m 为卫星的质量。

利用方程式 $du_s/dt = n_s$,式 (6-69) 的自变量 t 可以替换为 u_s:

$$\frac{de_x}{du_s} = -\frac{3}{2n_s}\frac{1}{na}C_r\left(\frac{S}{m}\right)P_r\cos i_s \sin u_s$$
$$\frac{de_y}{du_s} = \frac{3}{2n_s}\frac{1}{na}C_r\left(\frac{S}{m}\right)P_r\cos u_s \tag{6-70}$$

将方程 (6-70) 相对于纬度幅角 u_s 积分,可以获得太阳光压导致的偏心率矢量在时间区间 Δt 的改变量:

$$\Delta e_{xp} = R_r \cos i_s [\cos(u_{sf}) - \cos(u_{si})]$$
$$\Delta e_{yp} = R_r [\sin(u_{sf}) - \sin(u_{si})] \tag{6-71}$$

其中,$R_r = \frac{3}{2n_s}\frac{1}{na}C_r\left(\frac{S}{m}\right)P_r$。

6.2.2 燃料最优问题建模

本节利用庞特里亚金极大值原理(即间接优化方法)建立燃料最优静止轨道定点位置调整模型,确定最优控制律。利用间接优化法求解优化问题涉及求解两点边值问题。本节的优化问题将考虑 6.2.1 节获得的地球三轴性、日月第三体引力摄动和太阳光压对交会边界条件的影响,以获得较高精度的小推力交会。

1. 燃料最优问题

燃料最优问题的目标是燃料消耗最小化:

$$J_f = \frac{p_0 T}{I_{sp}g_0}\int_{t_i}^{t_f} u \, dt \tag{6-72}$$

其中,p_0 是正系数,用于满足齐次化条件以有效地估计初始协态矢量,它不会改变优化问题的性质[70]。

结合同伦方法的打靶法是求解小推力燃料最优轨道转移问题的一个良好方法,根据同伦方法原则,目标函数 [方程 (6-72)] 可以改写为如下形式[68]:

$$J_f = \frac{p_0 T}{I_{sp}g_0}\int_{t_i}^{t_f}[(1-\varepsilon)u + \varepsilon u^2]dt, \quad \varepsilon \in [0,1] \tag{6-73}$$

当 $\varepsilon=0$ 时，上述优化问题是燃料优化问题；当 $\varepsilon=1$ 时，上述优化问题是能量最优问题。能量最优问题相对容易求解，首先求解 $\varepsilon=1$ 对应的能量最优问题，并将参数 ε 从 1 逐渐减小到 0，并将上一循环最优控制的协态初值解作为下一循环的初值，从而最终可以获得 $\varepsilon=0$ 对应的燃料最优解。

对于一个实际的静止轨道定点位置调整任务，质量、半长轴、经度、偏心率和轨道倾角的初始值以及半长轴、经度、偏心率和轨道倾角的末端值为固定值，也就是说，考虑静止轨道主摄动静止轨道定点位置调整必须满足以下边界约束：

$$\begin{cases} a(t_i) - a_p = 0, \ \lambda(t_i) - \lambda_i = 0 \\ e_x(t_i) = 0, \ e_y(t_i) = 0 \\ i_x(t_i) = 0, \ i_y(t_i) = 0 \\ m(t_i) - 1 = 0 \end{cases} \quad (6-74)$$

$$\begin{cases} a(t_f) + \Delta a_p - a_p = 0, \ \lambda(t_f) + \Delta \lambda_p - \lambda_f = 0 \\ e_x(t_f) + \Delta e_{xp} = 0, \ e_y(t_f) + \Delta e_{yp} = 0 \\ i_x(t_f) + \Delta i_{xp} = 0, \ i_y(t_f) + \Delta i_{yp} = 0 \end{cases} \quad (6-75)$$

其中，a_p 为考虑地球非球形摄动和日月引力摄动的静止轨道半长轴，a_p = 42 165.7 km；λ_i 和 λ_f 分别为定点位置调整任务的初始经度和末端经度；Δa_p 和 $\Delta \lambda_p$ 分别为转移过程中地球三轴性导致的半长轴和经度改变量；Δe_{xp} 和 Δe_{yp} 为太阳光压导致的偏心率矢量改变量的两个分量；Δi_{xp} 和 Δi_{yp} 为日月第三体引力摄动导致的轨道倾角矢量改变量的两个分量。6.2.1 节已经获得了地球三轴性、太阳光压和日月引力摄动导致的半长轴、经度、偏心率矢量和轨道倾角矢量改变的表达式，为了计算方便，对距离、质量和时间进行无量纲化，其计量单位分别为地球平均半径（R_E = 6 371.004 km）、航天器初始质量和一天。

燃料最优问题的 Hamiltonian 函数是

$$H = \frac{uT}{mv} \boldsymbol{p}_x^{\mathrm{T}} \boldsymbol{A}\boldsymbol{d} + \boldsymbol{p}_x^{\mathrm{T}} \boldsymbol{B} - p_m \frac{uT}{I_{sp}g_0} + \frac{p_0 T}{I_{sp}g_0} [u - \varepsilon u(1-u)] \quad (6-76)$$

协态微分方程为

$$\begin{cases} \dot{\boldsymbol{p}}_x = \boldsymbol{f}_{p_x}(\boldsymbol{y}, \boldsymbol{d}) \\ \dot{p}_m = \frac{uT}{m^2 v} \boldsymbol{p}_x^{\mathrm{T}} \boldsymbol{A}\boldsymbol{d} \end{cases} \quad (6-77)$$

其中，$\boldsymbol{p}_x = [p_a \quad p_\lambda \quad p_{e_x} \quad p_{e_y} \quad p_{i_x} \quad p_{i_y}]^T$，$\boldsymbol{p} = [\boldsymbol{p}_x \quad p_m]^T$，$\boldsymbol{y} = [\boldsymbol{x}^T \quad m \quad \boldsymbol{p}_x^T \quad p_m]^T$，

$$f_{p_x}(\boldsymbol{y},\boldsymbol{d}) = \left[\left(-\frac{uT}{2m}\sqrt{\frac{1}{\mu_e a}}\boldsymbol{p}_x^T \boldsymbol{A}\boldsymbol{d} - 2p_a d_T \frac{uT}{mv} + \frac{3}{2}p_\lambda\sqrt{\frac{\mu_e}{a^5}}\right) - \frac{uT}{mv}\boldsymbol{C}^T\boldsymbol{d} \quad 0 \quad 0 \quad 0 \quad 0\right]^T$$ 和

$$\boldsymbol{C} = \frac{\partial \boldsymbol{A}^T \boldsymbol{p}_x}{\partial \lambda} = \begin{bmatrix} c_l p_{e_x} + s_l p_{e_y} \\ -2s_l p_{e_x} + 2c_l p_{e_y} \\ -s_l p_{i_x} + c_l p_{i_y} \end{bmatrix}$$

由于末端时刻质量为自由变量，质量协态的终端值应为零：

$$p_m(t_f) = 0 \tag{6-78}$$

最小化 Hamiltonian 函数的最优推力方向为

$$\boldsymbol{d}^* = -\frac{\boldsymbol{A}^T \boldsymbol{p}_x}{\|\boldsymbol{A}^T \boldsymbol{p}_x\|} \tag{6-79}$$

将方程（6-79）代入方程（6-76）可以获得式（6-80），

$$H = \boldsymbol{p}_x^T \boldsymbol{B} + \frac{Tu}{I_{sp}g_0}\left[p_0 - \frac{I_{sp}g_0}{mv}\|\boldsymbol{A}^T \boldsymbol{p}_x\| - p_m - p_0\varepsilon + p_0\varepsilon u\right] \tag{6-80}$$

最优推力幅值比 u^* 可以表达成燃料最优开关函数 S 的函数：

$$\begin{cases} u^* = 0 & S > \varepsilon \\ u^* = 1 & S < -\varepsilon \\ u^* = (\varepsilon - S)/2\varepsilon & |S| \leq \varepsilon \end{cases} \tag{6-81}$$

燃料最优开关函数 S 为

$$S = 1 - \frac{I_{sp}g_0}{p_0 mv}\|\boldsymbol{A}^T \boldsymbol{p}_x\| - \frac{p_m}{p_0} \tag{6-82}$$

综合式（6-53）、式（6-54）和式（6-77），由于最优控制变量 $\boldsymbol{d}^*$ 和 u^* 可以直接由矢量 $\boldsymbol{y}$ 完全确定，可以同时积分状态和协态的微分方程：

$$\dot{\boldsymbol{y}} = f(\boldsymbol{y}) \Rightarrow \begin{cases} \dot{\boldsymbol{x}} = \frac{uT}{mv}\boldsymbol{A}\boldsymbol{d}^* + \boldsymbol{B} \\ \dot{m} = -\frac{u^* T}{I_{sp}g_0} \\ \dot{\boldsymbol{p}}_x = f_{p_x}(\boldsymbol{y},\boldsymbol{d}^*) \\ \dot{p}_m = -\frac{uT}{m^2 v}|\boldsymbol{p}_x^T \boldsymbol{A}| \end{cases} \tag{6-83}$$

燃料最优问题可以描述为：寻找未知的初始协态变量 $p(t_i)$，与已知的初始条件（6-74）组合，使状态和协态的微分方程（6-83）获得如下终端值[72]：

$$\boldsymbol{\varphi}(z) = \begin{bmatrix} \boldsymbol{x}(t_f) - \boldsymbol{x}_f \\ p_m(t_f) - 0 \end{bmatrix} = \boldsymbol{0} \quad (6-84)$$

其中，$\boldsymbol{\varphi}(z)$ 被称作打靶函数，$z = \boldsymbol{p}(t_i)$ 代表未知的初始协态。

2. Jacobian 矩阵

Jacobian 矩阵代表初始时刻的协态小变化 $\delta z(t_i)$ 到打靶函数的终端时刻 t_f 改变量 $\delta \boldsymbol{\varphi}(t_f)$ 的映射：

$$\delta \boldsymbol{\varphi}(t_f) = \boldsymbol{\Psi}(t_f, t_i) \delta z(t_i) \quad (6-85)$$

Jacobian 矩阵可以分解成分块矩阵的形式：

$$\boldsymbol{\Psi}(t_f, t_i) = \begin{bmatrix} \dfrac{\partial \boldsymbol{x}(t_f)}{\partial \boldsymbol{p}^{\mathrm{T}}(t_i)} \\ \dfrac{\partial p_m(t_f)}{\partial \boldsymbol{p}^{\mathrm{T}}(t_i)} \end{bmatrix} \quad (6-86)$$

偏微分 $\partial \boldsymbol{x}(t_f)/\partial \boldsymbol{p}^{\mathrm{T}}(t_i)$ 和 $\partial p_m(t_f)/\partial \boldsymbol{p}^{\mathrm{T}}(t_i)$ 是方程（6-83）的状态转移矩阵 $\boldsymbol{\Phi}(t, t_i) = \delta \boldsymbol{y}(t)/\delta \boldsymbol{y}(t_i)$ 的一部分，状态转移矩阵的微分方程和初始值为

$$\dot{\boldsymbol{\Phi}}(t, t_i) = \boldsymbol{J}_f \boldsymbol{\Phi}(t, t_i), \quad \dot{\boldsymbol{\Phi}}(t_i, t_i) = \boldsymbol{I} \quad (6-87)$$

其中，$\boldsymbol{J}_f$ 为方程（6-83）的 Jacobian 矩阵，$\boldsymbol{J}_f = \partial \boldsymbol{f}/\partial \boldsymbol{y}$，矩阵 $\boldsymbol{J}_f$ 的元素在附录中给出。

当 $\varepsilon > 0$ 时，状态转移矩阵代表从 t_i 到 t_f 的转移弧段推力连续的映射。对于燃料最优问题（$\varepsilon = 0$），最优推力幅值比 u^* 会出现从 0 到 1 或从 1 到 0 的跳变，出现推力间断时刻，穿越推力间断时刻 t_j 的状态转移矩阵可以由式（6-88）计算[71]：

$$\boldsymbol{\Theta}(t_j) = \frac{\partial \boldsymbol{y}(t_j^+)}{\partial \boldsymbol{y}(t_j^-)} = \boldsymbol{I}_{14 \times 14} + \left[\dot{\boldsymbol{y}}(t_j^+) - \dot{\boldsymbol{y}}(t_j^-) \right] \left(\frac{\partial S}{\partial \boldsymbol{y}} \frac{1}{\dot{S}} \right) \bigg|_{t_j^-} \quad (6-88)$$

其中，t_j^- 和 t_j^+ 代表离散时刻前后的瞬时时刻，附录 G 提供了偏微分 $\partial S/\partial \boldsymbol{y}$ 的具体表达式，利用链式法则计算复合状态转移矩阵[71]：

$$\boldsymbol{\Phi}(t_f, t_i) = \boldsymbol{\Phi}(t_f, t_N^+) \boldsymbol{\Theta}(t_N) \boldsymbol{\Phi}(t_N^-, t_{N-1}^+) \cdots \boldsymbol{\Phi}(t_2^-, t_1^+) \boldsymbol{\Theta}(t_1) \boldsymbol{\Phi}(t_1^-, t_i)$$

$$(6-89)$$

其中，最优控制包括 N 个穿越开关时刻的间断点，开关时刻分别为 t_1、t_2、……、t_N。

包含推力开关函数检测的定步长七阶八级 Runge – Kutta 算法[70]用于同时积分矢量 y 的微分方程 [方程 (6 – 83)] 和状态转移矩阵 [方程 (6 – 87) 和 (6 – 88)]，综合式 (6 – 87)、式 (6 – 88) 和式 (6 – 89) 可以计算状态转移矩阵 $\Phi(t_f, t_i)$，从而可以利用状态转移矩阵确定 Jacobian 矩阵。但不同于文献 [70] 利用差分法计算 Jacobian 矩阵，本节通过积分状态转移矩阵的微分方程精确计算 Jacobian 矩阵。

3. 基于协态齐次化的初始协态猜测

为了防止在无限空间内进行初始协态猜测，采用初始协态齐次化方法求解能量最优问题 ($\varepsilon = 1$)。初始协态以及因子 p_0 可以表达成角度 $\beta_k(k = 1, 2, , 7)$ 的函数，从而自动满足齐次化条件[70]。

$$\begin{aligned}
p_0 &= \sin\beta_1 \\
p_m(t_i) &= \cos\beta_1 \sin\beta_2 \\
p_a(t_i) &= \cos\beta_1 \cos\beta_2 \sin\beta_3 \\
p_\lambda(t_i) &= \cos\beta_1 \cos\beta_2 \cos\beta_3 \sin\beta_4 \\
p_{e_x}(t_i) &= \cos\beta_1 \cos\beta_2 \cos\beta_3 \cos\beta_4 \cos\beta_5 \cos\beta_6 \\
p_{e_y}(t_i) &= \cos\beta_1 \cos\beta_2 \cos\beta_3 \cos\beta_4 \cos\beta_5 \sin\beta_6 \\
p_{i_x}(t_i) &= \cos\beta_1 \cos\beta_2 \cos\beta_3 \cos\beta_4 \sin\beta_5 \cos\beta_7 \\
p_{i_y}(t_i) &= \cos\beta_1 \cos\beta_2 \cos\beta_3 \cos\beta_4 \sin\beta_5 \sin\beta_7
\end{aligned} \quad (6-90)$$

角度变量 $\beta_k(k=1,2,7)$ 的变化范围可以用 $X_k(k=1,2,7) \in [0,1]$ 定义，对于 $\beta_k(k=1,2,4,5,6,7)$：

$$\begin{aligned}
\beta_{1,2,4,5} &= \frac{\pi}{2} X_{1,2,4,5} \in \left[0, \frac{\pi}{2}\right] \\
\beta_{6,7} &= 2\pi X_{6,7} \in [0, 2\pi]
\end{aligned} \quad (6-91)$$

根据 6.2.1 节获得的结果，时间最优转移的正向转移 (PSC) 和负向转移 (NSC)，协态 p_a 和 p_λ 的初始值的符号分别为

$$\begin{cases} p_a(t_0) > 0, & \text{PSC} \\ p_a(t_0) < 0, & \text{NSC} \end{cases} \quad (6-92)$$

$$\begin{cases} p_\lambda(t_0) < 0, & \text{PSC} \\ p_\lambda(t_0) > 0, & \text{NSC} \end{cases} \quad (6-93)$$

方程(6-92)和式(6-93)中协态 p_a 和 p_λ 的初始值的符号同样适用于能量最优定点位置调整,因此可以大幅度地缩小角度变量 β_3 的搜索空间:

$$\beta_3 = \begin{cases} \dfrac{\pi}{2} + \dfrac{\pi}{2}X_3 \in \left[\dfrac{\pi}{2}, \pi\right], & \text{PSC} \\ \dfrac{3\pi}{2} + \dfrac{\pi}{2}X_3 \in \left[\dfrac{3\pi}{2}, 2\pi\right], & \text{NSC} \end{cases} \quad (6-94)$$

在搜索初始协态时,最小化的目标函数为

$$F(\boldsymbol{X}) = \frac{T}{I_{\text{sp}}g_0}\int_{t_0}^{t_f} u^2 \mathrm{d}t + p_f \|\boldsymbol{\varphi}(z)\| \quad (6-95)$$

遗传算法是一类借鉴了生物界的进化规律演化而来的随机化搜索方法,利用适者生存、优胜劣汰的遗传机制,遗传算法具有简单性、易操作性、鲁棒性等特点,已被广泛应用到众多领域[40,49,114-115]。遗传算法具有较强的全局搜索能力,但是遗传算法的局部搜索能力不强,序列二次规划算法基于梯度信息局部优化算法,有较强的局部搜索能力,但是,序列二次规划算法的搜索效率依赖于初始点。因此本节首先采用遗传算法搜索能量最优问题的协态初值的初始点,然后利用序列二次规划算法进一步改进协态初值。

6.2.3 案例分析

时间固定小推力燃料优化问题的求解框图如图6-22所示,具体求解过程如下。

(1) 令 $p_f = 1$,求解易于求解的大推力短时间轨道转移能量优化问题,利用遗传算法和序列二次规划算法求解推力为1 N、转移时间为10天的静止轨道转移综合目标最小化问题[方程(6-95)]。

(2) 将最小化问题的解作为初始协态的初始值代入推力为1 N、转移时间为10天的能量最优问题,求解对应的两点边值问题式(6-84),若两点边值问题不收敛,将 $p_f = p_f \times 0.1$ 继续利用遗传算法和序列二次规划算法搜索初始协态的初始值,直到两点边值问题收敛。

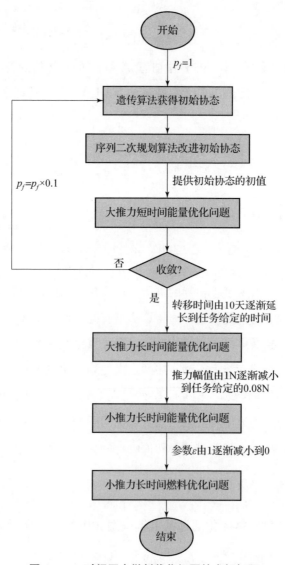

图 6-22　时间固定燃料优化问题的求解框图

（3）收敛后，将转移时间逐渐延长到任务给定的转移时间，获得大推力长时间能量最优静止轨道定点位置调整。

（4）将推力幅值逐渐减小到任务给定的推力幅值，获得小推力长时间能量最优静止轨道定点位置调整。

（5）将参数 ε 由 1 逐渐减小到 0，从而最终获得小推力长时间燃料最优静止轨道定点位置调整。

上述打靶求解过程中，逐渐延长转移时间、减小推力幅值和减小推力幅值 ε，均将上一循环的解作为下一循环的初值。

遗传算法和序列二次规划算法分别采用 MATLAB ®的 ga 函数与 fmincon 函数实现；能量优化和燃料优化中的两点边值问题利用 MATLAB ®的 fsolve 函数求解。定步长七阶八级 Runge–Kutta 方法将用于同时数值积分方程（6–83）和方程（6–87）[116]，积分过程中的积分步长为 100 s。在求解两点边值问题的过程中，由于一个积分步长内可能出现推力跳变，积分过程中应用推力开关检测函数方法以提高积分精度，包含开关函数检测的定步长积分过程可以参见文献 [70]。

本节针对的静止轨道转移的初末点经度差为 60°，若实际任务给定的经度差远大于 60°，第一步求解能量优化问题时，需要增大推力幅值或延长转移时间获得收敛解。

1. 终端边界与转移时间的关系

本节给出转移过程中静止轨道主摄动导致的轨道改变，从而可以确定转移问题终端边界条件的改变量。图 6–23 和图 6–24 分别给出了转移过程中田谐项 J_{22} 摄动导致的半长轴和经度的改变与转移时间的关系，图中三种场景的定点经度改变区间分别为 0°到 60°、60°到 120°和 120°到 180°，对于时间为 100 天的转移，田谐项 J_{22} 摄动导致的半长轴改变量的最大值大于 10^4 m，经度改变量的最大值大于 6.9°。图 6–24 中，三个转移区间 J_{22} 摄动导致的经度改变量即为无 J_{22} 修正的终端经度误差，与表 6–4 的数值匹配。

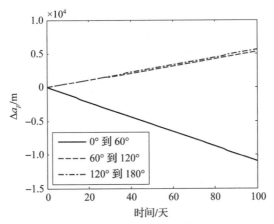

图 6–23　J_{22} 摄动导致的半长轴改变与转移时间的关系

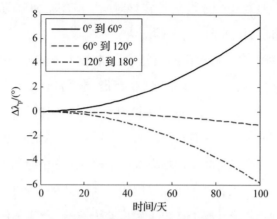

图 6-24 J_{22} 摄动导致的经度改变与转移时间的关系

图 6-25 和图 6-26 分别为定点调整过程中日月第三体引力导致的轨道倾角矢量改变量和太阳光压导致的偏心率矢量改变量与转移时间的关系,卫星的面值比为 0.05,三种场景的初始历元分别为 2020 年 1 月 1 日、2020 年 5 月 1 日和 2020 年 9 月 1 日。从图 6-25 可以看出,日月第三体引力导致的轨道倾角矢量分量 i_y 都大于零,而且当转移时间为 100 天时,i_y 基本上大于 0.2°;分量 i_x 较小而且不一定大于零,具体幅值与初始历元有关,此数值仿真结果与已有研究结果符合[110]。图 6-26 的偏心率矢量改变量基本随着转移时间的延长而增加,当转移时间为 100 天时,其幅值大于 1×10^{-3},所以长时间转移过程中需要考虑太阳光压导致的较大偏心率漂移。

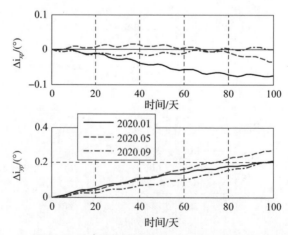

图 6-25 日月第三体引力导致的轨道倾角矢量改变量与转移时间的关系

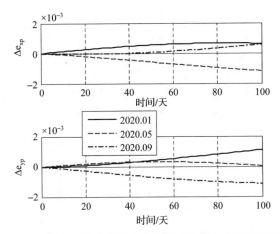

图 6-26 太阳光压导致的偏心率矢量改变量与转移时间的关系

2. 燃料最优静止轨道调相

本节给出考虑地球三轴性和日月引力的燃料最优静止轨道定点位置调整,推力器和卫星的参数如表 6-5 所示,本节算例的初始历元为 2020 年 1 月 1 日,此时的格林尼治恒星时为 100.121 8°。转移时间为 60 天,卫星的初末位置经度分别为 0°和 60°,考虑地球三轴性、日月引力和太阳光压的定点位置调整初末边界条件如表 6-6 所示。

表 6-5 推力器和卫星的参数

参数	数值
推力大小 T/ mN	80
比冲 I_{sp}/ s	3 800
卫星初始质量 m_0/ kg	1 000

表 6-6 考虑地球三轴性、日月引力和太阳光压的定点位置调整初末边界条件

轨道要素	初始值	末端值
半长轴/ km	42 165.7	42 172.8
经度/(°)	0	57.488 8
轨道倾角矢量/(°)	[0 0]	[$5.681\,1 \times 10^{-2}$ $-1.390\,9 \times 10^{-1}$]
偏心率矢量	[0 0]	[$-6.001\,1 \times 10^{-4}$ $-5.322\,6 \times 10^{-4}$]
格林尼治恒星时/(°)	100.121 8	—

图 6-27 为不同同伦参数的最优推力幅值比时间历程，图中的同伦参数 ε 分别为 1、0.7、0.4、0.1 和 0。当 $\varepsilon = 1$ 时，推力幅值比是连续的；而当 $\varepsilon = 0$ 时，推力幅值比出现从 0 到 1 以及从 1 到 0 的跳变，即控制结构为 bang – bang 控制，从而获得了燃料最优问题的解。燃料最优静止轨道转移的推力方向单位矢量三轴分量时间历程如图 6-28 所示，该图表明，转移前半段的推力器开机弧段的切向

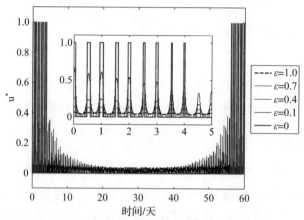

图 6-27 不同同伦参数的推力幅值比时间历程

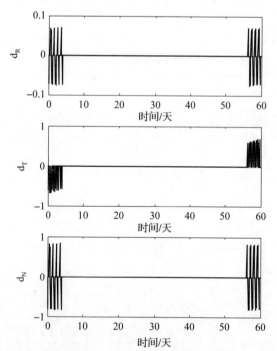

图 6-28 燃料最优静止轨道转移的推力方向单位矢量三轴分量时间历程

分量小于零，用于增大轨道角速度，实现前向轨道转移；后半段的推力器开机弧段的切向分量大于零，将轨道角速度减小至目标值。由于径向分量调整轨道效率较低，所以推力的径向分量较小。

推力方向单位矢量法向分量与赤经的关系如图6-29所示，图中星号代表定点调整过程中日月引力摄动导致的轨道倾角矢量改变量的方向，可以看出，法向推力为负向的工作弧段中心的赤经与轨道倾角矢量改变量的赤经几乎相同，法向推力为正向的工作弧段中心的赤经与轨道倾角矢量改变量的赤经相差180°，推力器在法向推力改变轨道倾角矢量的两个最优位置附近区域开机。因而，推力器的开机区域赤经主要由日月引力导致的轨道倾角矢量改变量决定。

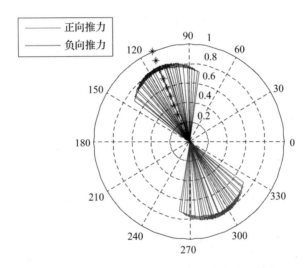

图6-29 推力方向单位矢量法向分量与赤经的关系

图6-30为不同摄动组合的小推力燃料消耗与转移时间的关系，各算例中转移时间为30~80天。从图中可以看出，仅考虑地球三轴性效应和仅考虑太阳光压效应的燃料消耗与不考虑任何摄动的燃料消耗几乎相同，仅考虑日月引力摄动效应和考虑以上3个静止轨道主摄动的燃料消耗几乎相同。所以，考虑静止轨道主摄动的小推力调相燃料消耗主要由日月引力决定，地球三轴性和太阳光压对小推力静止轨道定点位置调整的燃料消耗影响非常小。但是，根据以上分析以及第1节的数值仿真结果，为了在定点位置调整过程中获得较高的半长轴、经度和偏心率矢量控制精度，必须考虑地球三轴性和太阳光压摄动的影响。

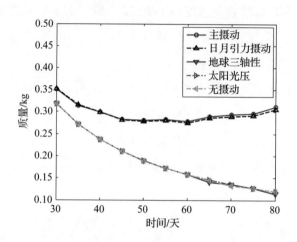

图 6-30 不同摄动组合的小推力燃料消耗与转移时间的关系

3. 连续推力与脉冲机动的燃料消耗对比

本节通过对比固定时间的小推力燃料最优转移所需的推进剂质量与脉冲最优转移所需的速度增量,建立固定时间燃料最优小推力转移和脉冲转移之间的关系。脉冲转移策略所需的总速度增量由调相策略确定,即包括 3 个切向速度增量和 1 个法向速度增量。为了修正转移过程中太阳光压导致的偏心率漂移,面质比较大的卫星定点位置调整需要固定三次脉冲的工作赤经并重新分配三次脉冲,但所需要的总速度增量不变。

对于正向定点位置调整,由于 $\Delta v_{1_{J_{22}}} < 0$, $\Delta v_{2_{J_{22}}} > 0$, 当 $|\Delta v_{1_{J_{22}}}| \geq |\Delta v_{2_{J_{22}}}|$ 时,三次脉冲的速度增量和施加赤经分别为

$$\begin{aligned} \Delta v_1 &= \frac{\Delta v_{1_{J_{22}}} - \Delta v_{2_{J_{22}}}}{2} - \frac{v_s}{4}\sqrt{(\Delta e_{xp})^2 + (\Delta e_{yp})^2} \\ \Delta v_2 &= \frac{\Delta v_{1_{J_{22}}} + \Delta v_{2_{J_{22}}}}{2} + \frac{v_s}{4}\sqrt{(\Delta e_{xp})^2 + (\Delta e_{yp})^2} \\ \Delta v_3 &= \Delta v_{2_{J_{22}}} \end{aligned} \tag{6-96}$$

$$\begin{aligned} l_1 &= a\tan 2(\Delta e_{yp}, \Delta e_{xp}) \\ l_2 &= a\tan 2(-\Delta e_{yp}, -\Delta e_{xp}) \\ l_3 &= a\tan 2(\Delta e_{yp}, \Delta e_{xp}) \end{aligned} \tag{6-97}$$

当 $|\Delta v_{1_{J22}}| < |\Delta v_{2_{J22}}|$ 时，三次脉冲的速度增量和施加赤经分别为

$$\Delta v_1 = \Delta v_{1_{J22}}$$

$$\Delta v_2 = \frac{\Delta v_{1_{J22}} + \Delta v_{2_{J22}}}{2} - \frac{v_s}{4}\sqrt{(\Delta e_{xp})^2 + (\Delta e_{yp})^2} \quad (6-98)$$

$$\Delta v_3 = \frac{\Delta v_{2_{J22}} - \Delta v_{1_{J22}}}{2} + \frac{v_s}{4}\sqrt{(\Delta e_{xp})^2 + (\Delta e_{yp})^2}$$

$$l_1 = a\tan 2(-\Delta e_{yp}, -\Delta e_{xp})$$

$$l_2 = a\tan 2(\Delta e_{yp}, \Delta e_{xp}) \quad (6-99)$$

$$l_3 = a\tan 2(-\Delta e_{yp}, -\Delta e_{xp})$$

对于负向定点位置调整，由于 $\Delta v_{1_{J22}} > 0, \Delta v_{2_{J22}} < 0$，可以通过以上分析改变相关符号确定。如图 6-31 所示。

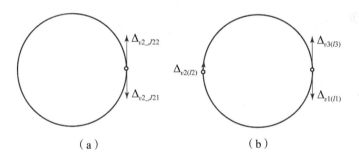

图 6-31 考虑较大面质比的三脉冲转移策略
(a) 二脉冲机动策略；(b) 三脉冲机动策略

图 6-32 包括六组不同初始时间和经度调整区间算例的小推力转移所需的推进剂质量与脉冲机动所需的速度增量，各算例中转移时间为 30~80 天。从各算例的结果可以看出，小推力转移所需的燃料质量随转移时间的变化规律与脉冲转移所需的速度增量随时间的变化规律接近，而且小推力转移燃料消耗最少的转移时间基本上是脉冲转移所需要的总速度增量消耗最少的转移时间。图 6-33 给出的小推力转移所需的燃料质量与脉冲转移所需的速度增量的比例，基本在 0.020~0.022，即小推力转移的燃料消耗与脉冲机动所需速度增量的比值接近常数。

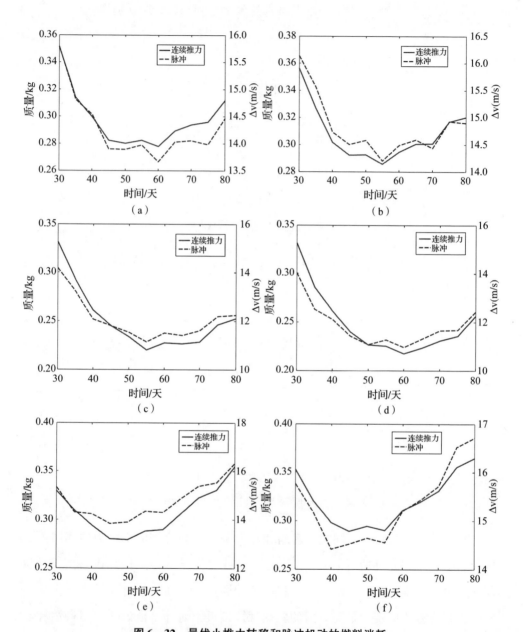

图6-32 最优小推力转移和脉冲机动的燃料消耗

(a) 算例1：2020年1月1日，0°到60°；(b) 算例2：2020年3月1日，60°到120°；
(c) 算例3：2020年5月1日，120°到180°；(d) 算例4：2020年7月1日，180°到240°；
(e) 算例5：2020年9月1日，240°到300°；(f) 算例6：2020年11月1日，300°到360°

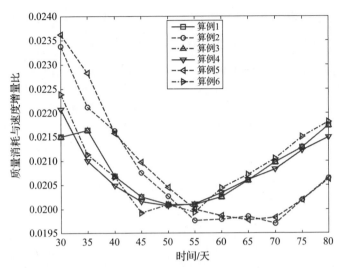

图 6-33 小推力转移的质量消耗与脉冲机动的速度增量的比值

4. 考虑静止轨道主摄动的静止轨道调相模型有效性验证

为了验证以上考虑静止轨道主摄动的小推力控制律在真实地球引力模型的控制精度,此处基于采用的引力模型进行数值仿真验证。引力摄动包括 21 阶的地球非球形引力、日月引力和太阳光压,与面质比较大的卫星不同的是,此处静止轨道卫星的面质比为 $A/M = 0.05 \ \mathrm{m^2/kg}$。表 6-7 提供了卫星在初始历元 2020 年 1 月 1 日定点经度为 0° 的初始轨道要素。

表 6-7 转移卫星的初始轨道要素

轨道要素	服务卫星
a/ km	42 165.7
e	10^{-6}
i /(°)	10^{-6}
Ω /(°)	0.000 359 38
ω /(°)	99.865
M /(°)	0.000 204 0

不同飞行时间的静止轨道相位调整终端误差如表 6-8 所示,以上误差定义为每个相位调整的末端时刻卫星的轨道要素实际值与轨道要素目标值的偏差。对比表 6-8 和表 6-16 可以发现,对于较大面质比的静止轨道卫星,通过将太阳

光压导致的偏心率漂移加入终端边界，小推力燃料最优定点位置调整策略可以获得与小面质比卫星脉冲转移相当的定点调整精度，表明了本节采用的引力模型确定小推力转移边界条件的正确性。

表6-8 不同飞行时间的静止轨道相位调整终端误差

飞行时间/天	$\lambda/(°)$	a/m	e_x [$\times 10^{-5}$]	e_y [$\times 10^{-5}$]	i_x [$\times 10^{-3°}$]	i_y [$\times 10^{-3°}$]
30 天	0.641 3	1 281.006	-2.085	-5.863	-1.899	2.477
40 天	0.895 3	-466.520	3.045	-1.026	-2.004	4.008
50 天	0.747 6	-1 856.119	5.293	0.570	-3.161	7.000
60 天	0.412 7	562.411	0.735	-6.324	-3.133	6.617
70 天	-0.413 9	706.292	3.205	-0.893	-4.019	11.601
80 天	-0.889 9	-283.470	6.327	3.603	-2.930	15.087

本节研究了考虑 GEO 主摄动的小推力燃料最优静止轨道定点位置调整，通过将定点位置调整过程中 GEO 主摄动导致的轨道漂移加入终端边界条件，建立了考虑 GEO 主摄动的静止轨道调相模型。提出了一种近似解析方法以获得调相过程中地球三轴性导致的半长轴和经度改变量。由于小推力燃料最优控制问题直接求解比较困难，所以本节采用了能量到燃料同伦法、解析求解 Jacobian 矩阵和初始协态齐次化等方法最终获得小推力转移燃料最优解。

通过分析燃料最优解的推力结构可以发现推力器工作赤经主要由日月引力导致的轨道倾角矢量漂移方向确定，推力器在轨道倾角矢量的漂移方向的附近区域工作。对比用于静止轨道调相的小推力燃料消耗与脉冲机动速度增量可知，两者的比值近似为常数。而且，考虑静止轨道主摄动影响的小推力燃料最优静止轨道调相策略可以获得较高的轨道转移精度。

6.3 航天器交会轨道转移多目标优化

静止轨道延寿技术是近年来受到较多关注的新兴技术。当前有多项用于延长在轨卫星运行寿命的在研在轨服务任务，包括：ConeXpress 轨道延寿飞行器，MDA 公司的空间基础设施服务飞行器和 Vivisat 公司的任务延寿飞行器。与常规维修、GEO 定点位置改变、辅助展开以及其他在轨服务技术一起，在轨服务技术提供了广阔的商业前景。如同其他新兴技术一样，除了巨大的效益外，在轨服务技术也面临巨大的风险。

当前航天器的延寿服务技术主要包括两类：拖船服务和燃料加注服务，这两类在轨服务技术都涉及类似的交会-对接过程。成本较低廉的方式是一个服务航天器对多个目标航天器进行燃料加注，即一个服务航天器与多个目标航天器分别交会，并进行燃料加注。

已有的静止轨道多目标交会优化通常忽略轨道摄动的影响。对于非受控多目标交会优化，服务航天器在不同的目标卫星间进行轨道转移时，非受控目标卫星群和服务航天器受到轨道摄动的偏差较小，在较短的时间（如1年）内，摄动效应不会改变最优访问顺序，因此，对于非受控卫星群的交会优化，已有研究通过忽略摄动来简化轨道模型是合理的。延寿任务中的目标航天器也许在轨正常运行并通过位置保持机动控制在预定的区间内，但是几乎已经用尽所有星载燃料，因此，对于该类受控目标卫星群交会优化，需要考虑摄动的影响以改进轨道模型和提高相应的机动交会精度。由于处于静止轨道的卫星群间可能存在较大的经度偏差，因此，需要分析时间尺度为100天的长时间轨道转移。

静止轨道的经度漂移主要由地球三轴性造成，特别是田谐项，所以，静止轨道定点位置间的长时间转移必须考虑地球三轴性的影响。同步轨道在轨物体的二维相平面结构主要由田谐项主项决定，而且此二维平面结构在地球实际引力场、日月引力和太阳光压的影响下稳定性较强，所以，轨道平面内的经度转移主要受田谐项主项影响。

第三体日月引力摄动导致轨道倾角矢量出现进动，进动周期为54年，这一进动在本研究感兴趣的时间尺度内，如100天，可以近似为长期项漂移。静止轨道交会也应该考虑轨道倾角漂移长周期项的影响，此周期为第三体视运动周期的一半。

本节的目的是在考虑地球三轴性和日月引力的情况下，推导静止轨道多目标卫星交会的燃料最优解。为了提高长时间静止轨道转移精度，提出了田谐项修正的二脉冲轨道平面内调相机动策略,并在不增加燃料消耗的情况下,将二脉冲策略扩展为三脉冲策略以匹配偏心率。推导了日月第三体引力导致的长期项和长周期项的轨道倾角漂移以确定用于轨道面修正的轨道法向脉冲。然后仿真了考虑精确轨道转移的静止轨道卫星星座交会优化。

6.3.1 问题建模

1. 任务描述

如图 6-34 所示,考虑包含 Q 个目标卫星的静止轨道星座,各卫星稀疏分布于静止轨道上,各卫星间的经度偏差最小为 -30°。目标卫星通过位置保持机动运行在预定的区间内,但是几乎已经消耗完所有的星载燃料。一个携带燃料的服务卫星已经进入静止轨道,服务卫星的任务是与每个目标卫星交会,并对每个目标卫星进行燃料加注,从而目标卫星可以使星载的推进系统和姿轨控制系统继续工作,达到延长卫星运行寿命的目的。

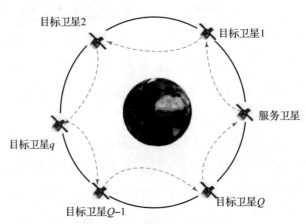

图 6-34 静止轨道多目标交会任务

如果服务航天器在与所有的目标航天器交会后返回初始位置,最优的交会顺序是依次访问(轨道正向或轨道负向)。而且,由于坟墓轨道高于静止轨道,将碎片移除到坟墓轨道的最优移除顺序是轨道负向的。

在考虑地球三轴性和日月第三体引力摄动的情况下,本任务的目的是寻找两种依次访问顺序(轨道正向和轨道负向)的静止轨道星座在轨服务的最小燃料消耗。

第 q 个交会操作的轨道转移机动由 3 个轨道平面内机动和 1 个轨道面法向机动组成,由于燃料加注任务完成后,服务航天器可能返回初始点,因此 q 可以取到 $Q+1$,$q \in \{1,2,\cdots,Q,Q+1\}$。速度增量机动 Δv_{q1}、Δv_{q3} 分别施加在交会操作的初始时刻和末端时刻用于消除经度偏差,推力沿横轴方向;Δv_{q2} 也是施加在横向的速度增量,用于修正偏心率;Δv_{q4} 是施加在轨道面法向的速度增量用于补偿日月第三体引力导致的轨道倾角漂移。

2. 时间 – 状态关系

第 q 个交会操作的初始时刻和末端时刻分别为

$$t_{qi} = \begin{cases} t_0 & q = 1 \\ t_0 + \sum_{k=1}^{q-1}(\Delta t_k + \mathrm{ser}_k) & q > 1 \end{cases} \quad (6-100)$$

$$t_{qf} = t_{qi} + \Delta t_q \quad (6-101)$$

其中,t_0 为整个在轨服务任务的初始时刻;Δt_k 和 ser_k 分别为第 k 个交会操作的轨道转移时间和服务时间。式(6-101)以及后续方程中 q 可能取值为

$$q \in \{1,2,\cdots,Q,Q+1\}$$

目标卫星稀疏分布于静止轨道,定点经度分别为 λ_1,λ_2,$\cdots$,λ_Q,各目标卫星间的最小经度偏差为 ~30°。因此,第 q 个交会操作服务航天器的初始经度和终端经度分别为

$$\lambda(t_{qi}) = \lambda_{q-1} \quad (6-102)$$

$$\lambda_{qf} = \lambda_q \quad (6-103)$$

其中,λ_0 为在轨服务任务初始时刻服务航天器的初始经度,$\lambda_{Q+1} = \lambda_0$。

记静止轨道的目标卫星半长轴为 a_c,这是考虑地球三轴性的静止轨道半长轴近似值,此值将会在 6.3.2 节提供。由于位置保持的影响,静止轨道卫星的偏心率和轨道倾角均控制在特定幅值以内,如 1.5×10^{-4} 和 $0.05°$。为了简化分析,本节假设所有目标卫星的偏心率和轨道倾角均为零。因此,第 q 个交会操作的半长轴、偏心率、轨道倾角的初始值和终端值分别为

$$\begin{aligned} a(t_{qi}) &= a_c \\ a(t_{qf}) &= a_c \end{aligned} \quad (6-104)$$

$$e(t_{qi}) = 0$$
$$e(t_{qf}) = 0 \quad (6-105)$$

$$i(t_{qi}) = 0$$
$$i(t_{qf}) = 0 \quad (6-106)$$

经度、半长轴、偏心率和轨道倾角作为静止轨道交会的状态量。

3. 优化方法

此燃料最优问题的目标函数为

$$\Delta t^* = \arg\min_{\Delta t} \sum_{q=1}^{Q+1} \sum_{j=1}^{4} |\Delta v_{qj}(\Delta t)| \quad (6-107)$$

其中，$\Delta t = [\Delta t_1 \quad \Delta t_2 \quad \cdots \quad \Delta t_Q \quad \Delta t_{Q+1}]$ 是优化变量，在初始经度和末端经度给定的情况下，第 q 个交会操作的机动脉冲 Δv_{qj}（$j = \{1,2,3,4\}$）仅由第 q 个交会操作的转移时间确定，详细说明见 6.3.2 节和 6.3.3 节。

本节利用 MATLAB® 的 fmincon 函数求解方程（6-56），采取的求解算法为 active-set 算法。

4. 非奇异轨道要素

理想静止轨道的轨道倾角 $i=0$，偏心率 $e=0$，由于轨道倾角等于零，升交点赤经出现奇异；同样，偏心率等于零，近地点幅角和真近点角没有定义，利用经典轨道要素描述静止轨道的运动方程会出现奇异，因此引进静止轨道无奇点轨道要素：

$$a = 半长轴 \quad (6-108)$$

$$e_x = e\cos(\Omega + \omega)$$
$$e_y = e\sin(\Omega + \omega) \quad (6-109)$$

$$i_x = i\cos(\Omega)$$
$$i_y = i\sin(\Omega) \quad (6-110)$$

$$\lambda = \Omega + \omega + M - \alpha_G \quad (6-111)$$

其中，e 为轨道偏心率（无量纲）；i 为轨道倾角（°或 rad）（$0 \leq i < 180°$），Ω 为升交点赤经（°或 rad）（$0 \leq \Omega < 360°$）；ω 为近地点幅角（°或 rad）（$0 \leq \omega < 360°$）；M 为平近地点角（°或 rad）（$0 \leq M < 360°$）；α_G 为历元时刻格林尼治恒

星时，从瞬时春分点开始测量。

假设 Δv_R、Δv_T 和 Δv_N 分别为施加在轨道径向、横向和法向的速度增量，其导致的半长轴改变量（δa）、偏心率改变量（δe_x，δe_y）、轨道倾角矢量改变量（δi_x，δi_y）和经度改变量（$\delta \lambda$）分别为

$$\delta a = 2 \frac{\Delta v_T}{\Omega_e} \quad (6-112)$$

$$\delta e_x = \frac{\Delta v_R}{v_s} \sin l + \frac{2\Delta v_T}{v_s} \cos l$$
$$\delta e_y = -\frac{\Delta v_R}{v_s} \cos l + \frac{2\Delta v_T}{v_s} \sin l \quad (6-113)$$

$$\delta i_x = \frac{\Delta v_N}{v_s} \cos l$$
$$\delta i_y = \frac{\Delta v_N}{v_s} \sin l \quad (6-114)$$

$$\delta \lambda = -\frac{2\Delta v_R}{v_s} \quad (6-115)$$

其中，v_s 为静止轨道的同步速度；Ω_E 为地球自转角速度；l 为卫星赤经，$l = \Omega + \omega + M$。

方程（6-112）～（6-115）仅在施加的速度增量相对于静止轨道的同步速度较小时成立，而长时间静止轨道定点位置调整符合此条件。

6.3.2 考虑田谐项修正的长时间轨道平面内转移

仅施加横向推力的二脉冲机动常用于轨道平面内交会，沿轨道速度矢量方向的第一个横向脉冲可以改变半长轴，用于减小经度偏差；第二个脉冲在交会调相末端时刻施加，用于消除经度漂移率。在长期的静止轨道转移过程中，由于地球三轴性，特别是田谐项，将会改变半长轴，所以初始时刻和末端时刻用于改变半长轴的横向脉冲不再相等，从而偏心率的终值不再是零，为了匹配偏心率，本节在不增加燃料消耗的前提下，将二脉冲机动策略扩展成为三脉冲机动策略。

1. 地球三轴性作用下经度和半长轴的变化

由于静止轨道的经度漂移主要由地球非球形摄动造成，因此本节仅考虑地球

非球形摄动对长期位置调整的影响。地球非球形引力摄动势函数由带谐项和田谐项构成：

$$U_{\Delta e} = \frac{\mu_e}{r}\left[\begin{array}{l} -\sum\limits_{l=2}^{\infty}\left(\dfrac{R_{eq}}{r}\right)^l J_l P_l(\cos\phi) \\ +\sum\limits_{l=2}^{\infty}\sum\limits_{m=0}^{l}\left(\dfrac{R_{eq}}{r}\right)^l P_{lm}(\cos\phi)(C_{lm}\cos m\lambda + S_{lm}\sin m\lambda) \end{array}\right] \quad (6-116)$$

其中，μ_e 为地球引力常数；r、λ、φ 分别为卫星在球坐标上的位置——地心距、地心经度、地心纬度；R_{eq} 为地球的平均赤道半径；P_{lm} 为 l 次 m 阶勒让德多项式；J_l 为带谐项系数；C_{lm} 和 S_{lm} 为田谐项系数。

地心纬度可以由式（6-117）确定：

$$\cos\phi = \sin(\omega+f)\sin i \quad (6-117)$$

其中，f、i 分别为卫星的真近点角和轨道倾角。

对于圆轨道，仅考虑地球三轴性的地球非球形引力摄动势函数为

$$U_{\Delta e} \approx U_{J_2} + U_{J_{22}}$$
$$= \frac{1}{4}n^2 R_{eq}^2 J_2(2-3\sin^2 i) + 3n^2 R_{eq}^2 J_{22}\cos^2\frac{i}{2}\cos 2(\lambda-\lambda_{22}) \quad (6-118)$$

其中，n 为平均轨道角速度，$n = \sqrt{\mu_e/a^3}$，$J_2 = 1\,082.626\,683\,55 \times 10^{-6}$。

$$\begin{array}{l} J_{22} = \sqrt{C_{22}^2 + S_{22}^2} = 1.815\,430\,19 \times 10^{-6} \\ \lambda_{22} = \dfrac{1}{2}\arctan\dfrac{S_{22}}{C_{22}} = -0.260\,556 \text{ rad} \end{array} \quad (6-119)$$

在确定静止轨道半径时，通常将轨道假设为理想静止轨道，即 $i=0$，$e=0$。所以，仅考虑地球三轴性的地球非球形引力摄动势函数可以简化为

$$U_{\Delta e} = \frac{1}{2}n^2 R_{eq}^2 J_2 + 3n^2 R_{eq}^2 J_{22}\cos 2(\lambda - \lambda_{22}) \quad (6-120)$$

利用拉格朗日运动方程，可以获得考虑地球三轴性的经度和半长轴微分方程[117]。

$$\dot{a} = -12\frac{n}{a}R_{eq}^2 J_{22}\sin 2(\lambda - \lambda_{22}) \quad (6-121)$$

$$\dot{\lambda} = n - \Omega_E + 3\frac{n}{a^2}R_{eq}^2 J_2 + 18\frac{n}{a^2}R_{eq}^2 J_{22}\cos 2(\lambda - \lambda_{22}) \quad (6-122)$$

其中，Ω_E 为地球自转角速度。

利用泰勒级数展开，可以获得轨道平均角速度随半长轴变化的一阶表达式：

$$n = \sqrt{\frac{\mu_e}{a^3}} \approx \sqrt{\frac{\mu_e}{a_e^3}} - \frac{3}{2}\sqrt{\frac{\mu_e}{a_e^3}}\left(\frac{a-a_e}{a_e}\right) \quad (6-123)$$

其中，a_e 为不考虑摄动（假设地球为理想圆球形）的静止轨道半长轴，$a_e = (\mu_e/\Omega_E^2)^{1/3}$。

将式（6-123）代入式（6-122），并令 $\dot{\lambda} = 0$，从而可以获得考虑地球三轴性的静止轨道半长轴与经度的关系：

$$a_J(\lambda) = a_e + 2J_2\frac{R_{eq}^2}{a_e} + 12J_{22}\frac{R_{eq}^2}{a_e}\cos 2(\lambda - \lambda_{22}) \quad (6-124)$$

由 J_{22} 项摄动导致的半长轴的振荡幅度为 21 m，而由 J_2 项摄动导致的静止轨道半长轴的增加量为 2 089 m，J_{22} 项摄动导致的半长轴幅度比 J_2 项摄动导致的静止轨道半长轴的增加量小两个量级，所以 J_{22} 项摄动导致的半长轴幅度可以忽略，考虑地球三轴性的静止轨道半长轴可以近似为常值：

$$a_J = a_c = a_e + 2J_2\frac{R_{eq}^2}{a_e} \quad (6-125)$$

其中，a_c 为忽略田谐项摄动的静止轨道半长轴近似值，此值即为方程（6-104）中各交会阶段半长轴的初始值和末端值。

2. 不考虑 J_{22} 项摄动的二脉冲机动策略

根据 6.3.1 节描述的时间-状态关系，服务卫星在第 q 个交会操作经历时间 Δt_q 从初始经度 λ_{q-1} 转移到目标经度 λ_q。为了简化描述，下标 q 将会在本节和 6.3.3 节省略，在第 q 个交会操作中，服务卫星的初始经度和终端经度分别用 λ_i 和 λ_f 代表，所以第 q 个交会操作的平均经度漂移率为

$$\dot{\lambda}_T = \frac{\lambda_f - \lambda_i}{\Delta t} = \frac{\Delta\lambda}{\Delta t} \quad (6-126)$$

其中，$\Delta\lambda = \lambda_f - \lambda_i$。

由于田谐项 J_{22} 摄动远小于带谐项 J_2 摄动，所以在确定二脉冲机动的过程中通常忽略式（6-122）中田谐项 J_{22} 摄动的影响，从而施加第一个脉冲后，转移轨道的轨道角速度为

$$n_T = \Omega_E + \dot{\lambda}_T - 3\frac{n}{a^2}R_{eq}^2 J_2 \quad (6-127)$$

转移轨道的半长轴可以利用式（6-128）确定：

$$n_T = \sqrt{\frac{\mu_e}{a_T^3}} \qquad (6-128)$$

所以，在转移轨道的初末时刻，二脉冲机动导致的半长轴变化分别为

$$\Delta a_i = a_T - a_J(\lambda_i)$$
$$\Delta a_f = a_J(\lambda_f) - a_T \qquad (6-129)$$

由于轨道转移的过程中平均轨道角速度变化较小，根据式（6-112），半长轴的改变量与横向推力成正比，因此半长轴的改变量可以作为轨道平面内轨道机动燃料消耗的测量手段。二脉冲调相机动的半长轴总改变量为

$$\Delta a = |a_T - a_J(\lambda_i)| + |a_J(\lambda_f) - a_T| \approx 2|a_T - a_c| \qquad (6-130)$$

3. 考虑 J_{22} 项摄动的二脉冲机动策略

对于短时间经度差较小的静止轨道定点位置调整，式（6-129）可以获得较高的轨道转移精度，但是，对于长时间经度差较大的位置调整，田谐项 J_{22} 摄动导致的经度改变不可以忽略。如表 6-9 所示，不考虑 J_{22} 修正的情况下，对于转移时间为 100 天的经度改变为 60° 的轨道转移，最大的经度误差可以达到 6.9°。因此，为了实现高精度交会，必须考虑田谐项 J_{22} 摄动。

表 6-9　不考虑 J_{22} 修正转移时间为 100 天的不同转移区间的终端经度误差

转移序号	$\lambda_i/(°)$	$\lambda_f/(°)$	λ_f 误差/(°)
1	0	60	6.9
2	60	120	-1.2
3	120	180	-6.2
4	180	240	6.9
5	240	300	-1.2
6	300	360	-6.2

根据式（6-123）可以得到

$$n - \Omega_E + 3\frac{n}{a^2}R_{eq}^2 J_2 \approx -\frac{3}{2}\sqrt{\frac{\mu_e}{a_c^3}}\left(\frac{a-a_c}{a_c}\right) \qquad (6-131)$$

将式（6-131）代入式（6-122），经度的微分方程可以近似为

$$\frac{d\lambda}{dt} = \varpi - \frac{3}{2}\sqrt{\frac{\mu_e}{a_c^3}}\left(\frac{a-a_\varpi}{a_c}\right) + 18\frac{n}{a^2}R_{eq}^2 J_{22}\cos 2(\lambda - \lambda_{22}) \quad (6-132)$$

其中，

$$\varpi = -\frac{3}{2}\sqrt{\frac{\mu_e}{a_c^3}}\left(\frac{a_\varpi - a_c}{a_c}\right) \quad (6-133)$$

和 a_ϖ 为辅助参数，通过以上改造可以在式（6-132）的右端出现一个常值 ϖ，然后平均法才适用于方程式（6-121）和（6-132），从而利用平均值表达的半长轴和经度的二阶解为

$$\begin{aligned} a &= \bar{a} + J_{22} \cdot c(\bar{a}, \bar{\lambda}) + J_{22}^2 \cdot f(\bar{a}, \bar{\lambda}) \\ \lambda &= \bar{\lambda} + J_{22} \cdot d(\bar{a}, \bar{\lambda}) + J_{22}^2 \cdot g(\bar{a}, \bar{\lambda}) \end{aligned} \quad (6-134)$$

半长轴和经度的平均值的微分方程为

$$\begin{aligned} \frac{d\bar{a}}{dt} &= J_{22} \cdot C(\bar{a}) + J_{22}^2 \cdot F(\bar{a}) \\ \frac{d\bar{\lambda}}{dt} &= J_{22} \cdot D(\bar{a}) + J_{22}^2 \cdot G(\bar{a}) \end{aligned} \quad (6-135)$$

其中，短周期项 c、d、f 和 g 是 $\bar{a}$ 和 $\bar{\lambda}$ 的函数，长周期项 C、D、F 和 G 仅仅是 $\bar{a}$ 的函数。

将方程式（6-134）和式（6-135）代入方程式（6-121）和式（6-132），展开方程，并令 J_{22} 的各阶幂系数相等，可以获得以下表达式：

1) J_{22}^0 阶

$$\varpi = \varpi - \frac{3}{2}\sqrt{\frac{\mu_e}{a_c^3}}\left(\frac{\bar{a} - a_\varpi}{a_c}\right) \quad (6-136)$$

2) J_{22}^1 阶

$$\begin{aligned} C + \frac{\partial c}{\partial \bar{\lambda}}\varpi &= -12\sqrt{\frac{\mu_e}{\bar{a}^5}}R_{eq}^2\sin[2(\bar{\lambda} - \lambda_{22})] \\ D + \frac{\partial d}{\partial \bar{\lambda}}\varpi &= 18\sqrt{\frac{\mu_e}{\bar{a}^7}}R_{eq}^2\cos[2(\bar{\lambda} - \lambda_{22})] - \frac{3}{2}c\sqrt{\frac{\mu_e}{a_c}} \end{aligned} \quad (6-137)$$

3) J_{22}^2 阶

$$F + \frac{\partial f}{\partial \bar{\lambda}}\varpi = -\left(\frac{\partial c}{\partial \bar{a}}C + \frac{\partial c}{\partial \bar{\lambda}}D\right)$$

$$+ \sqrt{\frac{\mu_e}{\bar{a}^5}}R_{eq}^2\left\{30c\frac{1}{\bar{a}}\sin[2(\bar{\lambda}-\lambda_{22})] - 24d\cos[2(\bar{\lambda}-\lambda_{22})]\right\}$$

$$G + \frac{\partial g}{\partial \bar{\lambda}}\varpi = -\left(\frac{\partial d}{\partial \bar{a}}C + \frac{\partial d}{\partial \bar{\lambda}}D\right) + \frac{3}{2}f\sqrt{\frac{\mu_e}{a_c^5}}$$

$$- 9\sqrt{\frac{\mu_e}{\bar{a}^7}}R_{eq}^2\left\{4d\sin[2(\bar{\lambda}-\lambda_{22})] + 9\frac{c}{\bar{a}}\cos[2(\bar{\lambda}-\lambda_{22})]\right\}$$

(6-138)

辅助参数 a_ϖ 可以直接由式（6-136）确定：

$$a_\varpi = \bar{a} \qquad (6-139)$$

令长周期项系数 C 和 D 与式（6-137）右端的长周期项参数相等，可以获得：

$$\begin{aligned} C &= 0 \\ D &= 0 \end{aligned} \qquad (6-140)$$

相应地，式（6-137）可以变换为

$$\frac{\partial c}{\partial \bar{\lambda}}\varpi = -12\sqrt{\frac{\mu_e}{\bar{a}^5}}R_{eq}^2\sin[2(\bar{\lambda}-\lambda_{22})]$$

$$\frac{\partial d}{\partial \bar{\lambda}}\varpi = 18\sqrt{\frac{\mu_e}{\bar{a}^7}}R_{eq}^2\cos[2(\bar{\lambda}-\lambda_{22})] - \frac{3}{2}c\sqrt{\frac{\mu_e}{a_c}}$$

(6-141)

积分式（6-141），可以获得短周期项的系数 c 和 d 分别为

$$c = \frac{6}{\varpi}\sqrt{\frac{\mu_e}{\bar{a}^5}}R_{eq}^2\cos[2(\bar{\lambda}-\lambda_{22})]$$

$$d = \frac{9}{2\varpi}R_{eq}^2\sqrt{\frac{\mu_e}{\bar{a}^5}}\left(\frac{2}{\bar{a}} - \frac{1}{\varpi}\sqrt{\frac{\mu_e}{a_c^5}}\right)\sin[2(\bar{\lambda}-\lambda_{22})]$$

(6-142)

将式（6-140）和式（6-142）代入式（6-138），并令长周期项系数 F 和 G 与式（6-138）右端的长周期项参数相等，可以获得：

$$\begin{aligned} F &= 0 \\ G &= 0 \end{aligned} \qquad (6-143)$$

将式（6-140），式（6-142）和式（6-143）代入式（6-134）和式（6-135），可以获得半长轴和经度的二阶解为

$$a = \bar{a} + \frac{6J_{22}}{\varpi}\sqrt{\frac{\mu_e}{\bar{a}^5}}R_{eq}^2 \cos[2(\bar{\lambda} - \lambda_{22})] + O(J_{22}^2) \tag{6-144}$$

$$\lambda = \bar{\lambda} + \frac{9J_{22}}{2\varpi}R_{eq}^2\sqrt{\frac{\mu_e}{\bar{a}^5}}\left(\frac{2}{\bar{a}} - \frac{1}{\varpi}\sqrt{\frac{\mu_e}{a_c^5}}\right)\sin[2(\bar{\lambda} - \lambda_{22})] + O(J_{22}^2)$$

$$\frac{d\bar{a}}{dt} = 0 + O(J_{22}^3)$$

$$\frac{d\bar{\lambda}}{dt} = \varpi + O(J_{22}^3) \tag{6-145}$$

其中，常数 ϖ 可以直接将式（6-139）代入式（6-133）获得：

$$\varpi = -\frac{3}{2}\sqrt{\frac{\mu_e}{a_c^5}}(\bar{a} - a_c) \tag{6-146}$$

初始时刻和末端时刻的经度 λ_i、λ_f 分别应该为

$$\lambda_i = \bar{\lambda}_i + \frac{9J_{22}}{2\varpi}R_{eq}^2\sqrt{\frac{\mu_e}{\bar{a}^5}}\left(\frac{2}{\bar{a}} - \frac{1}{\varpi}\sqrt{\frac{\mu_e}{a_c^5}}\right)\sin[2(\bar{\lambda}_i - \lambda_{22})]$$

$$\lambda_f = \bar{\lambda}_f + \frac{9J_{22}}{2\varpi}R_{eq}^2\sqrt{\frac{\mu_e}{\bar{a}^5}}\left(\frac{2}{\bar{a}} - \frac{1}{\varpi}\sqrt{\frac{\mu_e}{a_c^5}}\right)\sin[2(\bar{\lambda}_f - \lambda_{22})] \tag{6-147}$$

其中，$\bar{\lambda}_i$、$\bar{\lambda}_f$ 分别代表初始时刻和末端时刻 $\bar{\lambda}$ 的计算值，根据式（6-145）：

$$\bar{\lambda}_f = \bar{\lambda}_i + \varpi\Delta t \tag{6-148}$$

式（6-146）、式（6-147）和式（6-148）4个方程构成方程组，包含4个自由变量 $\bar{a}$、$\bar{\lambda}_i$、$\bar{\lambda}_f$ 和 ϖ，由于以上方程为非线性方程，且变量在正余弦函数中，直接求解比较困难。本节设计了迭代算法用于求解以上4个变量，迭代方程为

$$\bar{\lambda}_i^{(N+1)} = \lambda_i - \frac{9J_{22}}{2\varpi^{(N)}}R_{eq}^2\sqrt{\frac{\mu_e}{[\bar{a}^{(N)}]^5}}\left(\frac{2}{\bar{a}^{(N)}} - \frac{1}{\varpi^{(N)}}\sqrt{\frac{\mu_e}{a_c^5}}\right)\sin[2(\bar{\lambda}_i^{(N)} - \lambda_{22})]$$

$$\bar{\lambda}_f^{(N+1)} = \lambda_f - \frac{9J_{22}}{2\varpi^{(N)}}R_{eq}^2\sqrt{\frac{\mu_e}{[\bar{a}^{(N)}]^5}}\left(\frac{2}{\bar{a}^{(N)}} - \frac{1}{\varpi^{(N)}}\sqrt{\frac{\mu_e}{a_c^5}}\right)\sin[2(\bar{\lambda}_f^{(N)} - \lambda_{22})]$$

$$\varpi^{(N+1)} = \frac{\bar{\lambda}_f - \bar{\lambda}_i}{\Delta t}$$

$$\bar{a}^{(N+1)} = a_c - \frac{2\varpi^{(N+1)}}{3}\sqrt{\frac{a_c^5}{\mu_e}}$$

(6 – 149)

初始猜测值为

$$\bar{\lambda}_i^{(0)} = \lambda_i$$

$$\bar{\lambda}_f^{(0)} = \lambda_f$$

$$\varpi^{(0)} = \Delta\lambda/\Delta t$$

$$\bar{a}^{(0)} = a_T$$

(6 – 150)

上标 (N) 代表迭代次数，从而可以获得第一次横向脉冲机动后以及最后一次横向机动脉冲前的半长轴，分别用 $a_{i_{J22}}$ 和 $a_{f_{J22}}$ 表示：

$$a_{i_{J22}} = \bar{a} + \frac{6J_{22}}{\varpi}\sqrt{\frac{\mu_e}{\bar{a}^5}}R_{eq}^2\cos[2(\bar{\lambda}_i - \lambda_{22})]$$

$$a_{f_{J22}} = \bar{a} + \frac{6J_{22}}{\varpi}\sqrt{\frac{\mu_e}{\bar{a}^5}}R_{eq}^2\cos[2(\bar{\lambda}_f - \lambda_{22})]$$

(6 – 151)

考虑田谐项 J_{22} 摄动的二脉冲调相机动的半长轴改变量为

$$\Delta a_{J22} = |a_{i_{J22}} - a_c| + |a_c - a_{f_{J22}}|$$

(6 – 152)

考虑田谐项 J_{22} 摄动的长时间轨道转移的二脉冲分别为

$$\Delta v_{1_{J22}} = \frac{\Omega_E}{2}(a_{i_{J22}} - a_c)$$

$$\Delta v_{2_{J22}} = \frac{\Omega_E}{2}(a_c - a_{f_{J22}})$$

(6 – 153)

4. J_{22} 项摄动对半长轴改变量的影响

比较式 (6 – 130) 和式 (6 – 152) 可以发现，考虑 J_{22} 摄动后，除了转移时间和转移区间经度差，转移区间的经度也会影响二脉冲调相转移的半长轴改变量。图 6 – 35 为半长轴改变量与固定时间轨道转移的中点经度的关系，图 6 – 35 中 (a) ~ (d) 经度区间的宽度分别为 30°、60°、90°和 120°。

图 6 – 35 表明半长轴改变量与固定时间轨道转移区间的中点经度呈正余弦关

系，半长轴改变量在静止轨道的不稳定平衡点 15°W 或 165°E 取得最大值，在稳定平衡点 75°E 或 105°W 取得最小值。轨道转移需要的半长轴改变量随经度的变化关系与半长轴的微分方程（6-121）随经度的变化关系类似。

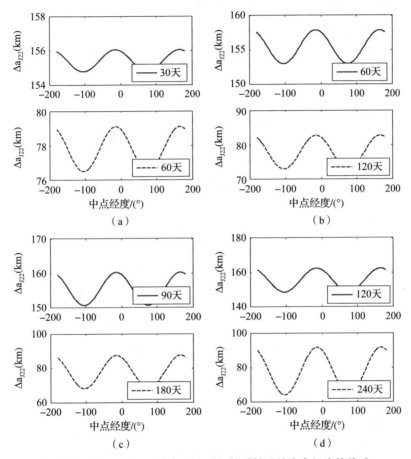

图 6-35　半长轴改变量与固定时间轨道转移的中点经度的关系

(a) 30/°；(b) 60/°；(c) 90/°；(d) 120/°

5. 轨道平面内交会三脉冲机动策略

以上二脉冲机动策略仅控制经度和半长轴，在不增加总速度增量的情况下，本节将以上二脉冲机动策略扩展成三脉冲机动策略，以实现同时控制经度、半长轴和偏心率。

根据 6.2 节的分析，由于 J_{22} 摄动的影响，二脉冲调相机动的两次脉冲大小不再相等，即使两次脉冲施加在同一赤经 [图 6-36 (a)]，在终端时刻，偏心率也不再等于零。对于近圆轨道,相同的切向速度增量的偏心率改变量为径向速度增量的 2 倍,本节在相对于二脉冲切向机动的总速度增量的基础上,提出了三脉冲切向机动策略 [图 6-36 (b)],用于同时控制经度、半长轴和偏心率。

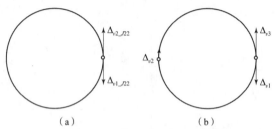

图 6-36 轨道平面内二脉冲和三脉冲转移策略

(a) 二脉冲机动策略;(b) 三脉冲机动策略

长时间轨道转移的三脉冲调相转移的速度增量分别为

$$\Delta v_1 = \begin{cases} \dfrac{\Delta v_{1_{J_{22}}} - \Delta v_{2_{J_{22}}}}{2} & |\Delta v_{1_{J_{22}}}| \geqslant |\Delta v_{2_{J_{22}}}| \\ \Delta v_{1_{J_{22}}} & |\Delta v_{1_{J_{22}}}| < |\Delta v_{2_{J_{22}}}| \end{cases} \quad (6-154)$$

$$\Delta v_2 = \dfrac{\Delta v_{1_{J_{22}}} + \Delta v_{2_{J_{22}}}}{2} \quad (6-155)$$

$$\Delta v_3 = \begin{cases} \Delta v_{2_{J_{22}}} & |\Delta v_{1_{J_{22}}}| \geqslant |\Delta v_{2_{J_{22}}}| \\ \dfrac{\Delta v_{2_{J_{22}}} - \Delta v_{1_{J_{22}}}}{2} & |\Delta v_{1_{J_{22}}}| < |\Delta v_{2_{J_{22}}}| \end{cases} \quad (6-156)$$

三脉冲机动策略的施加位置如下:第一个脉冲和第三个脉冲的赤经相同、方向相反,分别施加在轨道转移的初始时刻和末端时刻,第二个脉冲的赤经与第一个(或第三个)脉冲的赤经相差 180°,如图 6-36 (b) 所示。当 $|\Delta v_{1_{J_{22}}}| \geqslant |\Delta v_{2_{J_{22}}}|$ 时,第二个脉冲施加在第一个脉冲后半个轨道周期,脉冲的方向与第一个脉冲相同;当 $|\Delta v_{1_{J_{22}}}| < |\Delta v_{2_{J_{22}}}|$ 时,第二个脉冲施加在第三个脉冲前半个轨道周期,脉冲的方向与第三个脉冲相同。

如图 6-37 所示,第二个横向速度增量 Δv_2 也与固定时间轨道转移的中点经度呈正余弦关系,在静止轨道稳定平衡点和不稳定平衡点的中点获得最大值,对于转移时间为 60 天、经度差为 60°的轨道转移,第二个速度增量的最大值为 0.102 m/s,这一最大速度增量在半个轨道周期导致的经度改变量为 0.021 1°,

相对于总经度改变量较小,因此可以忽略第二个速度增量导致的经度改变。三脉冲机动策略与二脉冲机动策略的总速度增量相同,而且在初始经度和末端经度给定的情况下,三次脉冲的总速度增量仅由交会时间决定:

$$|\Delta v_1| + |\Delta v_2| + |\Delta v_3| \approx |\Delta v_{1_{J22}}| + |\Delta v_{2_{J22}}| \qquad (6-157)$$

以上三脉冲机动策略相当于将二脉冲策略中较大的脉冲拆开分为两次执行,所以不会增加速度增量消耗。

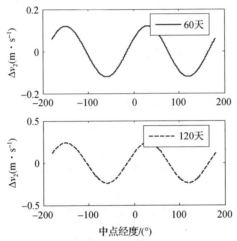

图 6 – 37 Δv_2 与固定时间轨道转移的中点经度的关系

以上三脉冲机动策略相当于将二脉冲策略中较大的脉冲拆开分为两次执行,所以不会增加速度增量消耗。

6.3.3 用于修正轨道倾角的轨道法向脉冲

静止轨道定点位置调整过程中,轨道倾角的漂移主要由日月第三体引力导致,本节推导日月引力导致的轨道倾角漂移的长期项和长周期项以决定交会需要的轨道法向脉冲。

1. 日月引力导致的轨道倾角漂移的微分方程

日月第三体引力导致的轨道倾角漂移的微分方程为

$$\frac{\mathrm{d}i_x}{\mathrm{d}t} = \frac{3\mu_b}{8a_b^3 n}(-\sin 2i_b \sin \Omega_b + 2\sin i_b \cos \Omega_b \sin 2u_b + \sin 2i_b \sin \Omega_b \cos 2u_b)$$

$$\frac{\mathrm{d}i_y}{\mathrm{d}t} = \frac{3\mu_b}{8a_b^3 n}(\sin 2i_b \cos \Omega_b + 2\sin i_b \sin \Omega_b \sin 2u_b - \sin 2i_b \cos \Omega_b \cos 2u_b)$$

$$(6-158)$$

其中，下标 b 指的是太阳或月球，μ_b 为第三体的引力常数，纬度幅角 $u_b = \omega_b + M_b$，本节假设太阳的视轨道和月球的轨道是圆。

微分方程（6-158）仅包含长期项和长周期项，长周期项代表的振荡运动的周期为第三体视运动周期的一半，周期为 6 个月和 2 周的周期振荡分别由太阳和月球引力摄动引起。

注意，在长时间尺度上衡量，日月第三体引力摄动并不会真正导致轨道倾角发生长期项漂移。由于在推导的过程忽略了包含轨道倾角的项，因此轨道倾角变化方程（6-158）是一个近似表达式。实际上，日月引力摄动导致轨道倾角发生进动，进动周期为 54 年，远大于本节感兴趣的时间尺度（100 天），因此进动项可以近似为长期项。

2. 太阳引力导致的轨道倾角改变量

根据方程（6-158），太阳引力导致的轨道倾角矢量微分方程为

$$\frac{di_{xs}}{dt} = \frac{3n_s^2}{8n}(-\sin 2i_s \sin \Omega_s + 2\sin i_s \cos \Omega_s \sin 2u_s + \sin 2i_s \sin \Omega_s \cos 2u_s)$$

$$\frac{di_{ys}}{dt} = \frac{3n_s^2}{8n}(\sin 2i_s \cos \Omega_s + 2\sin i_s \sin \Omega_s \sin 2u_s - \sin 2i_s \cos \Omega_s \cos 2u_s)$$

(6-159)

其中，n_s 为太阳视运动的平均角速度，$n_s = \sqrt{\mu_s/a_s^3}$，并且

$$\frac{du_s}{dt} = n_s \tag{6-160}$$

由于 $\Omega_s \approx 0$，太阳引力导致的轨道倾角矢量微分方程可以简化为

$$\frac{di_{xs}}{dt} = \frac{3}{8}\frac{n_s^2}{n}(2\sin i_s \sin 2u_s)$$

$$\frac{di_{ys}}{dt} = \frac{3}{8}\frac{n_s^2}{n}(\sin 2i_s - \sin 2i_s \cos 2u_s)$$

(6-161)

微分方程（6-161）分解成两部分，即不依赖于 u_s 的长期项和依赖于 u_s 的长周期项：

$$\frac{di_{xs}}{dt} = \frac{di_{xs}^{(\text{sec})}}{dt} + \frac{di_{xs}^{(\text{per})}}{dt}$$

$$\frac{di_{ys}}{dt} = \frac{di_{ys}^{(\text{sec})}}{dt} + \frac{di_{ys}^{(\text{per})}}{dt}$$

(6-162)

第一部分，用上标（sec）代表，指的是微分方程中的长期项：

$$\frac{\mathrm{d}i_{xs}^{(\mathrm{sec})}}{\mathrm{d}t} = 0$$

$$\frac{\mathrm{d}i_{ys}^{(\mathrm{sec})}}{\mathrm{d}t} = \frac{3}{8}\frac{n_s^2}{n}(\sin 2i_s) \tag{6-163}$$

将方程（6-163）相对于时间 t 进行积分，可以获得轨道倾角矢量在时间 Δt 的长期项改变量：

$$\Delta i_{xs}^{(\mathrm{sec})} = 0$$

$$\Delta i_{ys}^{(\mathrm{sec})} = \frac{3}{8}\frac{n_s^2}{n}(\sin 2i_s)\Delta t \tag{6-164}$$

第二部分，用上标（per）代表，指的是微分方程中的长周期项：

$$\frac{\mathrm{d}i_{xs}^{(\mathrm{per})}}{\mathrm{d}t} = \frac{3}{8}\frac{n_s^2}{n}(2\sin i_s \sin 2u_s)$$

$$\frac{\mathrm{d}i_{ys}^{(\mathrm{per})}}{\mathrm{d}t} = \frac{3}{8}\frac{n_s^2}{n}(-\sin 2i_s \cos 2u_s) \tag{6-165}$$

基于方程（6-160），将方程（6-165）中的自变量由时间 t 改为纬度幅角 u_s，以易于积分求解轨道倾角的长周期项改变量：

$$\frac{\mathrm{d}i_{xs}^{(\mathrm{per})}}{\mathrm{d}u_s} = \frac{3}{8}\frac{n_s}{n}(2\sin i_s \sin 2u_s)$$

$$\frac{\mathrm{d}i_{ys}^{(\mathrm{per})}}{\mathrm{d}u_s} = \frac{3}{8}\frac{n_s}{n}(-\sin 2i_s \cos 2u_s) \tag{6-166}$$

将方程（6-166）相对于纬度幅角 u_s 进行积分，可以获得轨道倾角矢量在时间区间 Δt 的长周期项改变量：

$$\Delta i_{xs}^{(\mathrm{per})} = \frac{3}{8}\frac{n_s}{n}[\sin i_s(\cos 2u_{si} - \cos 2u_{sf})]$$

$$\Delta i_{ys}^{(\mathrm{per})} = \frac{3}{16}\frac{n_s}{n}[\sin 2i_s(\sin 2u_{si} - \sin 2u_{sf})] \tag{6-167}$$

其中，u_{si} 和 u_{sf} 分别为初始时刻和末端时刻的纬度幅角，并且 $u_{sf} = u_{si} + n_s\Delta t$。

3. 月球引力导致的轨道倾角改变量

在短时间区间内，月球白道面相对于地球赤道面的轨道倾角和升交点可以假设为常数，从而月球引力导致的轨道倾角改变量可以由类似于太阳引力导致的轨道倾角改变量的方法获得。由于以上提到的变量的变化周期为 18.6 年（此周期即为白道升交点黄经的进动周期），短时间内变化较小，所以以上假设是合理的。

图 6 – 38 给出了月球轨道、地球赤道面以及黄道面构成的球面三角形，根据球面三角形知识，i_m 和 Ω_m 可以由式（6 – 168）给出：

$$\begin{aligned}\cos i_m &= \cos i_s \cos i_M - \sin i_s \sin i_M \cos \Omega_M \\ \sin \Omega_m &= \sin i_M \sin \Omega_M / \sin i_m\end{aligned} \quad (6-168)$$

φ_m 可以由式（6 – 169）给出：

$$\begin{aligned}\sin \varphi_m &= \sin \Omega_m \sin i_s / \sin i_M \\ \cos \varphi_m &= \cos \Omega_m \cos \Omega_M + \sin \Omega_m \sin \Omega_M \cos i_s\end{aligned} \quad (6-169)$$

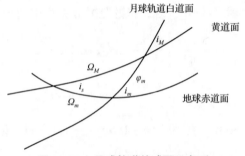

图 6 – 38 月球轨道的球面三角形

由于月球白道升交点黄经进动，角度 i_m 和 Ω_m 的变化范围为

$$\begin{aligned}18.3° &\leqslant i_m \leqslant 28.59° \\ -13° &\leqslant \Omega_m \leqslant 13°\end{aligned} \quad (6-170)$$

因此，i_m 和 Ω_m 可以从方程（6 – 168）中无奇异地求解获得，φ_m 也可以从方程（6 – 169）中获得，然后，可以获得月球相对于地球赤道面的纬度幅角：

$$u_m = M_M + \omega_M + \varphi_m \quad (6-171)$$

根据方程（6 – 158），月球引力导致的轨道倾角微分方程为

$$\frac{di_{xm}}{dt} = \frac{3}{8}\frac{\eta n_m^2}{n}(-\sin\Omega_m \sin 2i_m + 2\sin i_m \cos\Omega_m \sin 2u_m + \sin 2i_m \sin\Omega_m \cos 2u_m)$$

$$\frac{di_{ym}}{dt} = \frac{3}{8}\frac{\eta n_m^2}{n}(\cos\Omega_m \sin 2i_m + 2\sin i_m \sin\Omega_m \sin 2u_m - \sin 2i_m \cos\Omega_m \cos 2u_m)$$

$$(6-172)$$

其中，$\eta = \mu_m/(\mu_m + \mu_e)$，$n_m$ 为月球轨道的平均角速度，$n_m = \sqrt{(\mu_e + \mu_m)/a_m^3}$，并且

$$\frac{du_m}{dt} = n_m \quad (6-173)$$

将微分方程（6-172）分解成两部分，即不依赖于 u_s 的长期项和依赖于 u_s 的长周期项：

$$\frac{di_{xm}}{dt} = \frac{di_{xm}^{(\mathrm{sec})}}{dt} + \frac{di_{xm}^{(\mathrm{per})}}{dt}$$

$$\frac{di_{ym}}{dt} = \frac{di_{ym}^{(\mathrm{sec})}}{dt} + \frac{di_{ym}^{(\mathrm{per})}}{dt} \quad (6-174)$$

第一部分指的是微分方程中的长期项：

$$\frac{di_{xm}^{(\mathrm{sec})}}{dt} = \frac{3}{8}\frac{\eta n_m^2}{n}(-\sin\Omega_m \sin 2i_m)$$

$$\frac{di_{ym}^{(\mathrm{sec})}}{dt} = \frac{3}{8}\frac{\eta n_m^2}{n}(\cos\Omega_m \sin 2i_m) \quad (6-175)$$

将方程相对于时间 t 进行积分，可以获得在以上假设条件下的轨道倾角矢量在时间区间 Δt 的长期项改变量：

$$\Delta i_{xm}^{(\mathrm{ssc})} = \frac{3}{8}\frac{\eta n_m^2}{n}(-\sin\Omega_m \sin 2i_m)\Delta t$$

$$\Delta i_{ym}^{(\mathrm{sec})} = \frac{3}{8}\frac{\eta n_m^2}{n}(\cos\Omega_m \sin 2i_m)\Delta t \quad (6-176)$$

第二部分指的是微分方程中的长周期项：

$$\frac{di_{xm}^{(\mathrm{per})}}{dt} = \frac{3}{8}\frac{\eta n_m^2}{n}(2\sin i_m \cos\Omega_m \sin 2u_m + \sin 2i_m \sin\Omega_m \cos 2u_m)$$

$$\frac{di_{ym}^{(\mathrm{per})}}{dt} = \frac{3}{8}\frac{\eta n_m^2}{n}(2\sin i_m \sin\Omega_m \sin 2u_m - \sin 2i_m \cos\Omega_m \cos 2u_m) \quad (6-177)$$

基于方程（6-173），将方程（6-177）中自变量由时间 t 改为纬度幅角 u_m，以易于积分求解轨道倾角的长周期项改变量：

$$\Delta i_{xm}^{(\mathrm{per})} = \frac{3}{8}\frac{\eta n_m}{n}\left[\begin{array}{l}-\sin i_m \cos\Omega_m(\cos 2u_{m1} - \cos 2u_{m0})\\ +\dfrac{1}{2}\sin 2i_m \sin\Omega_m(\sin 2u_{m1} - \sin 2u_{m0})\end{array}\right]$$

$$\Delta i_{ym}^{(\mathrm{per})} = \frac{3}{8}\frac{\eta n_m}{n}\left[\begin{array}{l}-\sin i_m \sin\Omega_m(\cos 2u_{m1} - \cos 2u_{m0})\\ -\dfrac{1}{2}\sin 2i_m \cos\Omega_m(\sin 2u_{m1} - \sin 2u_{m0})\end{array}\right] \quad (6-178)$$

其中，u_{mi} 和 u_{mf} 为初始时刻与末端时刻的纬度幅角，并且 $u_{mf} = u_{mi} + n_m \Delta t$。

4. 轨道倾角改变量与转移时间关系

日月第三体引力摄动导致的总轨道倾角改变量为长期项和长周期项的总和，将方程（6-164）、方程（6-167）、方程（6-176）和方程（6-178）叠加获得太阳引力与月球引力导致的总轨道倾角改变量，

$$\Delta i_x = \Delta i_{xs}^{(\text{sec})} + \Delta i_{xs}^{(\text{per})} + \Delta i_{xm}^{(\text{sec})} + \Delta i_{xm}^{(\text{per})}$$
$$\Delta i_y = \Delta i_{ys}^{(\text{sec})} + \Delta i_{ys}^{(\text{per})} + \Delta i_{ym}^{(\text{sec})} + \Delta i_{ym}^{(\text{per})} \qquad (6-179)$$

补偿轨道倾角漂移需要施加的轨道法向速度增量为

$$\Delta v_4 = v_s \sqrt{\Delta i_x^2 + \Delta i_y^2} \qquad (6-180)$$

这一速度增量的施加赤经为

$$l_4 = \text{atan2}(-\Delta i_y, -\Delta i_x) \qquad (6-181)$$

式（6-163）、式（6-175）分别获得了太阳和月球导致的轨道倾角长期项变化的改变率，将太阳和月球的轨道要素代入，轨道倾角漂移的总长期项的微分方程为

$$\frac{\mathrm{d} i_x^{(\text{sec})}}{\mathrm{d} t} = -0.131 \sin \Omega_M + 2.56 \times 10^{-3} \sin 2\Omega_M \, (°)/\text{年}$$
$$\frac{\mathrm{d} i_y^{(\text{sec})}}{\mathrm{d} t} = 0.847 + 9.77 \times 10^{-2} \cos \Omega_M - 2.35 \times 10^{-3} \cos 2\Omega_M \, (°)/\text{年} \qquad (6-182)$$

从式（6-182）可以看出，轨道倾角的长期项漂移方向的赤经在 81.1° 和 98.9°。

将太阳和月球的轨道要素分别代入式（6-165）和式（6-177），可以获得日月引力导致的轨道倾角长周期项微分方程为

$$\frac{\mathrm{d} i_{xs}^{(\text{per})}}{\mathrm{d} t} = 0.293 \sin 2 u_s \, (°)/\text{年}$$
$$\frac{\mathrm{d} i_{ys}^{(\text{per})}}{\mathrm{d} t} = -0.269 \cos 2 u_s \, (°)/\text{年} \qquad (6-183)$$

$$\frac{\mathrm{d} i_{xm}^{(\text{per})}}{\mathrm{d} t} = \begin{bmatrix} (0.634 + 0.132 \cos \Omega_M) \sin 2 u_m + \\ (0.131 \sin \Omega_M - 2.56 \times 10^{-3} \sin 2\Omega_M) \cos 2 u_m \end{bmatrix} (°)/\text{年}$$

$$\frac{\mathrm{d} i_{ym}^{(\text{per})}}{\mathrm{d} t} = \begin{bmatrix} (0.144 \sin \Omega_M) \sin 2 u_m + \\ (-0.577 - 0.0997 \cos \Omega_M + 2.3 \times 10^{-3} \cos 2\Omega_M) \cos 2 u_m \end{bmatrix} (°)/\text{年}$$

$$(6-184)$$

比较式（6-182）和式（6-183），非常明显，日月引力导致的轨道倾角长期项漂移与太阳导致的轨道倾角长周期项漂移的速率叠加总是正的，如图6-39（a）所示，叠加项的轨道倾角矢量方向在60°和120°之间变化。然而，如图6-39（b）所示，月球引力导致的轨道倾角的长周期项漂移方向在-180°和180°之间变化。比较图6-39（a）和图6-39（b）可知，日月引力导致的轨道倾角长期项漂移与太阳引力导致的轨道倾角长周期项漂移的速率和并不总比月球引力导致的轨道倾角长周期项漂移的速率大，所以，加入月球引力导致的轨道倾角长周期项后总倾角改变并不总是正的。

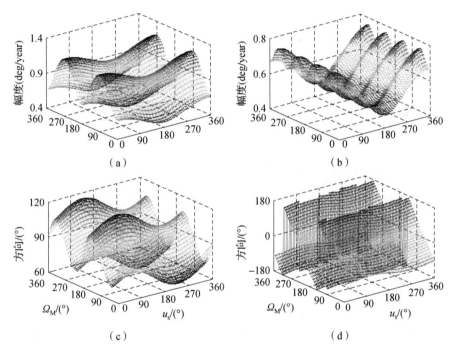

图6-39　月轨道倾角漂移的幅值和方向与 Ω_M 和 u_s（u_m）

(a) 日月导致的长期项与太阳导致的长周期项的叠加；(b) 月球导致的长周期项

然而，在去除月球引力导致的轨道倾角长周期项后，轨道倾角的漂移总是正的，这一规律也可以在如图6-40所示的一个轨道倾角时间历程的特例中获得，该特例的初始历元为2020年1月1日。因此，当加入以上月球引力导致的轨道倾角长周期项、采用任意的初始值时，以上提到的基于梯度信息的优化算法一定会陷入局部最优值，将去除月球引力导致的长周期项最优解作为改良的初始值代入包括月球引力长周期项的模型，以求解其全局最优解。

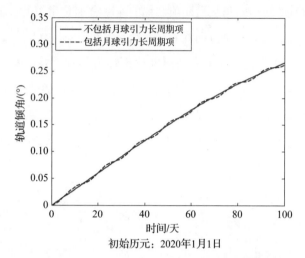

图 6-40　包括和不包括月球引力长周期项的轨道倾角的时间历程

6.3.4　案例分析

本节的数值仿真用于展示 J_{22} 摄动和日月引力摄动在静止轨道优化过程中的重要性，并分析其对静止轨道卫星多目标交会优化的影响，并给出了以上各节提到的优化步骤的结果。

1. 基于 J_{22} 修正的轨道转移

本仿真算例展示田谐项摄动对在轨服务任务交会精度的影响，本节的数值仿真不包括日月第三体引力摄动。目标卫星处于静止轨道星座，其经度如表 6-10 所示，编号为 0 的服务卫星以轨道正向方向从卫星 1 至卫星 5 访问所有目标卫星，并返回原轨道位置，每个转移过程的时间为 100 天。

表 6-10　服务卫星与目标卫星的定点经度

卫星编号	0	1	2	3	4	5
经度/(°)	0	60	120	180	240	300

包括田谐项 J_{22} 修正和不包括田谐项 J_{22} 修正的地理经度的时间历程如图 6-41 所示，J_{22} 项对于经度的转移精度具有显著的影响。终端经度误差的平均值由不包

括 J_{22} 项修正的 4.767°降为包括 J_{22} 项修正的 0.196°，相对于不包括 J_{22} 修正的机动策略，包括 J_{22} 修正的机动策略可以获得相对较高的交会精度。

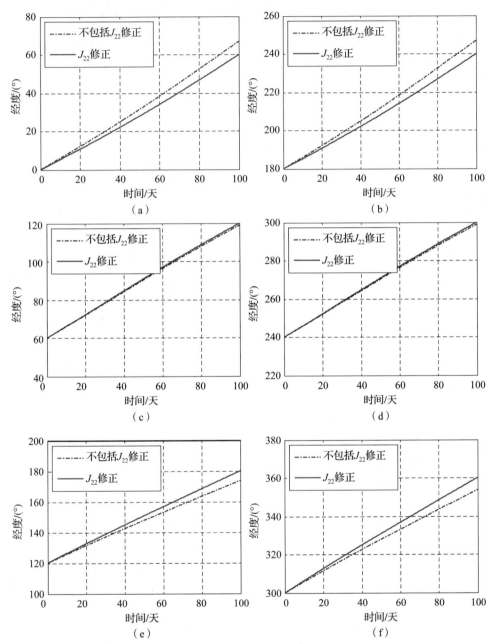

图 6-41 包括田谐项 J_{22} 修正和不包括田谐项 J_{22} 修正的地理经度的时间历程

(a) 0°到60°；(b) 60°到120°；(c) 120°到180°；(d) 180°到240°；(e) 240°到300°；(f) 300°到360°

表 6-11 给出了修正转移时间为 100 天的不同经度转移区间的轨道转移需要的半长轴改变量,包括考虑 J_{22} 和不考虑 J_{22} 两种场景,转移区间包括稳定平衡点、包括不稳定平衡点和不包括平衡点的三种转移区间需要的半长轴改变量依次为 89.7 km、96.8 km 和 93.3 km。不考虑 J_{22} 修正时,每个转移区间的半长轴改变量均为 93.3 km,这与 6.3.2 节获得的结论一致。

表 6-11 包括 J_{22} 和不包括 J_{22} 修正转移时间为 100 天的需要的半长轴改变量

转移序号	$\lambda_i/(°)$	$\lambda_f/(°)$	$\Delta a\ (J_{22})$ /km	Δa/km	转移区间
1	0	60	93.3	93.3	不包括平衡点
2	60	120	89.7	93.3	包括稳定平衡点
3	120	180	96.8	93.3	包括不稳定平衡点
4	180	240	93.3	93.3	不包括平衡点
5	240	300	89.7	93.3	包括稳定平衡点
6	300	360	96.8	93.3	包括不稳定平衡点

2. 多目标交会优化

本仿真算例包括 1 个服务卫星和 5 个目标卫星,卫星定点经度如表 6-10 所示,在轨服务任务初始历元为 2020 年 1 月 1 日,本节的仿真算例包括日月第三体引力摄动,假设服务时间为 $ser_k = 2$ 天。

表 6-12 给出了轨道正向转移的最优转移时间以及总速度增量 Δv,考虑日月第三体引力摄动的最优经度漂移率大约为 1′/天。在此时间尺度下,田谐项摄动不会改变最优服务顺序,然而,每个转移区间的最优转移时间不再相等,转移时间主要由日月第三体引力效应决定。

表 6-12 任意初值和改良初值的最优轨道正向服务

转移序号	转移时间/天						$\Delta v/(m \cdot s^{-1})$	迭代次数	运行时间/s
	1	2	3	4	5	6	—	—	—
任意	61.43	53.29	52.89	53.47	65.05	62.21	78.89	88	1.186 5
改良	49.19	52.08	52.38	53.07	52.25	49.64	77.13	72	0.960 5
整化	48.70	51.70	52.69	52.69	52.69	49.70	77.18	—	—

此处采用了两种方法进行优化过程的初始化:一种方法是选取任意值作为初始值,表6-12中,每个转移区间的转移时间为60天;另一种方法是运行另外一个独立的优化步骤,此轨道模型不包括月球引力导致的轨道倾角长周期项漂移,从而可以将此优化模型的最优值作为改良初始值以降低总燃料消耗 Δv。

利用任意初值和改良初值的优化迭代次数分别为120和72,其中后者包括7次迭代用于去除月球引力导致的轨道倾角长周期项漂移模型优化获得改良初始值。在3.4 GHz Intel i5处理器上运行,这两种优化算例的CPU运行时间分别为1.186 5 s 和 0.960 5 s。

6.3.2节已经指出,第一个速度脉冲和最后一个速度脉冲分别施加在初始时刻与末端时刻,并且赤经相同,这意味着每个转移区间的转移时间与轨道周期的比例应该为整数。利用附录C的方法将优化结果的比例整化为整数,如表6-12所示,整化后的总速度增量与优化结果的总速度增量接近。

表6-13为不包括 J_{22} 项摄动的轨道正向最优在轨服务,包括 J_{22} 项摄动或不包括 J_{22} 项摄动的情况下,两种场景使用改良初值可以获得近似的转移时间和总速度增量 Δv,因此多目标最优在轨服务每个交会段的最优转移时间由日月第三体引力摄动决定,而不是 J_{22} 项摄动。然而,必须考虑 J_{22} 摄动以获得较高的轨道转移精度。

表6-13 不包括 J_{22} 项摄动的轨道正向最优在轨服务

转移序号	转移时间/天						$\Delta v/(m \cdot s^{-1})$	迭代次数	运行时间/s
	1	2	3	4	5	6	—	—	—
任意	61.45	53.22	52.99	53.65	64.97	62.31	78.90	83	0.169 9
改良	49.22	52.02	52.47	53.05	52.19	49.70	77.13	67	0.152 7
整化	49.70	51.70	52.69	52.69	51.70	49.70	77.15	—	—

图6-42给出了轨道正向和轨道负向的最优多目标交会需要的总速度增量 Δv 随服务卫星初始经度的变化,5个目标卫星与1个服务卫星以经度差为60°分

布在静止轨道上。从图中可以看出，轨道正向和轨道负向多目标交会对于每一种场景需要的最小速度增量几乎相等。

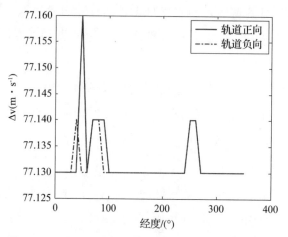

图 6-42　总速度增量随服务卫星的初始经度的变化

3. 考虑静止轨道卫星主摄动的交会精度

为了验证在真实地球模型下每个转移过程中的交会精度，本节仿真的引力模型包括 21 阶地球引力场（21×21，World Geodetic System 1984 – Earth Gravitational Model 1996）、日月第三体引力和太阳光压，服务卫星的太阳光压面质比为 $A/M = 0.005 \text{ m}^2/\text{kg}$，以上三项摄动为静止轨道卫星的主摄动[109]。表 6-14 提供了服务卫星在初始历元 2020 年 1 月 1 日的初始轨道要素，初始半长轴为 42 165.7 km，这是由于考虑地球非球形摄动和日月第三体引力效应的静止轨道半长轴为 42 165.7 km[111]。

表 6-14　服务卫星的初始轨道要素

轨道要素	服务卫星
a/km	42 165.7
e	0
i/(°)	0
Ω/(°)	0.000 359 38
ω/(°)	99.865
M,°	0.000 204 0

各个转移过程中用于交会的速度增量如表 6-15 所示,考虑主摄动的每个转移过程的交会误差如表 6-16 所示,以上误差定义为每个转移区间的末端时刻服务卫星的轨道要素与目标卫星的轨道要素的偏差。考虑到所有的轨道机动开环施加,本节提出的机动策略在加入地球真实引力摄动、日月引力摄动和太阳光压摄动的情况下获得了满意的交会精度。

表 6-15 各个转移过程中用于交会的速度增量

转移序号	Δv_1, $m \cdot s^{-1}$	Δv_2, $m \cdot s^{-1}$	Δv_3, $m \cdot s^{-1}$	$\Delta v_4/m \cdot s^{-1}$
1	-3.400 5	0.097 6	3.498 1	6.881 0
2	-3.262 6	-0.050 0	3.212 6	4.593 7
3	-3.267 4	-0.054 5	3.212 9	6.667 7
4	-3.127 6	0.105 6	3.233 1	8.284 5
5	-3.199 6	-0.050 9	3.148 6	5.804 5
6	-3.460 0	-0.051 4	3.408 6	5.108 4

表 6-16 考虑主摄动的每个转移过程的交会误差

转移序号	$\lambda/(°)$	a/m	e_x [×10^{-5}]	e_y [×10^{-5}]	i_x [×$10^{-3}°$]	i_y [×$10^{-3}°$]
1	-0.072 8	-53.151	5.148	9.027	-4.636	3.809
2	0.288 0	297.921	-5.008	5.541	2.715	2.937
3	0.303 2	-698.721	-9.205	0.883	-1.275	1.541
4	0.791 2	-824.868	-8.577	3.382	3.328	2.304
5	0.867 2	-1 484.840	-8.774	-7.684	-0.211	2.993
6	0.533 5	-562.451	-3.792	-6.611	-1.449	-1.379

图 6-43 和图 6-44 分别给出了第一个转移区间半长轴偏差和第一个转移区间经度的时间历程,图 6-43 中考虑静止轨道主摄动的数值结果和考虑 J_2 和 J_{22} 摄动的解析结果的半长轴参考值 a_r 分别为 42 165.7 km 和 42 166.3 km。仅考虑 J_2 和 J_{22} 摄动的解析结果与考虑主摄动的数值结果匹配良好,表明了 6.3.3 节提

出的基于 J_{22} 修正的轨道机动策略的有效性。

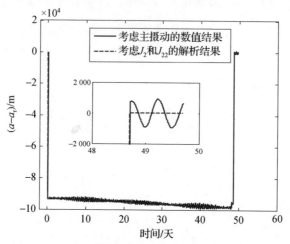

图 6-43 第一个转移区间半长轴偏差的时间历程

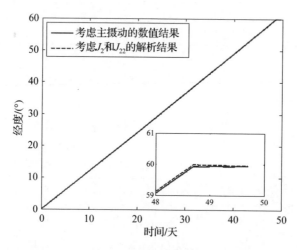

图 6-44 第一个转移区间经度的时间历程

在实际任务中，可以采用闭环控制和增加额外机动进一步降低交会误差，也可以增加相对导航辅助的近距离交会段来实现交会对接[118]。

对于静止轨道星座在轨服务，服务卫星与多个目标卫星交会后返回原初始位置，轨道正向和轨道负向多目标交会需要的最小速度增量几乎相等。最优解可以通过使用改良初始值的优化程序求解获得，而改良的初始值通过本节提出的去除月球引力导致的轨道倾角长周期项方法很容易获得。最优解表明日月第三体引力摄动决定了最优访问序列的每个交会区间的转移时间。在考虑地球三轴性和日月第三体引力摄动的情况下，最优的经度漂移率大约为1°/天，在此时间尺度下，田谐项摄动不会改变最优解的访问顺序和转移时间。

然而，田谐项摄动在长时间转移过程中是不可忽略的，在考虑地球真实引力场、日月引力摄动和太阳光压摄动的情况下，本节提出的基于田谐项修正的机动策略获得了相对较高的交会精度。对于固定时间、固定经度静止轨道调相转移，考虑田谐项修正需要的半长轴改变量取决于转移区间的经度，包括稳定平衡点、包括不稳定平衡点和不包括平衡点的经度区间需要的半长轴改变量分别小于、大于和近似等于不考虑田谐项修正的半长轴改变量。

第 7 章
航天器远距离自主交会任务分析与设计

　　空间交会对接技术是多种航天器高技术的集成，涉及多个技术领域。其中，制导、导航与控制技术是实现交会对接的一项极其重要的关键技术。交会对接的制导是根据交会对接任务要求，考虑燃料消耗以及交会时间等约束，依据轨道运动模型，规划合理的交会运动轨迹，并依据一定的算法，给出实现该运动轨迹的变轨速度增量；交会对接的导航是利用测量敏感器的测量信息，结合航天器的运动学和动力学模型，通过设计滤波算法，得到制导与控制环节所需要的平动和转动参数的估计值；交会对接的控制是根据导航信息、制导和姿态控制要求，按照一定的算法计算需要施加在航天器（通常是追踪航天器）上的控制力和控制力矩，并通过该航天器上的发动机等执行机构实现控制作用。交会对接制导、导航与控制的最终目标是在两个航天器对接机构接触前，通过控制追踪航天器相对于目标航天器的位置、速度、姿态角和姿态角速度，满足两个对接机构对接需要的初始条件。

　　本章旨在给读者简要介绍交会逼近过程的不同阶段，阐述和这些阶段相关的要点问题。希望读者通过本章熟悉交会任务的基本概念，进一步掌握总结本书内容。一项完整的交会对接任务可以被分为若干主要阶段：待发段、发射段、远距离导引段、近距离导引段、对接段、组合体运行段、撤离段等。本章介绍了这些阶段最终允许追踪航天器与目标航天器连接的一系列运动学和动力学条件，也为读者概述各阶段要达到的目标、交会终端的条件和轨道实现的可能性，包括追踪航天器的制导、导航和控制系统的主要性能指标所要达到的大致量级。为使内容更加完整，增加了对撤离过程、分离过程和离开目标航天器附近时的要点和约束条件等内容的描述。

7.1 发射段

发射段的任务是把追踪航天器送入预定的轨道。追踪航天器制导导航与控制系统在发射段的主要任务是通过捷联惯性导航计算，实时给出追踪航天器在惯性坐标系中的位置、速度以及本体坐标系相对惯性坐标系的方向余弦阵。

7.1.1 发射窗口

由于地球的自转作用，地球表面的任意一点会每天两次经过任意一个轨道面。然而，向东发射时会产生一个发射速度的增量，这是由于地球的自转而产生的切向速度（在赤道约等于 463 m/s）的作用。另外，大多数发射场的发射方向都局限在有限范围内（如向海面发射等），因此，实际上每天可以把航天器发射到特定轨道平面的机会只有一次。地球的自转速度为 15°/h，发射点每分钟会偏移轨道面约 0.25°（此时忽略其他漂移）。由于刚发射时的速度相对还很低，因此修正轨道面偏移最有效的时机是在运载火箭升空后立即进行（由实际发射时间偏差带来的轨道面偏移）。而在入轨的最后阶段修正轨道面误差的代价会很大，如在 400 km 的轨道高度上，需要约 32 m/s 的速度增量去修正 1 min 的发射延迟。因此，发射窗口的大小，也就是发射位置在轨道面所拥有的时间裕度，将主要由操控人员的修正能力决定。

7.1.2 发射作业的适应度

为了给发射作业提供足够的适应性，在倒计时之前有更多的时间应对可能出现的问题，一般总会在发射窗口的前沿进行发射，标称发射时机一般会在发射窗口的中点段。如上所述，对轨道面误差的修正主要是在发射早期进行的，后续的调相和交会阶段也要具备修正能力，以修正发射残余偏差，获得标称到达时间，修正其他误差和干扰等。

7.1.3 发射末段航天器的状态

发射末段,追踪航天器已经被运载器（另外,若有必要,由其自身的推进系统）带入目标轨道平面的稳定轨道（事实上,目标轨道面在随时间漂移,因此追踪航天器将被注入虚拟目标轨道面）。追踪航天器可能处于一个较低的轨道,也可能处在目标后任意的一个相位角度,其角度取决于目标的轨道参数和实际发射日期。

与运载器分离以后,航天器要把太阳能电池板和天线展开,还要激活所有子系统。这一阶段特别关键,如果火箭把飞船导入不稳定轨道,亦即几个轨道周期后就会衰减的轨道,这时,所有必需的子系统和设备必须在第1个远地点能正常工作,以便能在近地点实施抬轨机动。

7.2 远距离导引段

远距离导引段是指将追踪航天器从入轨初始轨道导引到近距离导引段所要求的预定轨道,并满足一定相对运动约束的飞行阶段。

远距离导引段主要任务包括：提高追踪航天器轨道高度,调整两个航天器的相位差,缩短相对距离以及消除两个航天器轨道面外偏差。远距离导引段可以采用遥测遥控的方式实现,即由地面测控中心负责测定轨道并操纵追踪航天器实施轨道控制,也可以采用自主控制方式,即由追踪航天器自主进行轨道确定与轨控策略的计算和实施。

在交会对接的远距离导引段,追踪航天器在地面测控网的导引下进行大幅度、远距离的变轨机动,以使追踪航天器的近程跟踪测量设备能够捕获目标航天器,并建立起相互联系。调相变轨策略的选择在整个交会对接活动中起着非常重要的作用,其终端控制精度直接关系着自主导引段任务的成败。制定合理变轨策略,其目的不仅是确保交会对接任务的完成,还优化测控条件和节省燃料消耗,从而提高整个交会对接过程中的安全性和有效性。

下面主要对追踪航天器远距离导引轨道控制规划进行详细介绍,分析追踪航天器远距离导引轨道设计的约束条件。交会对接标称轨道设计主要包括追踪航天器、入轨轨道、目标航天器轨道以及交会对接轨道设计等，涉及发射场、运载器、测控系统、航天器燃料消耗等诸多约束因素，是一个非常复杂的问题。

7.2.1 远距离导引设计约束条件

空间交会对接追踪航天器远距离导引的一般技术要求和约束条件如下。

（1）轨道机动条件。在远距离导引过程中，目标航天器采用对地定向三轴稳定，且不做轨道机动；追踪航天器通常是对地定向，但在变轨机动过程中，可根据需要进行调姿，其基准可选择当地轨道坐标系或惯性坐标系。

（2）测控要求。地面测控网应能保证在机动过程中对追踪航天器进行跟踪测轨、遥测遥控和联络通信的弧段要求；满足关键变轨点同时对目标航天器和追踪航天器的测量定轨、轨道参数注入和轨道机动监视的要求。

（3）初始轨道参数要求。追踪航天器发射窗口和初始轨道满足调相变轨的初始条件要求。对于近地交会对接飞行任务，目标航天器运行轨道和追踪航天器初始轨道均为近地近圆轨道，轨道高度低于 500 km，偏心率小于 0.02；空间交会过程可以是非面或非共面，但追踪航天器相对目标航天器的初始相位角和轨道非共面偏差应在允许范围内。

（4）交会时间要求。对于近地交会而言，通常目标轨道是一个两天或者 3 天的回归轨道，因此，要求远距离导引段在两天或 3 天内完成。此外，对于载人交会对接而言，航天员作息时间也是安排远距离导引变轨策略的一个重要约束，即变轨点尽量安排在航天员非休息时间段内。

（5）远距离导引终端条件要求。远距离导引终端条件也即自主交会阶段的起始点轨道要求。通常要求进入略低于目标轨道十几千米到几十千米的共面圆轨道。由于星载自主测量设备要求，相对距离在几十千米到 100 多千米，终端条件可由瞄准点以及进入走廊两种条件表示。

（6）轨道模型要求。由于远距离导引段飞行时间较长，基于线性化方程和轨道摄动方程的解与实际飞行具有较大的差别，地球非球形摄动和大气阻力摄动是必须考虑的。同时，由于精度要求，实际变轨策略要考虑到各种偏差因素，如测量误差、控制误差、轨道预报误差，以及模型误差等，制定实时变轨策略。

7.2.2 交会对接轨道设计

对接轨道即目标航天器的交会对接目标轨道。回归轨道是国际上交会对接经常采用的设计轨道，一般情况下，轨道回归周期选用 2 天或 3 天。这样，追踪航天器如因天气或其他因素在预定发射时刻未能发射，仍可以在满足交会任务的最佳初始相位角要求的条件下推迟发射，推迟的时间为目标航天器轨道回归周期的倍数。因此追踪航天器在地面等待发射时，在一定的回归周期前后发射，目标航天器和追踪航天器的初始相位角能基本保持不变，这将有利于发射窗口的选取以及交会对接中追踪航天器轨道方案的设计。

我国交会对接追踪航天器/目标航天器对接轨道设计如下。

(1) 对接轨道要求为圆轨道，偏心率近似取为 0（<0.001）。

(2) 对接轨道倾角范围为 42°~43°。

(3) 对接轨道要求为两天回归轨道，平根数轨道高度取为约 343 km，即半长轴约为 6 714 km（取地球平均半径 6 371 km）。

(4) 对接轨道的升交点赤经由发射窗口决定。

(5) 对接轨道的近地点幅角与真近点角共同构成轨道相位。追踪航天器入轨时，目标航天器与追踪航天器的相位差由远距离导引段标称轨道设计确定。

7.2.3 追踪航天器入轨轨道设计

我国交会对接任务的交会策略采用的是共椭圆法，其原理是利用两个航天器的不同高度、按照霍曼转移椭圆原理，使追踪航天器以不同的速度移向目标航天器。共椭圆轨道法假设追踪航天器处于一个椭圆轨道上，该轨道低于目标航天器的圆形轨道，通常远地点也低于目标轨道。这样可以通过少量的几次点火使追踪航天器的轨道圆化，但仍低于目标轨道。这时，追踪航天器处于内圈轨道，目标航天器处于外圈轨道，然后在适当时刻使追踪航天器点火提高远地点高度，最终与目标航天器相遇。

我国交会对接任务追踪航天器入轨轨道设计如下。

(1) 入轨近地点高度 200 km，远地点高度 330 km。

(2) 入轨轨道倾角由运载火箭保证与目标航天器轨道倾角基本一致。

(3) 通过选择合适的发射窗口保证轨道升交点赤经与目标航天器的轨道升交点赤经基本一致。

(4) 入轨点为轨道近地点。

7.2.4 远距离导引段终点状态设计

远距离导引交会轨道机动的目的是通过控制轨道高度差，缩短相对距离，同时消除两个航天器轨道平面偏差，使追踪航天器与目标航天器相对位置和相对速度满足终点要求，为追踪航天器转入自主控制创造条件。远距离导引交会轨道机动以远距离导引终点相对位置和相对速度的状态要求为目标。

在交会时间为两天的远距离导引段终点位置，追踪航天器处于目标航天器的后下方，相距约 52 km。在目标航天器轨道坐标系内的相对位置和相对速度设计为

$$\begin{cases} \bar{X} = -50 \text{ km}, \bar{Y} = 0.0 \text{ km}, \bar{Z} = 13.5 \text{ km} \\ \bar{V}_X = 23.23 \text{ m/s}, \bar{V}_Y = 23.23 \text{ m/s}, \bar{V}_Z = 0.0 \text{ m/s} \end{cases} \tag{7-1}$$

若以目标航天器 RIN 坐标系（R-径向，T-切向，N-法向）表示，则为

$$\begin{cases} \bar{R} = -13.5 \text{ km}, \bar{T} = -50.0 \text{ km}, \bar{N} = 0.0 \text{ km} \\ \bar{V}_R = 23.23 \text{ m/s}, \bar{V}_T = 23.23 \text{ m/s}, \bar{V}_N = 0.0 \text{ m/s} \end{cases} \tag{7-2}$$

7.2.5 远距离导引轨道机动设计

远距离导引阶段的交会轨道机动分为轨道面内机动和修正轨道面偏差机动，具体设计如下。

(1) 提高近地点轨道机动。此次机动在远地点执行，根据目标航天器和追踪航天器相位差与交会总时间，确定交会转移轨道的高度。通过提高近地点轨道高度达到调整相位的目的，满足终点轨道切向位置的要求。

(2) 修正远地点高度机动。此次机动在近地点执行，根据自主控制段对两个航天器轨道高度差的要求，修正远地点高度；此次机动同时修正相位调整量。通过调整远地点轨道高度达到调整轨道半长轴的目的，满足终点轨道径向位置要

求并控制径向、切向速度。

(3) 圆化轨道机动。此次机动在远地点附近执行，按照远距离导引终端轨道高度要求将追踪航天器轨道圆化；此次机动同样修正相位调整量。通过提高近地点轨道高度满足调整轨道偏心率尽量为零与终点轨道径向位置和切向、径向速度的要求。

(4) 轨道平面修正机动。此次机动在追踪航天器轨道平面与目标航天器轨道平面的交点执行，主要是修正追踪航天器轨道平面与目标航天器轨道平面的偏差，包括轨道倾角偏差和升交点赤经偏差。采用一次组合轨道机动进行两偏差要素的联合修正。通过在两个航天器轨道平面的交点进行倾角偏差和升交点赤经偏差的修正，满足终点轨道法向位置和法向速度的要求。

(5) 组合修正机动。组合修正是为了消除以上轨道机动偏差、提高控制精度、满足远距离导引终点的要求。此次机动需根据实际偏差轨道确定，在实际轨道满足远距离导引终点控制精度要求时，不实施此次机动。

上述远距离导引交会轨道机动方案设计采用的是特殊点调相变轨控制，同时，为了避免交会对接远距离导引机动规划的复杂性，采用了变轨过程机动方向单一的控制方式，不考虑施加径向速度分量。这些简化有助于交会对接任务工程实现的安全性和有效性。

7.3 近距离导引段

在交会任务最初轨道，主要目标是利用较低轨道具有较短轨道周期的原理，缩小追踪航天器和目标航天器之间的相位角，如图 7-1 所示。在这一阶段，发射引起的倾角和升交点赤经误差能相继得到修正。作为一条准则，所有调相机动都由地面控制。调相的最终目标是，或者获得"初始瞄准点"，或者在一定距离获得位置和速度的一定裕度，即"轨道门"或"门"。"初始瞄准点"或"门"的范围必须使最终的逼近过程成为可能。"初始瞄准点"或"门"应在目标航天器的轨道上，或非常接近目标航天器轨道，其位置选取是执行相对远程交会作业的先决条件。

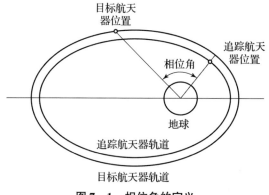

图 7-1　相位角的定义

近距离导引段是指从相对导航建立，追踪航天器自主实施姿态和轨道控制，逐步接近目标航天器直至对接的飞行阶段。近距离导引段需要充分考虑两个航天器间的相对运动特性，所采用的制导、导航和控制策略有别于其他阶段，最能体现交会对接技术的特点，并且整个交会对接任务对该阶段控制系统的性能要求最多也最为严格，所以近距离导引段一直是交会对接制导、导航与控制理论方法研究的热点和工程设计的重点。根据不同的任务功能和性能要求，近距离导引段又可以进一步细分为寻的段、接近段、平移靠拢段、最后逼近段等子阶段，必要时还需包括绕飞段。

7.3.1　寻的段

在很多出版物里，近程交会这一过程被称为"寻的"，类似于飞机接近机场的导航学术语。近程交会阶段的主要目的在于减少轨道偏差，也就是获得近程交会操作必需的初始位置、速度和角度率条件。这一阶段的主要任务是获得目标轨道、减小逼近速度以及与任务时间表保持同步。当追踪航天器和目标航天器可以进行相对导航时，交会就可以开始了。自寻的段的终点（图 7-2 中 S_2 点）开始，可以沿标称的轨道，按固定的时间表启动标准的交会作业，这一特征对自动交会过程特别理想。

寻的段从远距离导引段结束且追踪航天器上的相对测量敏感器捕获合作目标（Cooperative target）建立相对导航开始，直到追踪航天器到达寻的段终端瞄准点结束。寻的段是近距离导引段的初始飞行阶段，作为与远距离导引段衔接的阶

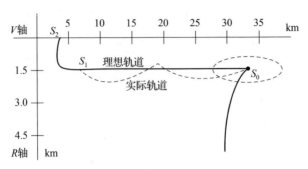

图 7-2 从调相轨道向交会轨道转移

段，寻的段需要消除远距离导引段测定轨误差以及制导和控制误差所造成的轨道控制误差，使追踪航天器接近目标航天器并降低接近速度。目标航天器的操作需求，可能导致寻的段的终点的位置受到限制。比如对 ISS 来说，"逼近椭球"定义为沿目标轨道方向长半轴 2 km 和短半轴 1 km 的椭球体。要求最终交会机动的逼近开始点位于逼近椭球之外。因此，寻的段通常开始于与目标相距数十千米之外，止于距目标数千米之处。

寻的段的初始位置是寻的段飞行阶段设计的关键点之一。寻的段的初始位置是远距离导引段与近距离导引段的交接位置，其选择主要取决于相对测量敏感器的作用范围、远距离导引控制精度以及近距离导引段对初始位置和速度的要求等因素。经远距离导引段，必须将追踪航天器导引到相对测量敏感器的作用范围之内，保证在远距离导引段的控制误差范围内，相对轨道构型均能够满足相对测量敏感器捕获目标并有效测量；同时，寻的段的初始轨道应该尽量为近距离导引段创造较好的初始相对运动条件；此外，寻的段初始位置的设计还与追踪航天器轨道控制能力以及寻的段相对制导策略有关。

寻的段的主要制导、导航与控制功能可概括为：追踪航天器自主完成姿态确定、相对导航信息处理、制导律解算以及控制量实施。经过若干次轨道控制后，追踪航天器最终进入与目标航天器相同的轨道，但位于目标航天器后方一定距离的停泊点，必要时进行相对位置保持控制，以进行状态检查。

7.3.2 交会时的相对导航

在调相过程中，所有机动都是基于追踪航天器上的敏感器（如 GPS 等）或地面提供的绝对导航测量来实现的。而交会操作（远程交会和近程交会）的导航是基于相对距离和方位（如雷达测量等），或是直接基于追踪航天器和目标航天器的相对位置［如相对 GPS（RGPS）等］来完成的。调相末段最后的开环机动，要把追踪航天器带到相对导航敏感器的作用范围内，开始进行远程交会。远程交会初始阶段，要求相对导航敏感器的测量精度大约在 100 m 量级。同样，远程交会最后阶段轨道的精度必须与近程交会开始阶段的精度要求相一致。通常要求的定位精度是数十米，测量精度大约是 10 m。

7.3.3 轨道因素和弹性时间因素

交会的轨道因素包括在圆轨道或椭圆轨道上的自由漂移、切向或径向转移和保持点。为了把任务的时间表与外部事件（如日光照明、通信窗口和航天员操作时间等）协调一致，远程交会方案应把弹性时间因素包含进去。在调相过程中就采用过相同方案，通过变换轨道高度可以获得或快或慢的调相速率。虽然这一技术在这里也可以应用，但因为追踪航天器离目标轨道很近，其他一些弹性时间方法也是可行的。最重要的一个因素是，在目标轨道的停泊点上，航天器可以零标称 ΔV 长期停留。如果在 V 轴上设计停泊点，通常是在远程交会的最后阶段运用（图 7-3）。还有其他一些可能方案，包括在目标轨道之下或之上的前向、后向漂移，或在平均轨道高度等于目标轨道高度的椭圆轨道上运行。

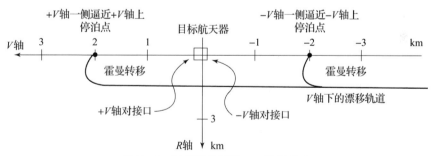

图 7-3 时间弹性因素：V 轴停泊点

7.3.4 与目标航天器的通信联系

一般来说，在远程交会阶段开始之前或初始阶段，就要建立追踪航天器和目标航天器之间的通信联系。对于通信能力的需求往往是出于操作和安全的需要，也包括导航敏感器功能的要求（如 RGPS 等）。实际上，除了敏感器功能要求之外，在逼近到对接的整个过程中，两个航天器之间无须直接通信联系，也就是说所有通信联系可以通过地面来操控。然而，与地面的通信联系容易受到干扰，甚至出现中断。当交会任务中目标为载人航天器时，出于安全考虑，要求在近程交会操作之前建立直接通信联系。目标航天器上的航天员必须能够监控即将到达的航天器的轨道和高度，能够控制追踪航天器，使它在两个航天器中的任何一个航天器发生问题时能够停止前进或后退。在出现危险情况时，航天员必须能够启动碰撞机动。当两个航天器都不载人时，一般航天器之间无须建立直接通信联系。

7.3.5 接近段与平移靠拢段

近程交会阶段通常分为两个子阶段：引导到最终逼近走廊的准备段，常称"接近段"；引导至对接的最终逼近段，常称"平移靠拢段"。但在实际应用中，视场时常存在无法区分接近段和平移靠拢段的情况。比如，在 V 轴逼近过程中，如果两个航天器的运动方向保持一致，敏感器的种类也没有发生改变，则两个阶段的区间往往难以界定。

下列特征对近程交会操作的启动至关重要：轨道面外（转道倾角）误差和轨道面内误差均须修正到一定精度；捕获之前的任务时间表与外部约束条件同步；两个航天器在空间和地面的各相关方面需准备好对接前的操作。接近目标时操作的安全性至关重要，它要求轨道和船载系统的设计具有安全特性，使地面操作人员和目标航天器的航天员能够持续地监控与进行干预。

1. 接近要达到的目标和终点条件

接近段从寻的段终端瞄准点开始，直到将追踪航天器导引至接近段终端瞄准点结束。接近段的任务是缩短与目标的距离，获得最后逼近走廊的条件。对接走廊定义为以目标航天器对接轴为中心、半锥角一般为 8° 的一个圆锥，用于约束平移靠拢段相对运动控制策略设计。这意味着在这一阶段的末期，追踪航天器的位置、速度、姿态和角速率，都应调整到安全走廊的限制范围内，做好在正确的逼近轴向进行最后逼近操作的准备。如果对接的逼近轴不在 V 轴方向，那么在接近段需要进行绕飞来获得逼近轴。由于对导航精度的要求不断增加，很多情况下，在最后逼近过程中要使用一种与前面阶段不同的敏感器。这时，接近寻的段末端要满足新的敏感器的使用条件。经验的方法是测量的精度大约为1%或者更高。

整个接近段飞行过程的相对距离一般从数千米缩短至数百米，为适应相对测量敏感器的测量范围，并使飞行轨迹的安全性更好，在接近段通常会设置过渡停泊点，并经由停泊点间的转移最终捕获对接走廊。接近段的终端瞄准点是平移靠拢段的起点，要确保接近段结束时相对位置和姿态满足平移靠拢段使用的相对测量敏感器（通常为成像式交会对接敏感器）的工作条件，以建立稳定的相对导航，同时接近段还应该为平移靠拢段尽量提供好的初始相对运动条件。

2. 轨道因素和弹性时间因素

由于近程交会操作中安全性至关重要，轨道策略要考虑到，在不能执行推进机动（不管是完全不能，还是部分不能）的情况下，不会把航天器留在一条最终会导致碰撞的轨道上。关于接近段轨道的选择，需考虑以下几点因素。

（1）由于轨道特征的原因，纯切向机动极少采用。

（2）镜像机动可以导致轨道偏心而不改变平均轨道高度，也就是在 V 轴上开始的径向机动，将产生静止椭圆。然而，如果由于导航误差，在高于或低于目标轨道的某处开始机动，会产生"移动的椭圆"，它移向或离开目标。

（3）如果接近段持续距离超过2 000 m，由于需要相对较高的 ΔV 代价，不宜采用直线逼近法。

必须确保轨道控制停止以后，至少在若干圈内不会与目标碰撞。保持不碰撞的圈数的多少，取决于目标航天器准备和执行逃脱机动所需的时间。

虽然在开始接近目标之前，任务时间表已与外部约束同步协调，但出于微调和操作的需要，仍然需要保留类似停泊点形式的调节时间。还要考虑交会过程会由于任何一个航天器出现的异常情况而长时间中断。在这种情况下，追踪航天器要回到安全距离停泊点，等待再次逼近。因此，轨道设计时要把返回停泊点的因素考虑进去。停泊点可以接近起始点，如果解决异常情况需要更多时间，也可以是距离目标更远的、更加安全的一点。

7.3.6 绕飞和 R 轴捕获

在交会对接过程中，若接近段结束后，追踪航天器能够捕获目标航天器的对接口，则经平移靠拢段就可以完成最终交会和对接。若接近段不能直接捕获对接走廊，或者追踪航天器需要完成不同对接口之间的转移，则要增加绕飞段。在绕飞段追踪航天器围绕目标航天器进行相对飞行，直至捕获目标对接走廊。绕飞一般在停泊点间进行。

由于对接口可能位于目标航天器的任意位置和方位，所以绕飞会有多种类型，但最为常见的是轨道面内的前、后向对接口间的绕飞，以及前、后向对接口与径向对接口之间的绕飞。绕飞轨迹的设计视具体任务而定，绕飞轨迹的起始点和终点的选择由相对测量敏感器安装、目标航天器和追踪航天器构型、轨迹的安全性、绕飞制导策略等因素决定。

图 7-4 为 V 轴逼近和 R 轴逼近的不同捕获策略。V 轴最后逼近可以由 $+V$ 轴一侧或 $-V$ 轴一侧 [图 7-4 轨道 (a) 和轨道 (b) 的 V 轴停泊点直接开始]。为了获得 R 轴逼近走廊，可以采取几种可行方法。

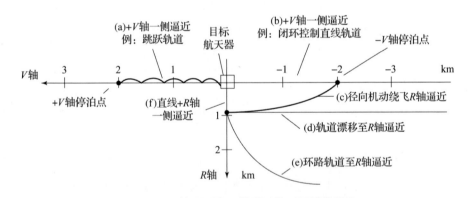

图 7-4 V 轴逼近和 R 轴逼近的不同捕获策略

第一种方法是在 V 轴上的某点开始绕飞 [图 7-4 轨迹 (c)]。从 V 轴位置开始的好处在于操作灵活，因为在 V 轴停泊点上可以无限期停留。

第二种方法是利用径向脉冲转移轨道最后阶段的自然向上运动，直接从比目标轨道 [图 7-4 轨道 (e)] 低的一个轨道逼近 R 轴轨道上的起始点。由于省略了中间轨道，该方法的逼近时间短、推进剂消耗少，缺点是没有灵活的时间和缺少避免碰撞的安全特征。

第三种方法是采用图 7-4 中的轨道 (d)，该轨道在一个比目标轨道稍微低的轨道中向 R 轴逼近走廊漂移。它的优点是推进剂消耗低、本身就固有的避免轨道碰撞安全性。通过选择与目标轨道的轨道高度差,可以获得时间上的较强灵活性。

7.3.7 最后逼近段

最后逼近段从接近段终点或绕飞段终点开始,直至两个航天器的对接机构接触。平移靠拢段 GNC 系统的任务就是控制追踪航天器沿对接走廊向目标航天器逼近,在两个航天器的对接机构接触时满足对接初始条件。对接初始条件通常用相对位置、速度、姿态和姿态角速度描述。平移靠拢段的相对位置和姿态通常均采用闭环控制方式,使追踪航天器以设定的状态接近目标航天器,该阶段两个航天器相距非常近,并且需要进行频繁的姿态和位置控制,在控制精度、轨迹安全、系统可靠性等方面对 GNC 系统的性能都有严格的要求,是整个交会对接任务设计的重中之重。

1. 逼近的目标和终端条件

逼近的目标是获得对接和停靠捕获所需的位置、速度、相对姿态和角速率条件。最理想的逼近终端条件是把追踪航天器的对接面或捕捉面送到目标航天器对接机构的接受范围内,若是停靠,则把追踪航天器导引到目标捕获机械臂的端口内。对于被动捕获锁对接(碰撞对接),必须具备一定的轴向接近速度,才能满足所需的能量条件。对于主动捕获锁对接(软对接),捕获锁是自动化的,由敏感器触动开启。这种类型的对接装置需要很低的接触速度才能进行操作。停靠时,追踪航天器上的机械手捕捉端口必须在一定空间范围内停留一段时间,以便机械手在此段时间范围内能够到达该空间。

2. 最后逼近轨迹

最后逼近过程的轨道有两种:闭环控制的直线轨道和由大量跳跃状小半圆组成的准直线轨道。第一种类型是自动船载控制系统的优选。由于第二种类型可以命令固定的推进脉冲,所以对人工控制逼近更为方便。例如,当目标图形的参考线越过摄像机或敏感器视野的水平中心线时,就可以采用第二种类型。在这一过程中,常用直线轨道或准直线轨道,一方面是由于交会敏感器视场有限,另一方面是由于对接端口要沿其对称轴相互嵌入。

3. 导航和控制要求

初步估算时，要求导航测量精度约为所测距离的1%，这样的精度同样适用于最后逼近段。这与对接的最后控制精度相吻合，而对接的最后控制精度取决于对接机械装置的捕获范围：横向位置几厘米，姿态1°，轴向速率和横向速率1 cm/s，角速率1(°)/s。

在停靠阶段，绝对位置和姿态的精度并非关键因素，通常5倍于对接时的数值精度仍能够被接受。与之相反，线速度和角速度的精度要求比对接时低80%。出于安全考虑，目标航天器可能要求追踪航天器上的反应控制系统在机械手捕获操作开始启动之前关闭。机械手的操作从开始到捕获可能会超过60 s，在这段时间内，追踪航天器上的捕获接口必须保持在捕获范围之内。这也是通过GNC系统获得停靠条件要比获得对接条件困难的原因之一。

对于对接来说，GNC系统还要满足一个附加条件。已经讨论过的V轴逼近和R轴逼近，只牵涉到标称对接轴，而实际的对接轴会与标称对接轴有偏差。这是由姿态偏差、姿态控制运动和目标航天器的结构弯曲造成的。因此，追踪航天器捕获并跟随瞬时对接轴十分重要（图7-5），需要追踪航天器的导航系统辨认对接口的中心位置，并跟踪对接轴的方向。为此，交会敏感器除测量轴向、横向位置（或者是距离和方向）外，还必须能够测量对接口之间的相对姿态。

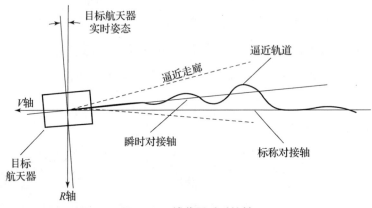

图7-5 捕获瞬时对接轴

4. 最后逼近段的其他约束

出于观测和安全原因，要界定一个锥形的逼近空中走廊，逼近轨道须在其中。圆锥顶点设在目标航天器上的对节点，也就是来自对接端口或停靠箱，有

10°～15°的半锥角。这样的空中走廊能让地面操作人员或目标航天器上的航天员通过摄像机或其他敏感器来评估逼近轨道的精度。如果追踪航天器越出走廊边界，则需要发出停止、后退或避撞机动的命令。

当追踪航天器接近时，出现的另一个问题是喷气羽流对目标航天器的影响。可以主要归纳为三个方面的影响。

（1）羽流的压力对目标航天器产生作用力。

（2）羽流气体对目标航天器结构施加的热载荷。

（3）燃烧产物和未推进剂对目标航天器表面的污染。

为了减小逼近速度，追踪航天器要在相反的方向加力，也就是推进器要直接向目标喷流。此外，要控制好追踪航天器的姿态，推进器的喷流可能指向任何方向。追踪航天器推进羽流对目标航天器有以下影响。

（1）对姿态和位置产生干扰，干扰的大小，取决于目标航天器的质量和惯性以及羽流压力的大小。

（2）使表面部件和浅层结构过热。

（3）污染目标航天器表面的敏感部件，尤其是光学部件，如交会敏感器上的反射镜和监控摄像机上的镜头等，还有对接机构上的密封件。

为了尽量消除这些影响，应该在距目标一定距离时达到对接时最后的接触速度，并保持不变。最后的制动喷流应在与目标有一段距离时进行，这样气体可以得到充分冷却，避免了对部件的损害；羽流微粒的密度在到达目标航天器表面时被大大降低，不至于显著聚集而造成污染。停靠时，这些影响不大，因为停靠箱总是被放置在机械手操作范围能到达的目标结构之外。

7.4 对接或停靠段

对于采用机械臂捕获完成对接的任务，交会对接任务通过追踪航天器在目标航天器附近停泊，然后由目标航天器采用机械臂捕获追踪航天器，从而实现两个航天器对接。对接任务的完成需要相对状态满足一定的条件，即接近速度、横向位置、横向速度、相对姿态和姿态角速度等在一定范围内。具体的约束条件由对接口所在位置（如前向、后向、径向对接口）、对接机构的性能、控制能力、导航精度、航天器质量和惯量等多个条件决定。

7.4.1 目标或终极条件

当追踪航天器的 GNC 系统把捕获接口导入目标航天器的捕获范围内时，捕获过程就开始了。这一过程必须在对接端满足以下方面的限制范围时实现。

（1）逼近速度、横向偏差、角度偏差、横向速度和角速度。

（2）位置和姿态的精度，停靠的残余线速度和角速度。相应地，对接或停靠系统的任务和职责包括以下几个方面。

①达到捕获条件，也就是不用逃逸的条件（任务1）。

②缓冲两个航天器之间的相对运动（任务2）。

③拉紧（任务3）。

④形成刚性连接（任务4）。

⑤在航天器之间形成密封压力通道——通常在结构连接的过程中获得（任务5）。

⑥建立数据、电力和可能的流动（推进剂、水、空气）连接接口（任务6）。

一旦完成这些任务，对接过程就宣告结束。

7.4.2 关于捕获问题的讨论

对于捕获，通常可以分为合作目标与非合作目标的捕获。一般地，非合作目标是相对于合作目标而言的。典型的合作目标有俄罗斯的"联盟号"与我国的"天宫一号"和"天宫二号"等。合作目标是指具有专门设计的对接机构航天器和有特殊设计的合作目标标志器，其真实位置信息除了传感器可以直接量测之外，还可以通过其他合作渠道获得。比如某个固定目标的位置是事先已知的，或者友机通过无线电不断报告其自身精确的导航位置等。空间非合作目标一般是指那些没有装备通信应答机或者其他传感器的航天器，真实位置信息除了传感器可以直接量测之外，再无任何其他技术手段能够获取目标的准确位置。非合作目标具有以下特点：没有安装特征块和合作标志器；没有安装特殊设计的对接接口；不能主动传送其姿态信息。非合作目标通常包括己方未配置合作接口的卫星、安装合作接口但发生故障或燃料耗尽的己方卫星、己方失效卫星的空间碎片及敌国航天器等。

非合作目标的非合作性程度主要是由测量和抓捕两方面来决定的,因此可以把非合作目标分为4类。分类情况如表7-1所示。

表7-1 非合作目标分类

类别	测量特性	抓捕特性	样例
1	目标模型信息已知,可直接测量获取位姿信息	有对接环、喷管等可用于抓捕的机构	己方卫星
2	目标模型信息已知,可直接测量获取位姿信息	无可用于抓捕的机构	己方火箭末级
3	目标模型信息未知,需通过视觉系统在线建模	有对接环、喷管等可用于抓捕的结构	敌方航天器
4	目标模型信息未知,需通过视觉系统在线建模	无可用于抓捕的机构	空间碎片

按照与目标是否接触,非合作目标捕获可分为非接触式捕获和接触式捕获。其中,非接触式捕获可通过发射激光或离子束等方式产生作用力,进而推动目标进入预期位置。接触式捕获可分为刚性连接捕获和柔性连接捕获,刚性连接捕获方法主要为机械臂末端配备抓取装置的形式;柔性连接捕获主要有飞网捕获、鱼叉捕获、绳系抓捕装置、柔性夹持机构等方式。捕获方法分类如图7-6所示,下面介绍几类常见捕获方法。

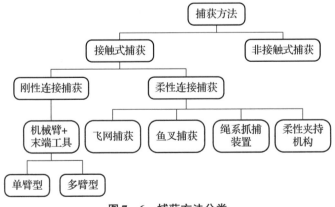

图7-6 捕获方法分类

1. 单机械臂捕获

单机械臂捕获一般采用一个机械臂及末端抓捕工具的结构形式，该方法主要针对各类航天器，且要求目标具有可实现对接的结构，一般是星箭对接环或卫星发动机喷管。2007 年，德国宇航局（Deutsches zentrum für Luft – und Raumfahrt，DLR）开展了一项名为 DEOS 的研究计划，该项目主要对 LEO（低地球轨道）上翻滚、失控非合作目标卫星进行抓捕延时验证，并根据任务要求辅助实现飞行器脱离运行轨道。DEOS 采用机械臂末端配备抓取装置来抓取目标航天器的手柄的捕获方式。DEOS 机械臂技术以国际空间站机器人组件任务的技术为基础，国际空间站机器人组件是 DLR 研发的轻型机械臂，机械臂末端安装抓取装置，通过手爪闭合抓住目标手柄，如图 7 – 7 所示。手爪上安装照明系统和 1 台相机，相机视场角为 60°，用于辅助地面观察目标状态。交会过程中所需的传感器系统包括 1 套近距立体相机、1 套中距立体相机、2 套远距单色相机、1 套对接单色相机、2 套无线电探测器及 2 套激光定位器。

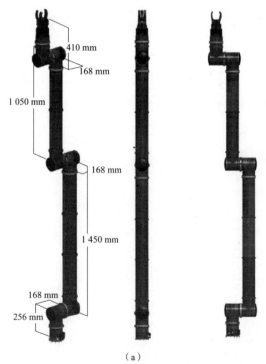

(a)

图 7 – 7　DEOS 捕获机构

(a) 机械臂

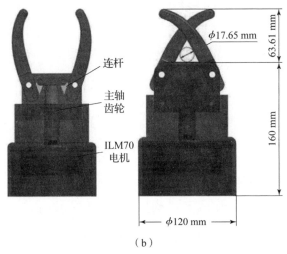

图 7-7 DEOS 捕获机构（续）

(b) 抓取装置

DEOS 抓捕过程如下。

(1) 远距离追踪目标至两个航天器相距 300~5 000 m。

(2) 近距离交会，服务航天器逐渐靠近目标航天器至相距几米。

(3) 通过机械臂带着抓取装置靠近对接手柄，抓取装置手爪闭合锁紧，完成抓捕。

(4) 待组合体稳定后，服务航天器带动目标航天器进行离轨。

对接时，所有任务的完成都集中在对接机构上。停靠时，任务 1~任务 3 由机械手来完成，剩余的任务由停靠机械装置完成。停靠的捕捉端口，一个锚针装置，不需要固定在追踪航天器的其他对接部件的附近。实际上，为了更好地捕获和操作，捕捉端口与对接部件通常位于追踪航天器不同表面的不同位置。

对接和停靠时捕获的另一个基本区别在于，对接时，追踪航天器的机体受到主动控制，引导其捕获端口进入目标航天器的相应端口；而停靠时，机械手扮演主动角色，引导锚锥装置去捕获另一个航天器上的被动锚针装置。因此，机械臂可以安放在任意一个航天器上；反过来讲，被动锚针装置也如此。图 7-8 表示了对接过程和停靠过程的基本区别，但接触和捕获端口发生的物理效果却是相似的。

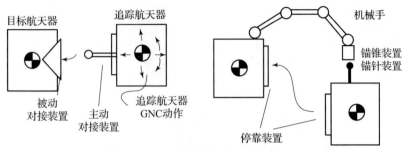

图 7-8 对接和停靠

由于接触时两个机体会产生回弹,然后再分开,因此捕获必须在端口离开捕获容器有效区的极短的时间内完成。例如,当刚体以 $0.1\ \mathrm{m\cdot s^{-1}}$ 的相对速度做自由运动进入机体开口直径为 $0.1\ \mathrm{m}$ 的凹陷的固定锥体时,在 $1\ \mathrm{s}$ 之内经两次回弹,刚体又会离开锥体(图 7-9)。

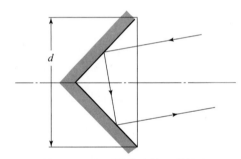

图 7-9 凹面椎体中的回弹轨迹

2. 绳系抓捕装置

刚性连接捕获是最常见的捕获方式,其优点在于目标卫星(客户星)与捕获卫星(服务星)为刚性连接,对接非常稳固,方便为后续执行在轨维修、维护、燃料加注等服务提供便利条件。其不足之处在于,服务星容易与客户星发生碰撞,导致任务失败。此外,刚性连接捕获对于服务星的控制性能要求非常高,导致技术难度大、研制成本高。为了克服以上不足,研究人员开发了柔性连接捕获方法。

绳系抓捕装置:空间绳系机器人(Space Tethered Robot,STR)概念利用绳系代替多自由度的空间机械臂,构成空间平台、空间绳系和抓捕装置的空间机器人(图 7-10)。

第 7 章 航天器远距离自主交会任务分析与设计 265

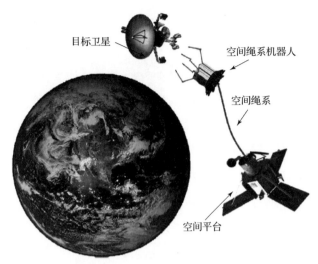

图 7-10 空间绳系机器人概念图

该机器人可实现碎片清理和在轨捕获等操作，其操作范围远达数百米，远远超过传统空间机器人的操作范围（数米）。操作距离的加大可有效避免空间平台与目标卫星的直接接触，进而消除与目标可能发生的碰撞，安全性大大提高。空间绳系机器人的工作原理主要由平台变轨、目标捕获和拖曳变轨三个阶段组成，如图 7-11 所示。

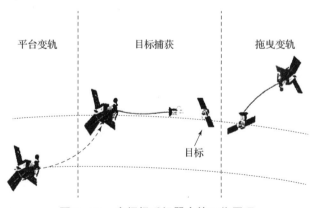

图 7-11 空间绳系机器人的工作原理

3. 飞网捕获

飞网捕获方法是现阶段非常热门的一个研究方向，它通常用来清除空间碎片或者将失效航天器离轨。由于飞网捕获有适应性强和成本低等优点，该方法得到了欧洲许多国家的重视，被广泛应用于很多研究项目当中。

飞网的结构通常采用四边形，在 4 个角配备质量块，称为"子弹"。它们有两个作用：发射飞网后辅助飞网张开；飞网接触目标之后，在惯性力作用下，子弹交错，将目标包裹。飞网通过绳系与服务航天器（服务星）平台连接，当飞网包络和抓捕目标后，通过对服务航天器的控制，可拖动目标实现离轨操作。

飞网捕获的技术瓶颈主要包括两部分：柔性飞网动力学建模和飞网碰撞动力学建模。前者的关键是如何建立可准确表述飞网动力学模型的柔性特征，后者主要研究飞网与目标接触、碰撞过程中的力学问题。

众多的飞网捕获项目中，RemoveDEBRIS 是 ECFP7（欧盟第七框架计划）下的一个项目，旨在进行主动碎片清除技术的在轨演示实验。该项目中飞网捕获目前已经完成了地面实验验证，如图 7 – 12 所示。

图 7 – 12　RemoveDEBRIS 飞网实验

飞网捕获实验的主要过程为：第一步，从实验平台上以较低的速度（5 cm/s）释放一颗小的立方体卫星作为碎片目标。第二步，该立方体卫星上搭载的气球充气膨胀，为飞网捕获提供一个较大的目标。第三步，发射飞网进行抓捕，当飞网接触到目标时，部署在飞网末端的质量块交错缠绕住目标，防止飞网再次打开。第四步，利用飞网带动目标进行离轨。RemoveDEBRIS 飞网实验过程如图 7 – 13 所示。飞网捕获已于 2019 年成功实现在轨演示，该项目源自欧盟委员会资助的主动碎片清除任务。

图 7 – 13　RemoveDEBRIS 飞网实验过程

4. 鱼叉捕获

鱼叉捕获是最近几年新提出的一种捕获方法。它的工作过程如下：平台发射一个带有倒钩的鱼叉装置；装置穿透目标，倒钩打开防止鱼叉脱落；鱼叉的尾部与平台通过系绳相连。鱼叉装置概念设计如图 7-14 所示。鱼叉捕获方法的优点在于：能够适应多种形状目标，能够在较远的距离捕获目标，不需要特定抓捕点。鱼叉捕获的缺点是抓捕时会产生新的碎片。虽然鱼叉捕获的优势并不突出，但该方法成本低廉、容易进行地面试验验证，故鱼叉捕获方法在多项研究计划中被采用。

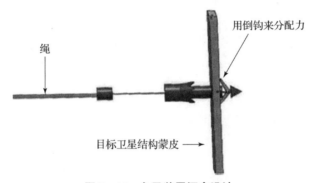

图 7-14　鱼叉装置概念设计

众多的鱼叉捕获项目中，e. Deorbit 项目也进行了鱼叉捕获研究，该项目中的鱼叉机构由 Airbus 公司负责研制。图 7-15 为 e. Deorbit 项目中的鱼叉结构。

图 7-15　e. Deorbit 项目中的鱼叉结构

Airbus 公司详细研究了鱼叉穿透目标时的碎片产生情况以及在低温环境下鱼叉穿透铝板的性能。图 7-16 为鱼叉穿透实验。研究人员通过大量的实验验证了鱼叉捕获的可行性,在欧盟委员会资助的主动碎片清除任务中,于 2019 年成功实现在轨演示。

图 7-16 鱼叉穿透实验

尽管上文阐述了对于非合作目标的捕获方法,但考虑到空间非合作目标通常不具备专门用于对接的接口,且无法进行通信,捕获难度更高。因此,大多数用于非合作目标捕获的方式均可以用于合作目标的捕获,如机械臂捕获等,对于合作目标的常用捕获方式就不再过多赘述。

7.5 组合体运行段

航天器组合体运行段的精确姿态控制是后续操作的基础。由于在轨服务任务的多样性,目标捕获后组合体的特性具有多样性,对组合体的姿态控制也不尽相同。组合体姿态控制主要是指服务航天器通过自身的执行机构,来实现对组合体航天器姿态的精确控制。能否对组合体姿态进行有效的控制,直接关系到后续任务,如轨道调整、辅助离轨,以及在轨维护能否顺利开展等,是后续在轨服务任务的重要前提和必要环节,由此可见,开展目标捕获后的组合体航天器姿态控制具有重大研究意义,亟须深入开展研究。但由于空间在轨服务任务的多样性,服务航天器所抓捕目标的特性也不尽相同,所抓捕的目标可能存在着很大的未知性与不确定性,因此组合体航天器是一个具有参数不确定性以及动力学耦合的复杂时变非线性系统，在其姿态控制系统设计过程中，主要将面临以下几个问题。

（1）组合体航天器存在转动惯量不确定性。对于合作目标而言，其质量参数虽然可以提前获取，但是由于存在辨识误差、测量误差、燃料消耗以及晃动等因素的影响，组合体航天器的整体转动惯量不可避免地会存在不确定性。当目标为空间碎片、失效航天器等非合作目标时，目标的参数一般难以获取，所以势必会给组合体航天器的转动惯量带来未知影响。

（2）组合体航天器的整体转动惯量可能未知。当抓捕目标为非合作目标时，在目标质量与体积均较小的情况下，控制系统设计过程中可以将目标的未知质量特性当作不确定性进行处理。但在目标质量与体积均较大的情况下，附加的未知转动惯量远大于服务航天器，如果在设计姿态控制器的过程中仍将其当作不确定性进行处理，势必会影响到系统的控制性能，达不到预期的控制目标，严重的情况下还可能导致控制发散。

（3）目标航天器与服务航天器可能存在非完全约束连接。当抓捕目标为非合作目标时，如果非合作目标上不设置预设的抓捕接口，服务航天器只能对类似星箭对接环或太阳帆板杆件等位置进行抓捕，无法保证抓捕后目标与服务航天器之间不存在相对运动。当目标与服务航天器之间存在相对运动时，整个组合体航天器的动力学特性就变得十分复杂，是一类具有时变参数且存在强耦合非线性特性的非完全约束组合体航天器，难以建立精确的数学模型对其进行描述，传统的控制方案很难应用于此类组合体航天器。

（4）受在轨感知与处理能力的影响，组合体航天器在姿态控制过程中可能受到多种限制。比如由于无线通信导致的离散量化问题，角速度敏感器损坏导致的角速度不可测量问题以及自身输出能力有限导致的执行机构饱和问题。

上述所存在的问题主要针对非合作目标，而对于信息已知的合作目标，由于其惯量、约束等信息已知，控制难度大大降低，但在轨服务的大多数场景均为非合作目标，比如失效卫星、空间碎片等，因此要综合考虑各种因素的影响。但是由于组合体运行段不属于本书主要研究内容，因此该部分内容仅做简略介绍，感兴趣的读者可根据上文所提的该阶段姿态控制主要问题进行相关研究。

7.6 撤离段

撤离段为追踪航天器与目标航天器分离后,追踪航天器撤离至目标航天器安全区之外的飞行阶段。撤离飞行段分为正常撤离和紧急撤离两种情况。正常撤离是指在追踪航天器和目标航天器控制系统均工作正常的情况下,追踪航天器从目标航天器位置逐步撤离至安全区外;紧急撤离是指追踪航天器或目标航天器控制系统出现异常,追踪航天器实施异常处理策略迅速撤离至目标航天器安全区之外,并转入正常运行模式。

7.6.1 撤离段的目标和终端条件

除了在轨组装任务外,所有交会任务最后都会有与目标航天器分离和撤离的过程。这一过程包括:重启 GNC 系统,断开功能和结构连接,与目标航天器分离。这一阶段的终端条件包括:撤离航天器向不可逆轨道的转移,并到达距航天器足够的安全距离之外,以便执行大推力、离轨机动。

7.6.2 撤离的限制和问题

打开结构锁以后,要对撤离航天器的质心加一个推力(假设目标站保持被动)来获得足够的撤离速度。这通常也是撤离航天器推进系统的任务。然而,获得要求的安全撤离轨道需要足够的脉冲推力,这意味着在非常接近目标航天器的表面时要有一个相对很强的喷射。其可能产生的热载和表面污染问题在最后逼近段的约束中进行过相关讨论。解决这些问题的方法包括:进行最初的机动步骤时,在结构锁分离时施加弹簧力,为最初几米的运动提供冲力,然后在与对接口呈直角的方向加推力。另一个约束条件是要通过传感器或摄像机来观测撤离轨道,就像观测最后逼近段轨道一样。为此要设计类似于对接走廊的撤离走廊。

图 7-17、图 7-18 分别表示从 $-V$ 轴和 R 轴对接端口看到的典型的撤离轨道与撤离走廊。在这个例子当中,机动策略都满足了羽流对目标站影响最小并且撤离轨道处在撤离走廊内的要求。

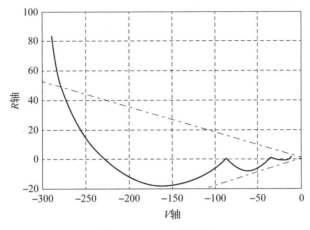

图 7-17 $-V$ 轴撤离

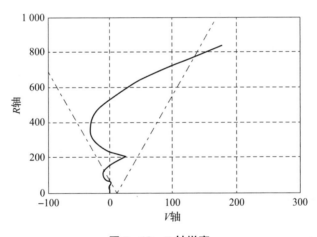

图 7-18 R 轴撤离

图 7-17 表示从 V 轴撤离的策略中，假设用对接机构分离装置的弹力把最初的小速度增量 0.06 m/s 加于撤离航天器上。引出的轨道会很快离开撤离锥体，该锥体被假设有 10° 的半锥角。150 s 后，为减少羽流对航天器的冲击，在 R 轴方向施加 0.05 m/s 的首次脉冲。420 s 后，进一步在径向施加 0.08 m/s 的机动，以保持航天器处在撤离走廊内。720 s 后，在大约 80 m 的距离，径向和轴向同时分别施加推力，各产生 0.2 m/s 的速度增量，这样羽流对目标航天器变不会产生很大冲击。撤离走廊一般被界定在几百米的距离内，以后撤离轨道可以呈任意形状，只要它远离目标航天器就行。

处于这样的撤离走廊中的轨道本身并不安全，因为在失控状态下，所形成的自由漂移轨道会导致与目标站相撞的风险。在此情况下，最后的方法是启动碰撞机动。如果这样，目标航天器就必须承受一些潜在的羽流冲击。在 $+V$ 轴一边相应的撤离轨道，可以通过在 R 轴和 V 轴上反射 $-V$ 轴轨道来获得。

从 R 轴对接端口或停靠点撤离的安全问题和污染问题，并不是那么严重。因为撤离航天器的质心会在 V 轴的下面，解锁后自然会向下或向前运动（图 7-18）。为了保持在撤离走廊内，最初的推力和最后的撤离点火，会在 $-V$ 轴方向上，也就是不会像 V 轴撤离那样朝向目标表面。

与逼近轨道相对照的是，撤离轨道的精度要求呈递减趋势，原则上撤离锥体的宽度要求不会像上面两个例子中那么狭窄。撤离锥体轴甚至可随自然运动相对于 V 轴呈任意角度。然而，为了监控轨道的安全状况，撤离锥体必须位于摄像机的视野范围里。

如本节所示，撤离策略由两个或更多的脉冲机动组成，因此也就变得简单直接了。就轨道实现来说，因为撤离过程的复杂程度相对较低，相应地对相关敏感器和 GNC 的需求的讨论在逼近阶段也充分涉及了，因此本书只关注了交会过程。

参考文献

[1] KAISER C, SJÖBERG F, DELCURA J M, et al. SMART – OLEV—an orbital life extension vehicle for servicing commercial spacecrafts in GEO [J]. Acta Astronautica, 2008, 63 (1 – 4): 400 – 410.

[2] XU W, LIANG B, LI B, et al. A universal on – orbit servicing system used in the geostationary orbit [J]. Advances in Space Research, 2011, 48 (1): 95 – 119.

[3] LONG A, RICHARDS M, HASTINGS D E. On – orbit servicing: a new value proposition for satellite design and operation [J]. Journal of Spacecraft and Rockets, 2007, 44 (4): 964 – 976.

[4] COLLINS M, ALDRICH A, LUNNEY G. STS 41 – G national space transportation systems program mission report: NASA TM – 105473 [R]. Johnson Space Center, TX, Nov. 1984.

[5] National Research Council. Assessment of options for extending the life of the Hubble space telescope: final report [R]. Washington, D. C.: The National Academy Press, March 2005.

[6] JOPPIN C, HASTINGS D. On – orbit upgrade and repair: The Hubble space telescope example [J]. Journal of spacecraft and rockets, 2006, 43 (3): 614 – 625.

[7] ISAKOWITZ S, HOPKINS J B, HOPKINS J P. International reference guide to space launch systems [M]. 4th ed. Reston, VA: AIAA, 2004.

[8] 梁斌, 徐文福, 李成, 等. 地球静止轨道在轨服务技术研究现状与发展趋势

[J]. 宇航学报, 2010, 31 (1): 1-13.

[9] 翟光, 张景瑞, 周志成. 静止轨道卫星在轨延寿技术研究进展 [J]. 宇航学报, 2012, 33 (7): 849-859.

[10] REYNERSON C. Spacecraft modular architecture design for on-orbit servicing [C] // AIAA Space Technology Conference & Exposition. Albuquerque, NM, AIAA Paper 99-4473, Sept., 1999.

[11] PELTON J N. Current space debris remediation and on-orbit servicing initiatives [M] // PELTON J N. New solutions for the space debris problem. Cham, Switzerland, Springer-Verlag, 2015: 11-29.

[12] WINGO D R. Orbital recovery's responsive commercial space tug for life extension missions [C] // 2ed Responsive Space Conference, Los Angles, 2004.

[13] Vivisat launched [EB/OL]. (2011-01-17). http://www.spacemart.com/reports/ViviSat_Launched_999.html.

[14] SMITH D A, MARTIN C, KASSEBOM M, et al. A mission to preserve the geostationary region [J]. Advances in space research, 2004, 34 (5): 1214-1218.

[15] FEHSE W. Automated rendezvous and docking of spacecraft [M]. Cambridge: Cambridge University Press, 2003.

[16] 林来兴. 空间交会对接技术 [M]. 北京: 国防工业出版社, 1995.

[17] 唐国金. 罗亚中, 张进. 空间交会对接任务规划 [M]. 北京: 科学出版社, 2008.

[18] 张柏楠. 航天器交会对接任务分析与设计 [M]. 北京: 科学出版社, 2011.

[19] 朱仁璋. 航天器交会对接技术 [M]. 北京: 国防工业出版社, 2007.

[20] HABLANI H B, TAPPER M L, DANA-BASHIAN D J. Guidance and relative navigation for autonomous rendezvous in a circular orbit [J]. Journal of guidance, control, and dynamics, 2002, 25 (3): 553-562.

[21] CHEN T, XU S J. Approach guidance with double-line-of-sight-measuring navigation constraint for autonomous rendezvous [J]. Journal of guidance, control, and dynamics, 2011, 34 (3): 1003-1014.

[22] LOVELL T A, TRAGESSER S G. Guidance for relative motion of low earth orbit

spacecraft based on relative orbit elements [C] // AIAA/AAS Astrodynamics Specialist Conference and Exhibit. AIAA Paper 2004 -4988, Aug., 2004.

[23] CLOHESSY W H, WILTSHIRE R S. Terminal Guidance system for satellite rendezvous [J]. Journal of the aerospace sciences, 1960, 27 (9): 653 - 658.

[24] HILL G W. Researches in the Lunar Theory [J]. American journal of mathematics, 1878, 1: 5 -26.

[25] CARTER T. Fuel - optimal maneuvers of a spacecraft relative to a point in circular orbit [J]. Journal of guidance, control, and dynamics, 1984, 7 (6): 710 -716.

[26] SCHAUB H, ALFRIEND K T. Hybrid cartesian and orbit element feedback law for formation flying spacecraft [J]. Journal of guidance, control, and dynamics, 2002, 25 (2): 387 -393.

[27] SCHAU H. Relative orbit geometry through classical orbit element differences [J]. Journal of guidance, control, and dynamics, 2004, 27 (5): 839 -848.

[28] BREGER L, HOW J P. Safe trajectories for autonomous rendezvous of spacecraft [J]. Journal of guidance, control, and dynamics, 2008, 31 (5): 1478 -1489.

[29] BEVILACQUA R, ROMANO M, YAKIMENKO O. Online generation of quasi - optimal spacecraft rendezvous trajectories [J]. Acta astronautica, 2009, 64: 345 -358.

[30] CHEN T, XU S J, WANG S X. Relative motion control for autonomous rendezvous based on classical orbit element Differences [J]. Journal of guidance, control, and dynamics, 2007, 30 (4): 1003 -1014.

[31] 向开恒, 肖业伦. 空间交会中脉冲变轨燃料消耗研究 [J]. 中国空间科学技术, 1996 (3): 9 -15.

[32] 罗亚中, 张进, 李海阳, 等. 空间交会调相轨道设计和变轨规划研究评述 [J]. 载人航天, 2009, 15 (1): 21 -25.

[33] DEATON A W, LOMAS J J, MULLINS L D. A plan for spacecraft automated rendezvous: NASA TM 108385 [R]. 1992.

[34] EDELEN J C, POOL G L. Impacts of low altitude on STS-110 rendezvous [C]// Flight Mechanics Symposium, NASA Goddard Space Flight Center, Oct., 2003.

[35] BARANOV A A. An algorithm for calculating parameters of multi-orbit maneuvers in remote guidance [J]. Cosmic research, 1990, 28 (1): 61-67.

[36] 张进. 空间交会远程导引变轨任务规划 [D]. 长沙: 国防科技大学, 2008.

[37] WEEKS M W, D'SOUZA C N. On-board rendezvous targeting for orion [C]// AIAA Guidance, Navigation, and Control Conference. AIAA Paper 2010-8064, Aug., 2010.

[38] CAVROIS B, REYNAUD S, PERSONNE G, et al. ATV GNC and safety functions synthesis: overall design, main performances and operations [C]// AIAA Guidance, Navigation and Control Conference and Exhibit. AIAA Paper 2008-7481, Aug., 2008.

[39] PINARD D, REYNAUD S, DELPY P, et al. Accurate and autonomous navigation for the ATV [J]. Aerospace Science and technology, 2007, 11 (6): 490-498.

[40] LUO Y Z, LI H Y, TANG G J. Hybrid approach to optimize a rendezvous phasing strategy [J]. Journal of guidance, control, and dynamics, 2007, 30 (1): 185-191.

[41] 曲广吉. 航天器动力学工程 [M]. 北京: 国防工业出版社, 2000.

[42] 张进, 李海阳, 罗亚中, 等. 空间交会调相特殊点变轨求解算法 [J]. 航天控制, 2009, 27 (4): 23-27.

[43] 吴会英, 陈宏宇, 余勇, 等. 远距离轨道接近及绕飞控制技术研究 [J]. 中国空间科学技术, 2010 (2): 25-33.

[44] MURTAZIN R F, BUDYLOV S G. Short rendezvous missions for advanced Russian human spacecraft [J]. Acta astronautica, 2010, 67 (7): 900-909.

[45] 郭海林, 曲广吉. 航天器空间交会综合变轨策略研究 [J]. 中国空间科学技术, 2004, 24 (3): 60-67.

[46] 张进, 罗亚中, 唐国金, 等. 空间交会调相综合变轨优化 [J]. 航天控制, 2009, 27 (1): 15-19.

[47] LUO Y Z, TANG G J, LEI Y J, et al. Optimization of multiple-impulse

multiple - revolution rendezvous phasing maneuvers [J]. Journal of guidance, control, and dynamics, 2007, 30 (4): 946 - 952.

[48] ZHANG J, WANG X, MA X B, et al. Spacecraft long - duration phasing maneuver optimization using hybrid approach [J]. Acta astronautica, 2012, 72: 132 - 142.

[49] 陈统, 徐世杰. 基于遗传算法的最优 Lambert 双脉冲转移 [J]. 北京航空航天大学学报, 2007, 33 (3): 273 - 277.

[50] BATE R R, 等. 航天动力学基础 [M]. 吴鹤鸣, 李肇杰, 译. 北京: 北京航空航天大学出版社, 1990.

[51] PRUSSING J E. A class of optimal two - impulse rendezvous using multiple - revolution Lambert solutions [J]. Journal of the astronautical sciences, 2000, 48 (2): 50 - 61.

[52] 韩潮, 段彬, 付红勋. 远程导引可行飞行方案寻求算法研究 [J]. 中国空间科学技术, 2002, 22 (1): 47 - 52.

[53] 韩潮, 谢华伟. 空间交会中多圈 Lambert 变轨算法研究 [J]. 空间科学技术, 2004, 5: 9 - 14.

[54] LUO Y Z, ZHANG J, TANG G J. Survey of orbital dynamics and control of space rendezvous [J]. Chinese journal of aeronautics, 2014, 27 (1): 1 - 11.

[55] SHEN H J, TSIOTRAS P. Optimal two - impulse rendezvous using Multiple - revolution Lambert solutions [J]. Journal of guidance, control, and dynamics, 2003, 26 (1): 50 - 61.

[56] LUO Y Z, ZHANG J, LI H Y, et al. Interactive optimization approach for optimal impulsive rendezvous using primer vector and evolutionary algorithms [J]. Acta astronautica, 2010, 67 (3 - 4): 396 - 405.

[57] 彭坤, 徐世杰, 陈统. 基于引导性人工免疫算法的最优 Lambert 变轨 [J]. 北京航空航天大学学报, 2010, 36 (1): 6 - 9.

[58] FREE B, BABUSKA V. Repositioning of geostationary spacecraft - chemical and electric propulsion options [C] // 16th AIAA International Communications Satellite Systems Conference. Washington, DC, Feb. 1996. Technical Papers.

Pt. 3（A96 – 21571 04 – 32），Washington，DC，American Institute of Aeronautics and Astronautics，1996：1302 – 1311.

[59] EDELBAUM T N. Propulsion requirements for controllable satellites [J]. ARS journal，1961，31（8）：1079 – 1089.

[60] TITUS N A. Optimal station – change maneuver for geostationary satellites using constant low thrust [J]. Journal of guidance，control，and dynamics，1995，18（5）：1151 – 1155.

[61] PATTERSON M J，SOVEY J S. History of electric propulsion at NASA Glenn Research Center：1956 to present [J]. Journal of aerospace engineering，2012，26（2）：300 – 316.

[62] DE SELDING P B. ABS all – eleltric satellite arrives early at operating orbit [EB/OL]. （2015 – 09 – 10）. http://spacenews. com/abs – all – electric – satellite – arrives – early – at – operating – orbit/.

[63] 高扬. 电火箭星际航行：技术进展、轨道设计与综合优化 [J]. 力学学报，2011，43（6）：991 – 1019.

[64] 郭铁丁. 深空探测小推力轨迹优化的间接法与伪谱法研究 [D]. 北京：清华大学，2012.

[65] MARTINON P，GERGAUD J. Using switching detection and variational equations for the shooting method [J]. Optimal control applications and methods，2007，28（2）：95 – 116.

[66] CONWAY B A. A survey of methods available for the numerical optimization of continuous dynamic systems [J]. Journal of optimization theory and applications，2012，152（2）：271 – 306.

[67] DIXON L C W，BIGGS M C. The advantages of adjoint – control transformations when determining optimal trajectories by Pontryagin's maximum principle [J]. Aeronautical journal，1972，76（735）：169 – 174.

[68] HABERKORN T，MARTINON P，GERGAUD J. Low thrust minimum – fuel orbital transfer：a homotopic approach [J]. Journal of guidance，control，and dynamics，2004，27（6）：1046 – 1060.

[69] GERGAUD J, HABERKORN T. Orbital transfer: some links between the low-thrust and the impulse cases [J]. Acta astronautica, 2007, 60: 649-657.

[70] JIANG F H, BAOYIN H X, LI J X. Practical techniques for low-thrust trajectory optimization with homotopic approach [J]. Journal of guidance, control, and dynamics, 2012, 35 (1): 245-258.

[71] RUSSELL R P. Primer vector theory applied to global low-thrust trade studies [J]. Journal of guidance, control, and dynamics, 2007, 30 (2): 460-472.

[72] ZHANG C, TOPPUTO F, BERNELLI-ZAZZERA F, et al. Low-thrust minimum-fuel optimization in the circular restricted three-body problem [J]. Journal of guidance, control, and dynamics, 2015, 38 (8): 1501-1510.

[73] GIL-FERNANDEZ J, GOMEZ-TIERNO M A. Practical method for optimization of low-thrust transfers [J]. Journal of guidance, Control, and dynamics, 2010, 33 (6): 1927-1931.

[74] RANIERI C L, OCAMPO C A. Indirect optimization of spiral trajectories [J]. Journal of guidance, control, and dynamics, 2006, 29 (6): 1360-1366.

[75] LEE D, BANG H. Efficient initial costates estimation for optimal spiral orbit transfer trajectories design [J]. Journal of guidance, control, and dynamics, 2009, 32 (6): 1943-1947.

[76] LEE D, BANG H, KIM H D. Optimal Earth-Moon trajectory design using new initial costate estimation method [J]. Journal of guidance, control, and dynamics, 2012, 35 (5): 1671-1676.

[77] THORNE J D, HALL C D. Approximate initial lagrange costates for continuous-thrust spacecraft [J]. Journal of guidance, control, and dynamics, 1996, 19 (2): 283-288.

[78] ELLERY A, KREISEL J, SOMMER B. The case for robotic on-orbit servicing of spacecraft: spacecraft reliability is a myth [J]. Acta astronautica, 2008, 63 (5): 632-648.

[79] SCHAUB H, JASPER L E, ANDERSON P V, et al. Cost and risk assessment for spacecraft operation decisions caused by the space debris environment [J].

Acta astronautica, 2015, 113: 66 - 79.

[80] ZHAO S G, GURFIL P, ZHANG J - R. Optimal servicing of geostationary satellites considering earth's triaxiality and lunisolar effects [J]. Journal of guidance, control, and dynamics, 2015, 38 (10): 2219 - 2231.

[81] 科尼利斯, 斯科耶尔, 韦克. 火箭推进与航天动力学 [M]. 杨炳尉, 冯振兴, 译. 北京: 宇航出版社, 1986.

[82] 王大珩, 王淦昌, 杨嘉墀, 等. 高技术辞典 [M]. 北京: 清华大学出版社, 2000.

[83] 袁建平, 和兴锁. 航天器轨道机动动力学 [M]. 北京: 中国宇航出版社, 2010.

[84] CHOBOTOV A V. Orbital mechanics [M]. 3rd ed. Reston, VA: American Institure of Aeronautics & Astronautics, 2002.

[85] HAISSIG C M, MEASE K D, VINH N X. Minimum - fuel, power - limited transfers between coplanar elliptical orbits [J]. Acta astronautica, 1993, 29 (1): 1 - 15.

[86] 周姜滨, 袁建平, 罗建军. 空间飞行器连续径向推力机动轨道研究 [J]. 宇航学报, 2009, 30 (1): 67 - 71.

[87] 李亮. 航天器小推力轨道机动最优控制 [D]. 西安: 西北工业大学, 2010.

[88] MELTON R G. Time - explicit representation of relative motion between Elliptical orbits [J]. Journal guidance, control and dynamics, 2000, 23 (4): 604 - 610.

[89] 严辉, 吴宏鑫, 吴新诊. 小推力轨道优化研究 [J]. 中国空间科学技术, 1998 (2): 8 - 12.

[90] 王劼, 崔乃刚, 刘暾. 小推力登月飞行器轨道初步研究 [J]. 飞行力学, 2002 (2): 46 - 49.

[91] 王志刚, 袁建平, 陈士橹. 伴随卫星最优小推力释放与回收控制 [J]. 宇航学报, 2003, 24 (3): 294 - 297.

[92] 肖峰. 地球卫星轨道摄动理论 [M]. 长沙: 国防科技大学出版社, 1997.

[93] JOHNSON K W. Relative orbit elements for satellites in elliptical orbits [D]. WPAFB, OH: Air Force Institute of Technology, 2010.

[94] HINTZ G R. Survey of orbit element Sets [J]. Journal of guidance, control, and dynamics, 2008, 31 (3): 785 – 790.

[95] BATTIN R H. An introduction to the mathematics and methods of Astrodynamics [M]. NewYork, AIAA, 1987: 447, 488.

[96] 肖业伦. 航天器飞行动力学原理 [M]. 北京: 宇航出版社, 1995.

[97] ZHONG W C, GURFIL P. Mean orbital elements estimation for autonomous satellite guidance and orbit control [J]. Journal of guidance, control, and dynamics, 2013, 36 (6): 1624 – 1641.

[98] WANG K, CHEN T, XU S J. Determination and estimation of differential mean orbital elements for formation – flying missions [J]. Journal of Guidance, control, and dynamics, 2013, 37 (1): 86 – 97.

[99] BROUWER D. Solution of the problem of artificial Satellite theory without drag [J]. Astronomical journal, 1959, 64: 378 – 397.

[100] KOZAI Y. The motion of a close earth satellite [J]. Astronomical journal, 1959, 64: 367 – 377.

[101] LIU J J F. Satellite motion about an oblate earth [J]. AIAA journal, 1974, 12 (11): 1511 – 1516.

[102] LIU J J F, ALFORD R L. Semianalytic theory for a close – earth artificial satellite [J]. Journal of guidance, control, and dynamics, 1980, 3 (4): 304 – 311.

[103] ZHANG J R, ZHAO S G, YANG Y Z. Characteristics analysis for elliptical orbit hovering based on relative dynamics [J]. IEEE transactions on aerospace and electronic systems, 2013, 49 (4): 2742 – 2750.

[104] ALFRIEND K T, VADALI S R, GURFIL P, et al. Spacecraft formation flying: dynamics, control, and navigation [M]. Oxford: Butterworth – Heinemann, 2010: 36 – 38.

[105] VETTER J R. Fifty years of orbit determination: development of modern

astrodynamics methods [J]. Johns Hopkins APL technical digest, 2007, 27 (3): 239 - 252.

[106] BRYSON A E. Applied optimal control: optimization, estimation and control [M]. Washington, DC: Hemisphere Publishing., 1975: 42 - 89.

[107] GOPINATH N, SRINIVASAMUTHY K. Optimal low thrust orbit transfer from GTO to geosynchronous orbit and stationkeeping using electric propulsion system [C]//54th International Astronautical Congress of the International Astronautical Federation, the International Academy of Astronautics, and the International Institute of Space Law. Bremen, Germany, 2003.

[108] KIM S P, MELTON R G. Constrained station relocation in geostationary equatorial Orbit Using a Legendre Pseudospectral Method [J]. Journal of Guidance, Control, and Dynamics, 2015, 38 (4): 711 - 719.

[109] SHRIVASTAVA S K. Orbital perturbations and stationkeeping of communication satellites [J]. Journal of spacecraft and rockets, 1978, 15 (2): 67 - 78.

[110] ROMERO P, GAMBI J M, PATIÑO E. Stationkeeping manoeuvres for geostationary satellites using feedback control techniques [J]. Aerospace science and technology, 2007, 11 (2 - 3): 229 - 237.

[111] LI H N. Geostationary Satellites Collocation [M]. Berlin: Springer - Verlag, 2014.

[112] 李恒年. 地球静止卫星轨道与共位控制技术 [M]. 北京: 国防工业出版社, 2010.

[113] JEHN R, AGAPOV V, HERNANDEZ C. The situation in the geostationary ring [J]. Advances in space research, 2005, 35 (7): 1318 - 1327.

[114] CHEN T, VAN KAMPEN E, YU H, et al. Optimization of time - open constrained Lambert rendezvous using interval analysis [J]. Journal of guidance, control, and dynamics, 2012, 36 (1): 175 - 184.

[115] KIM Y H, SPENCER D B. Optimal spacecraft rendezvous using genetic algorithms [J]. Journal of spacecraft and rockets, 2002, 39 (6): 859 - 865.

[116] FEHLBERG E. Classical fifth -, sixth -, seventh -, and eighth - order Runge -

Kutta formulas with stepsize control NASA TR R -287: [R]. 1968.

[117] BELYANIN S, GURFIL P. Semianalytical study of geosynchronous orbits about a precessing oblate Earth under lunisolar gravitation and tesseral resonance [J]. Journal of the astronautical sciences, 2009, 57 (3): 517 -543.

[118] TARABINI L, GIL J, GANDIA F, et al. Ground guided CX - OLEV rendez - vous with uncooperative geostationary satellite [J]. Acta astronautica, 2007, 61 (1 -6): 312 -325.

附　　录

■ 附录 A　地球非球形摄动主项在惯性坐标系的分量

二阶带谐项导致的摄动加速度在地心惯性坐标系三轴分量为

$$f_{J2x} = -\frac{\mu_e x}{r^3} \frac{3}{2} J_2 \left(\frac{R_{eq}}{r}\right)^2 \left(1 - 5\frac{z^2}{r^2}\right) \quad (A-1)$$

$$f_{J2y} = -\frac{\mu_e y}{r^3} \frac{3}{2} J_2 \left(\frac{R_{eq}}{r}\right)^2 \left(1 - 5\frac{z^2}{r^2}\right) \quad (A-2)$$

$$f_{J2z} = -\frac{\mu_e z}{r^3} \frac{3}{2} J_2 \left(\frac{R_{eq}}{r}\right)^2 \left(3 - 5\frac{z^2}{r^2}\right) \quad (A-3)$$

三阶带谐项导致的摄动加速度在地心惯性坐标系三轴分量为

$$f_{J3x} = -\frac{\mu_e x}{r^3} \frac{5}{2} J_3 \left(\frac{R_{eq}}{r}\right)^3 \left(3\frac{z}{r} - 7\frac{z^3}{r^3}\right) \quad (A-4)$$

$$f_{J3y} = -\frac{\mu_e y}{r^3} \frac{5}{2} J_3 \left(\frac{R_{eq}}{r}\right)^3 \left(3\frac{z}{r} - 7\frac{z^3}{r^3}\right) \quad (A-5)$$

$$f_{J3z} = -\frac{\mu_e z}{r^3} \frac{5}{2} J_3 \left(\frac{R_{eq}}{r}\right)^3 \left(6\frac{z}{r} - 7\frac{z^3}{r^3} - \frac{3}{5}\frac{r}{z}\right) \quad (A-6)$$

四阶带谐项导致的摄动加速度在地心惯性坐标系三轴分量为

$$f_{J4x} = \frac{\mu_e x}{r^3} \frac{5}{8} J_4 \left(\frac{R_{eq}}{r}\right)^4 \left(3 - 42\frac{z^2}{r^2} + 63\frac{z^4}{r^4}\right) \quad (A-7)$$

$$f_{J4y} = \frac{\mu_e y}{r^3} \frac{5}{8} J_4 \left(\frac{R_{eq}}{r}\right)^4 \left(3 - 42\frac{z^2}{r^2} + 63\frac{z^4}{r^4}\right) \quad (A-8)$$

$$f_{J4z} = \frac{\mu_e z}{r^3} \frac{5}{8} J_4 \left(\frac{R_{eq}}{r}\right)^4 \left(15 - 70 \frac{z^2}{r^2} + 63 \frac{z^4}{r^4}\right) \quad (A-9)$$

二阶二次田谐项导致的摄动加速度在地心惯性坐标系三轴分量为

$$F_{J22x} = \frac{3\mu_e J_{22} R_{eq}^2}{r^5} (4\cos l_{22} \Lambda_{22} - 2x) - \frac{15\mu_e J_{22} R_{eq}^2}{r^7} (2\Lambda_{22}^2 - x^2 - y^2) x \quad (A-10)$$

$$F_{J22y} = \frac{3\mu_e J_{22} R_{eq}^2}{r^5} (4\sin l_{22} \Lambda_{22} - 2y) - \frac{15\mu_e J_{22} R_{eq}^2}{r^7} (2\Lambda_{22}^2 - x^2 - y^2) y \quad (A-11)$$

$$F_{J22z} = -\frac{15\mu_e J_{22} R_{eq}^2}{r^7} (2\Lambda_{22}^2 - x^2 - y^2) z \quad (A-12)$$

其中，$\Lambda_{22} = x\cos l_{22} + y\sin l_{22}$，$l_{22}$ 为二阶二次田谐项主轴的赤经，$l_{22} = \lambda_{22} + \alpha_G$。

三阶一次田谐项导致的摄动加速度在地心惯性坐标系三轴分量为

$$F_{J31x} = \begin{bmatrix} \dfrac{21\mu_e J_{31} R_{eq}^3}{2r^9} x\Lambda_{31} (x^2 + y^2 - 4z^2) \\ + \dfrac{3\mu_e J_{31} R_{eq}^3}{2r^7} (-2x\Lambda_{31} - \cos l_{31} (x^2 + y^2 - 4z^2)) \end{bmatrix} \quad (A-13)$$

$$F_{J31y} = \begin{bmatrix} \dfrac{21\mu_e J_{31} R_{eq}^3}{2r^9} y\Lambda_{31} (x^2 + y^2 - 4z^2) \\ + \dfrac{3\mu_e J_{31} R_{eq}^3}{2r^7} (-2y\Lambda_{31} - \sin l_{31} (x^2 + y^2 - 4z^2)) \end{bmatrix} \quad (A-14)$$

$$F_{J31z} = \frac{21\mu_e J_{31} R_{eq}^3}{2r^9} z\Lambda_{31} (x^2 + y^2 - 4z^2) + \frac{\mu_e J_{31} R_{eq}^3}{r^7} 12z\Lambda_{31} \quad (A-15)$$

其中，$\Lambda_{31} = x\cos l_{31} + y\sin l_{31}$，$l_{31}$ 为三阶一次田谐项主轴的赤经，$l_{31} = \lambda_{31} + \alpha_G$。

三阶三次田谐项导致的摄动加速度在地心惯性坐标系三轴分量为

$$F_{J33x} = \begin{bmatrix} -\dfrac{\mu_e J_{33} R_{eq}^3}{r^9} 105 x\Lambda_{33} (4\Lambda_{33}^2 - 3x^2 - 3y^2) \\ + \dfrac{\mu_e J_{33} R_{eq}^3}{r^7} 15\cos\lambda_{33} ((4\Lambda_{33}^2 - 3x^2 - 3y^2) + 15\Lambda_{33} (8\cos\lambda_{33} \Lambda_{33} - 6x)) \end{bmatrix}$$

$$(A-16)$$

$$F_{J33y} = \begin{bmatrix} -\dfrac{\mu_e J_{33} R_{eq}^3}{r^9} 105 y\Lambda_{33} (4\Lambda_{33}^2 - 3x^2 - 3y^2) \\ + \dfrac{\mu_e J_{33} R_{eq}^3}{r^7} 15\sin\lambda_{33} ((4\Lambda_{33}^2 - 3x^2 - 3y^2) + 15\Lambda_{33} (8\sin\lambda_{33} \Lambda_{33} - 6y)) \end{bmatrix}$$

$$(A-17)$$

$$F_{J33z} = -\frac{\mu_e J_{33} R_{eq}^3}{r^9} 105 z \Lambda_{33} (4\Lambda_{33}^2 - 3x^2 - 3y^2) \qquad (A-18)$$

其中，$\Lambda_{33} = x\cos l_{33} + y\sin l_{33}$，$l_{33}$ 为三阶三次田谐项主轴的赤经，$l_{33} = \lambda_{33} + \alpha_G$。

附录 B Liu 半解析理论

Liu 等推导的 J_2、J_3、J_4 摄动下的二阶平均轨道要素微分方程如式（B-1）~式（B-5）所示：

$$\begin{aligned}
f_e = & -\frac{3}{32} J_2^2 n \left(\frac{R_{eq}}{p}\right)^4 \sin^2 i (14 - 15\sin^2 i) e(1-e^2) \sin 2\omega - \\
& \frac{3}{8} J_3 n \left(\frac{R_{eq}}{p}\right)^3 \sin i (4 - 5\sin^2 i)(1-e^2) \cos \omega - \\
& \frac{15}{32} J_4 n \left(\frac{R_{eq}}{p}\right)^4 \sin^2 i (6 - 7\sin^2 i) e(1-e^2) \sin 2\omega
\end{aligned} \qquad (B-1)$$

$$\begin{aligned}
f_i = & \frac{3}{64} J_2^2 n \left(\frac{R_{eq}}{p}\right)^4 \sin 2i (14 - 15\sin^2 i) e^2 \sin 2\omega + \\
& \frac{3}{8} J_3 n \left(\frac{R_{eq}}{p}\right)^3 \cos i (4 - 5\sin^2 i)(1-e^2) e\cos \omega + \\
& \frac{15}{64} J_4 n \left(\frac{R_{eq}}{p}\right)^4 \sin 2i (6 - 7\sin^2 i) e^2 \sin 2\omega
\end{aligned} \qquad (B-2)$$

$$\begin{aligned}
f_\Omega = & -\frac{3}{2} J_2 n \left(\frac{R_{eq}}{p}\right)^2 \cos i - \frac{3}{2} J_2^2 n \left(\frac{R_{eq}}{p}\right)^4 \cos i \left[\begin{array}{l} \frac{9}{4} + \frac{3}{2}\sqrt{1-e^2} - \sin^2 i \left(\frac{5}{2} + \frac{9}{4}\sqrt{1-e^2}\right) \\ + \frac{e^2}{4}\left(1 + \frac{5}{4}\sin^2 i\right) + \frac{e^2}{8}(7 - 15\sin^2 i)\cos 2\omega \end{array} \right] - \\
& \frac{3}{8} J_3 n \left(\frac{R_{eq}}{p}\right)^3 e(15\sin^2 i - 4) \cot i \sin \omega + \\
& \frac{15}{16} J_4 n \left(\frac{R_{eq}}{p}\right)^4 \cos i \left[(4 - 7\sin^2 i)\left(1 + \frac{3}{2}e^2\right) - (3 - 7\sin^2 i) e^2 \cos 2\omega \right]
\end{aligned}$$

$$(B-3)$$

$$f_\omega = \frac{3}{4} J_2 n \left(\frac{R_{eq}}{p}\right)^2 (5\cos^2 i - 1) +$$

$$\frac{3}{16} J_2^2 n \left(\frac{R_{eq}}{p}\right)^4 \left\{ \begin{array}{l} 48 - 103\sin^2 i + \frac{215}{4}\sin^4 i + \left(7 - \frac{9}{2}\sin^2 i - \frac{45}{8}\sin^4 i\right) e^2 + \\ 6\left(1 - \frac{3}{2}\sin^2 i\right)(4 - 5\sin^2 i)\sqrt{1-e^2} - \\ \frac{1}{4}\left[2(14 - 15\sin^2 i)\sin^2 i - (28 - 158\sin^2 i + 135\sin^4 i)e^2\right]\cos 2\omega \end{array} \right\} +$$

$$\frac{3}{8} J_3 n \left(\frac{R_{eq}}{p}\right)^3 \left[(4 - 5\sin^2 i)\frac{\sin^2 i - e^2 \cos^2 i}{e\sin i} + 2e\sin i(13 - 15\sin^2 i)\right]\sin\omega -$$

$$\frac{15}{32} J_4 n \left(\frac{R_{eq}}{p}\right)^4 \left\{ \begin{array}{l} 16 - 62\sin^2 i + 49\sin^4 i + \frac{3}{4}(24 - 84\sin^2 i + 63\sin^4 i)e^2 + \\ \left[\sin^2 i(6 - 7\sin^2 i) - \frac{1}{2}(12 - 70\sin^2 i + 63\sin^4 i)e^2\right]\cos 2\omega \end{array} \right\}$$

$$(B-4)$$

$$f_M = n + \frac{3J_2 R_{eq}^2 n \sqrt{1-e^2}}{4p^2}(3\cos^2 i - 1) +$$

$$\frac{3}{2} J_2^2 n \left(\frac{R_{eq}}{p}\right)^4 \left\{ \begin{array}{l} \left[\frac{5}{4}\left(1 - \frac{5}{2}\sin^2 i + \frac{13}{8}\sin^4 i\right) + \frac{5}{8}\left(1 - \sin^2 i - \frac{5}{8}\sin^4 i\right)e^2\right]\sqrt{1-e^2} + \\ \left(1 - \frac{3}{2}\sin^2 i\right)^2 (1 - e^2) + \\ \frac{1}{16}\sin^2 i(14 - 15\sin^2 i)\left(1 - \frac{5}{2}e^2\right)\cos 2\omega \sqrt{1-e^2} \end{array} \right\} +$$

$$\frac{3}{8} J_2^2 n \left(\frac{R_{eq}}{p}\right)^4 \frac{1}{\sqrt{1-e^2}} \left\{ \begin{array}{l} 3\left[\begin{array}{l} 3 - \frac{15}{2}\sin^2 i + \frac{47}{8}\sin^4 i + \\ \left(\frac{3}{2} - 5\sin^2 i + \frac{117}{16}\sin^4 i\right)e^2 - \\ \frac{1}{8}\left(1 + 5\sin^2 i - \frac{101}{8}\sin^4 i\right)e^4 \end{array}\right] \\ \frac{e^2}{8}\sin^2 i[70 - 123\sin^2 i + (56 - 66\sin^2 i)e^2]\cos 2\omega + \\ \frac{27}{128}e^4 \sin^4 i\cos 4\omega \end{array} \right\} -$$

$$\frac{3}{8} J_3 n \left(\frac{R_{eq}}{p}\right)^3 \sin i(4 - 5\sin^2 i)\frac{1 - 4e^2}{e}\sqrt{1-e^2}\sin\omega -$$

$$\frac{45}{128} J_4 n \left(\frac{R_{eq}}{p}\right)^4 (8 - 40\sin^2 i + 35\sin^4 i)e^2 \sqrt{1-e^2} +$$

$$\frac{15}{64} J_4 n \left(\frac{R_{eq}}{p}\right)^4 \sin^2 i(6 - 7\sin^2 i)(2 - 5e^2)\sqrt{1-e^2}\cos 2\omega$$

$$(B-5)$$

附录 C 转移时间整数倍轨道周期

对于三脉冲转移,第一次脉冲和第三次脉冲施加在位置调整的初末时刻,并且两次脉冲施加的赤经相同,所以转移时间必须是转移轨道周期的整数倍。假设任务给定在 $T_{\max}$ 内完成大范围位置调整,首先可以获得转移期间需要的最小平均经度漂移速度:

$$\dot{\lambda}_{\min} = \frac{\Delta \lambda}{T_{\max}} \quad (C-1)$$

根据式(6-122),可以得出转移期间需要的最小轨道角速度,

$$n_{\min} = \dot{\lambda}_{\min} + \Omega_E - 3 \frac{n_J}{a_J^2} R_{eq}^2 J_2 \quad (C-2)$$

从而可以获得转移期间的最大轨道圈数为,

$$c_z = \text{floor}\left[\frac{T_{\max}}{(2\pi/n_{\min})}\right] \quad (C-3)$$

其中,floor 表示向下取整函数,所以轨道转移一个轨道周期内经度的改变量为

$$\Delta \lambda_z = \frac{\Delta \lambda}{c_z} \quad (C-4)$$

从而可以获得轨道圈数向下后的轨道周期为

$$P_z = \frac{2\pi - \Delta \lambda_z}{\Omega_E - 3 \frac{n_J}{a_J^2} R_{eq}^2 J_2} \quad (C-5)$$

从而可以获得轨道圈数向下后的轨道转移时间:

$$T_z = c_z P_z \quad (C-6)$$

附录 D Jacobian 矩阵 J_t

Jacobian 矩阵 J_t 可以表达为以下形式：

$$J_t = \begin{bmatrix} \dfrac{u^* T}{mv} A \\ -\dfrac{u^* T}{2m}\sqrt{\dfrac{1}{a\mu_e}} p_x^T A \\ -\dfrac{u^* T}{mv} C^T \\ \mathbf{0}_{2\times 2} \\ \dfrac{u^* T}{m^2 v^2} p_x^T A \end{bmatrix} \begin{bmatrix} \dfrac{\partial d_R^*}{\partial y} \\ \dfrac{\partial d_T^*}{\partial y} \end{bmatrix} + \begin{bmatrix} \mathbf{0}_{5\times 1} \\ -2p_a \dfrac{u^* T}{mv} \dfrac{\partial d_T^*}{\partial y} \\ \mathbf{0}_{4\times 1} \end{bmatrix} + K \quad (\text{D}-1)$$

最优控制的分量 d_R^* 和 d_T^* 相对于矢量 y 的偏微分方程分别为

$$\dfrac{\partial d_R^*}{\partial y} = -\dfrac{1}{d^2}\left(d\dfrac{\partial d_1}{\partial y} - d_1 \dfrac{\partial d}{\partial y}\right)$$

$$\dfrac{\partial d_T^*}{\partial y} = -\dfrac{1}{d^2}\left(d\dfrac{\partial d_2}{\partial y} - d_2 \dfrac{\partial d}{\partial y}\right) \quad (\text{D}-2)$$

其中，

$$\dfrac{\partial d}{\partial y} = \dfrac{1}{d}\left(d_1 \dfrac{\partial d_1}{\partial y} + d_2 \dfrac{\partial d_2}{\partial y}\right) \quad (\text{D}-3)$$

仅列出偏微分方程 $\partial d_1 / \partial y$ 和 $\partial d_2 / \partial y$ 中的非零项：

$$\dfrac{\partial d_1}{\partial \lambda} = c_l p_{e_x} + s_l p_{e_y}$$

$$\dfrac{\partial d_1}{\partial p_\lambda} = -2$$

$$\dfrac{\partial d_1}{\partial p_{e_x}} = s_l \quad (\text{D}-4)$$

$$\dfrac{\partial d_1}{\partial p_{e_y}} = -c_l$$

$$\frac{\partial d_2}{\partial a} = 2p_a$$

$$\frac{\partial d_2}{\partial \lambda} = -2s_l p_{e_x} + 2c_l p_{e_y}$$

$$\frac{\partial d_2}{\partial p_a} = 2a \quad (D-5)$$

$$\frac{\partial d_2}{\partial p_{e_x}} = 2c_l$$

$$\frac{\partial d_2}{\partial p_{e_y}} = 2s_l$$

令 $K_{i,j}$ 代表矩阵 $\boldsymbol{K}$ 第 i 行和第 j 列的元素，以下列出了矩阵 $\boldsymbol{K}$ 的非零元素：

$$K_{1,1} = \left(\frac{2}{v} + \sqrt{\frac{a}{\mu_e}}\right)\frac{u^* T}{m} d_T^* \quad (D-6)$$

$$K_{1,5} = -2\frac{a u^* T}{m^2 v} d_T^*$$

$$K_{2,1} = -\frac{3}{2}\sqrt{\frac{\mu_e}{a^5}} - \frac{u^* T}{m}\sqrt{\frac{1}{\mu_e a}} d_R^* \quad (D-7)$$

$$K_{2,5} = \frac{2u^* T}{m^2 v} d_R^*$$

$$K_{3,1} = \frac{u^* T}{2m}\sqrt{\frac{1}{\mu_e a}}(2c_l d_T^* + s_l d_R^*)$$

$$K_{3,2} = \frac{u^* T}{mv}(-2s_l d_T^* + c_l d_R^*) \quad (D-8)$$

$$K_{3,5} = -\frac{u^* T}{m^2 v}(2c_l d_T^* + s_l d_R^*)$$

$$K_{4,1} = \frac{u^* T}{2m}\sqrt{\frac{1}{\mu_e a}}(2s_l d_T^* - c_l d_R^*)$$

$$K_{4,2} = \frac{u^* T}{mv}(2c_l d_T^* + s_l d_R^*) \quad (D-9)$$

$$K_{4,5} = -\frac{u^* T}{m^2 v}(2s_l d_T^* - c_l d_R^*)$$

$$K_{6,1} = \frac{u^*T}{4m}\sqrt{\frac{1}{\mu_e a^3}}\boldsymbol{p}_x^T \boldsymbol{Ad}^* - \frac{2u^*T}{m}\sqrt{\frac{1}{\mu_e a}}p_a d_T^* - \frac{15}{4}p_\lambda \sqrt{\frac{\mu_e}{a^7}}$$

$$K_{6,2} = -\frac{u^*T}{2m}\sqrt{\frac{1}{\mu_e a}}\boldsymbol{C}^T \boldsymbol{d}^*$$

$$K_{6,5} = \frac{u^*T}{2m^2}\sqrt{\frac{1}{\mu_e a}}\boldsymbol{p}_x^T \boldsymbol{Ad}^* + \frac{2u^*T}{m^2 v}(p_a d_T^*)$$

$$K_{6,6} = -\frac{3u^*T}{mv}d_T^* \quad (D-10)$$

$$K_{6,7} = \frac{3}{2}\sqrt{\frac{\mu_e}{a^5}} + \frac{u^*T}{m}\sqrt{\frac{1}{\mu_e a}}d_R^*$$

$$K_{6,8} = -\frac{u^*T}{2m}\sqrt{\frac{1}{\mu_e a}}(s_l d_R^* + 2c_l d_T^*)$$

$$K_{6,9} = -\frac{u^*T}{2m}\sqrt{\frac{1}{\mu_e a}}(-c_l d_R^* + 2s_l d_T^*)$$

$$K_{7,1} = -\frac{u^*T}{2m}\sqrt{\frac{1}{\mu_e a}}\boldsymbol{C}^T \boldsymbol{d}^*$$

$$K_{7,2} = -\frac{u^*T}{mv}[p_{e_x}(-2c_l d_T^* - s_l d_R^*) + p_{e_y}(-2s_l d_T^* + c_l d_R^*)]$$

$$K_{7,5} = \frac{u^*T}{m^2 v}[p_{e_x}(-2s_l d_T^* + c_l d_R^*) + p_{e_y}(2c_l d_T^* + s_l d_R^*)] \quad (D-11)$$

$$K_{7,8} = -\frac{u^*T}{mv}(-2s_l d_T^* + c_l d_R^*)$$

$$K_{7,9} = -\frac{u^*T}{mv}(2c_l d_T^* + s_l d_R^*)$$

$$K_{10,1} = \frac{u^*T}{2m^2}\sqrt{\frac{1}{\mu_e a}}\boldsymbol{p}_x^T \boldsymbol{Ad}^* + \frac{2u^*T}{m^2 v}p_a d_T$$

$$K_{10,2} = \frac{u^*T}{m^2 v}\boldsymbol{C}^T \boldsymbol{d}^*$$

$$K_{10,5} = -\frac{2u^*T}{m^3 v}\boldsymbol{p}_x^T \boldsymbol{Ad}^*$$

$$K_{10,6} = \frac{2au^*T}{m^2 v}d_T^* \quad (D-12)$$

$$K_{10,7} = -\frac{2u^*T}{m^2 v}d_R^*$$

$$K_{10,8} = \frac{u^*T}{m^2 v}(2c_l d_T^* + s_l d_R^*)$$

$$K_{10,9} = \frac{u^*T}{m^2 v}(2s_l d_T^* - c_l d_R^*)$$

附录 E 燃料最优开关函数 S 的一阶时间微分和二阶时间微分

由于质量以及质量协态的改变较小，忽略这两项随时间的微分，燃料最优开关函数 S 的一阶时间微分和二阶时间微分分别为

$$\dot{S} = -\frac{I_{\mathrm{sp}}g_0}{p_0 mv}\frac{\mathrm{d}\|\boldsymbol{A}^T\boldsymbol{p}_x\|}{\mathrm{d}t} - \frac{I_{\mathrm{sp}}g_0 Tu^* a d_T^*}{p_0 u_e m^2}\|\boldsymbol{A}^T\boldsymbol{p}_x\| \qquad (\mathrm{E}-1)$$

$$\ddot{S} = S_{sd1} + S_{sd2} \qquad (\mathrm{E}-2)$$

其中，变量 S_{sd1} 和 S_{sd2} 分别为

$$\begin{aligned}
S_{sd1} = &-\frac{1}{2}\sqrt{\frac{1}{au_e}}\frac{I_{\mathrm{sp}}g_0}{p_0 m}\frac{\mathrm{d}a}{\mathrm{d}t}\frac{\mathrm{d}\|\boldsymbol{A}^T\boldsymbol{p}_x\|}{\mathrm{d}t} + \\
&\frac{I_{\mathrm{sp}}g_0}{p_0 m^2 v}\frac{\mathrm{d}m}{\mathrm{d}t}\frac{\mathrm{d}\|\boldsymbol{A}^T\boldsymbol{p}_x\|}{\mathrm{d}t} - \frac{I_{\mathrm{sp}}g_0}{p_0 mv}\frac{\mathrm{d}^2\|\boldsymbol{A}^T\boldsymbol{p}_x\|}{\mathrm{d}t^2}
\end{aligned}$$

$$\begin{aligned}
S_{sd2} = &-\frac{I_{\mathrm{sp}}g_0 T}{p_0 u_e m^2}\|\boldsymbol{A}^T\boldsymbol{p}_x\|\left(u^* d_T^*\frac{\mathrm{d}a}{\mathrm{d}t} + u^* a\frac{\mathrm{d}(d_T^*)}{\mathrm{d}t} + a d_T^*\frac{\mathrm{d}(u^*)}{\mathrm{d}t} - \frac{2u^* a d_T^*}{m}\frac{\mathrm{d}m}{\mathrm{d}t}\right) - \\
&\frac{I_{\mathrm{sp}}g_0 u^* T_0 d_T^*}{p_0 u_e m^2}\frac{\mathrm{d}\|\boldsymbol{A}^T\boldsymbol{p}_x\|}{\mathrm{d}t}
\end{aligned}$$

$$(\mathrm{E}-3)$$

其中，变量 $\|\boldsymbol{A}^T\boldsymbol{p}_x\|$ 以及其一阶和二阶微分分别为

$$\|\boldsymbol{A}^T\boldsymbol{p}_x\| = \sqrt{d_1^2 + d_2^2 + d_3^2} \qquad (\mathrm{E}-4)$$

$$\frac{\mathrm{d}\|\boldsymbol{A}^T\boldsymbol{p}_x\|}{\mathrm{d}t} = \frac{1}{\|\boldsymbol{A}^T\boldsymbol{p}_x\|}(d_1\dot{d}_1 + d_2\dot{d}_2 + d_3\dot{d}_3) \qquad (\mathrm{E}-5)$$

$$\frac{\mathrm{d}^2\|\boldsymbol{A}^T\boldsymbol{p}_x\|}{\mathrm{d}t^2} = \frac{\left[\begin{array}{c}(\dot{d}_1^2 + \dot{d}_2^2 + \dot{d}_3^2 + d_1\ddot{d}_1 + d_2\ddot{d}_2 + d_3\ddot{d}_3)\|\boldsymbol{A}^T\boldsymbol{p}_x\|^2 \\ -(d_1\dot{d}_1 + d_2\dot{d}_2 + d_3\dot{d}_3)^2\end{array}\right]}{\|\boldsymbol{A}^T\boldsymbol{p}_x\|^3} \qquad (\mathrm{E}-6)$$

其中，变量 d_1、d_2 和 d_3 以及其一阶和二阶微分分别为

$$\begin{aligned}
d_1 &= -2p_\lambda + s_l p_{e_x} - c_l p_{e_y} \\
d_2 &= 2ap_a + 2c_l p_{e_x} + 2s_l p_{e_y} \\
d_3 &= c_l p_{i_x} + s_l p_{i_y}
\end{aligned} \qquad (\mathrm{E}-7)$$

$$\dot{d}_1 = -2\dot{p}_\lambda + \dot{s}_l p_{e_x} - \dot{c}_l p_{e_y}$$

$$\dot{d}_2 = 2\dot{a}p_a + 2\dot{a}p_a + 2\dot{c}_l p_{e_x} + 2\dot{s}_l p_{e_y} \qquad (E-8)$$

$$\dot{d}_3 = \dot{c}_l p_{i_x} + \dot{s}_l p_{i_y}$$

$$\ddot{d}_1 = -2\ddot{p}_\lambda + \ddot{s}_l p_{e_x} - \ddot{c}_l p_{e_y}$$

$$\ddot{d}_2 = 2\ddot{a}p_a + 4\dot{a}\dot{p}_a + 2\ddot{a}p_a + 2\ddot{c}_l p_{e_x} + 2\ddot{s}_l p_{e_y} \qquad (E-9)$$

$$\ddot{d}_3 = \ddot{c}_l p_{i_x} + \ddot{s}_l p_{i_y}$$

变量 s_l 和 c_l 的一阶微分和二阶微分分别为

$$\dot{s}_l = c_l \left(n - \frac{2u^* T}{mv} d_R^* \right)$$

$$\dot{c}_l = -s_l \left(n - \frac{2u^* T}{mv} d_R^* \right) \qquad (E-10)$$

$$\ddot{s}_l \approx \dot{c}_l \left(n - \frac{2u^* T}{mv} d_R^* \right)$$

$$\ddot{c}_l \approx -\dot{s}_l \left(n - \frac{2u^* T}{mv} d_R^* \right) \qquad (E-11)$$

最优推力方向的 3 个分量分别为

$$d_R^* = -\frac{d_1}{\|\boldsymbol{A}^T \boldsymbol{p}_x\|}$$

$$d_T^* = -\frac{d_2}{\|\boldsymbol{A}^T \boldsymbol{p}_x\|} \qquad (E-12)$$

$$d_N^* = -\frac{d_3}{\|\boldsymbol{A}^T \boldsymbol{p}_x\|}$$

最优控制变量 d_T^* 和 u^* 的一阶微分为

$$\frac{\mathrm{d}(d_T^*)}{\mathrm{d}t} = \left(\frac{\partial d_T^*}{\partial \boldsymbol{y}} \right)^T \frac{\mathrm{d}\boldsymbol{y}}{\mathrm{d}t}$$

$$\frac{\mathrm{d}(u^*)}{\mathrm{d}t} = \left(\frac{\partial u^*}{\partial \boldsymbol{y}} \right)^T \frac{\mathrm{d}\boldsymbol{y}}{\mathrm{d}t} \qquad (E-13)$$

其中，偏微分 $\partial d_T^* / \partial \boldsymbol{y}$ 和 $\partial u^* / \partial \boldsymbol{y}$ 在附录 F 中给出。

附录F　Jacobian 矩阵 J_f

Jacobian 矩阵 J_f 可以描述成如下形式：

$$J_f = \begin{bmatrix} \dfrac{u^* T}{mv} A \\ \mathbf{0}_{1\times 3} \\ -\dfrac{u^* T}{2m}\sqrt{\dfrac{1}{\mu_e a}}\boldsymbol{p}_x^\mathrm{T} A \\ -\dfrac{u^* T}{mv}\boldsymbol{C}^\mathrm{T} \\ \mathbf{0}_{4\times 3} \\ \dfrac{u^* T}{m^2 v}\boldsymbol{p}_x^\mathrm{T} A \end{bmatrix} \begin{bmatrix} \dfrac{\partial d_R^*}{\partial \boldsymbol{y}} \\ \dfrac{\partial d_T^*}{\partial \boldsymbol{y}} \\ \dfrac{\partial d_N^*}{\partial \boldsymbol{y}} \end{bmatrix} + \begin{bmatrix} \mathbf{0}_{7\times 1} \\ -2p_a \dfrac{u^* T}{mv} \\ \mathbf{0}_{6\times 1} \end{bmatrix} \dfrac{\partial d_T^*}{\partial \boldsymbol{y}} + \boldsymbol{P}\dfrac{\partial u^*}{\partial \boldsymbol{y}} + \boldsymbol{K} \quad (\mathrm{F}-1)$$

其中，矩阵 $\boldsymbol{P}$ 的非零元素为

$$\boldsymbol{P}_{1\to 6,1} = \dfrac{T A \boldsymbol{d}^*}{mv},\quad \boldsymbol{P}_{7,1} = -\dfrac{T}{I_{sp} g_0},$$

$$\boldsymbol{P}_{8,1} = -\dfrac{T}{2m}\sqrt{\dfrac{1}{\mu_e a}}\boldsymbol{p}_x^\mathrm{T} A \boldsymbol{d}^* - 2p_a d_T^* \dfrac{T}{mv}, \quad (\mathrm{F}-2)$$

$$\boldsymbol{P}_{9,1} = -\dfrac{T \boldsymbol{C}^\mathrm{T} \boldsymbol{d}^*}{mv},\quad \boldsymbol{P}_{14,1} = \dfrac{T}{m^2 v}\boldsymbol{p}_x^\mathrm{T} A \boldsymbol{d}^*$$

当最优推力幅值比 $u^* = 0$ 或 $u^* = 1$ 时，u^* 相对于矢量 $\boldsymbol{y}$ 的偏微分是 $\mathbf{0}_{14\times 1}$，当 $u^* = (\varepsilon - S)/2\varepsilon$ 时，u^* 相对于矢量 $\boldsymbol{y}$ 的偏微分为

$$\begin{aligned} \dfrac{\partial u^*}{\partial a} &= \dfrac{I_{sp} g_0}{\varepsilon p_0 mv}\dfrac{d_2 p_a}{\|A^\mathrm{T}\boldsymbol{p}_x\|} + \dfrac{I_{sp} g_0}{4\varepsilon p_0 m}\|A^\mathrm{T}\boldsymbol{p}_x\|\sqrt{\dfrac{1}{u_e a}} \\ \dfrac{\partial u^*}{\partial \lambda} &= -\dfrac{I_{sp} g_0}{2\varepsilon p_0 mv}\boldsymbol{C}^\mathrm{T}\boldsymbol{d}^* \\ \dfrac{\partial u^*}{\partial e_x} &= \dfrac{\partial u^*}{\partial e_y} = \dfrac{\partial u^*}{\partial i_x} = \dfrac{\partial u^*}{\partial i_y} = 0 \\ \dfrac{\partial u^*}{\partial m} &= -\dfrac{I_{sp} g_0}{2\varepsilon p_0 m^2 v}\|A^\mathrm{T}\boldsymbol{p}_x\| \end{aligned} \quad (\mathrm{F}-3)$$

$$\frac{\partial u^*}{\partial p_a} = \frac{I_{sp}g_0}{\varepsilon p_0 mv \parallel \boldsymbol{A}^T \boldsymbol{p}_x \parallel} d_2 a$$

$$\frac{\partial u^*}{\partial p_\lambda} = -\frac{I_{sp}g_0}{\varepsilon p_0 mv \parallel \boldsymbol{A}^T \boldsymbol{p}_x \parallel} d_1$$

$$\frac{\partial u^*}{\partial p_{e_x}} = \frac{I_{sp}g_0}{2\varepsilon p_0 mv \parallel \boldsymbol{A}^T \boldsymbol{p}_x \parallel}(d_1 s_l + 2d_2 c_l)$$

$$\frac{\partial u^*}{\partial p_{e_y}} = \frac{I_{sp}g_0}{2\varepsilon p_0 mv \parallel \boldsymbol{A}^T \boldsymbol{p}_x \parallel}(-d_1 c_l + 2d_2 s_l) \quad (\text{F}-4)$$

$$\frac{\partial u^*}{\partial p_{i_x}} = \frac{I_{sp}g_0}{2\varepsilon p_0 mv \parallel \boldsymbol{A}^T \boldsymbol{p}_x \parallel}(d_3 c_l)$$

$$\frac{\partial u^*}{\partial p_{i_y}} = \frac{I_{sp}g_0}{2\varepsilon p_0 mv \parallel \boldsymbol{A}^T \boldsymbol{p}_x \parallel}(d_3 s_l)$$

$$\frac{\partial u^*}{\partial p_m} = \frac{1}{2\varepsilon p_0}$$

最优推力方向分量 d_R^*、d_T^* 和 d_N^* 相对于矢量 $\boldsymbol{y}$ 的偏微分可以展开成如下形式：

$$\frac{\partial d_R^*}{\partial \boldsymbol{y}} = -\frac{1}{\parallel \boldsymbol{A}^T \boldsymbol{p}_x \parallel^2}\left(\parallel \boldsymbol{A}^T \boldsymbol{p}_x \parallel \frac{\partial d_1}{\partial \boldsymbol{y}} - d_1 \frac{\partial d}{\partial \boldsymbol{y}}\right)$$

$$\frac{\partial d_T^*}{\partial \boldsymbol{y}} = -\frac{1}{\parallel \boldsymbol{A}^T \boldsymbol{p}_x \parallel^2}\left(d \frac{\partial d_2}{\partial \boldsymbol{y}} - d_2 \frac{\partial \parallel \boldsymbol{A}^T \boldsymbol{p}_x \parallel}{\partial \boldsymbol{y}}\right) \quad (\text{F}-5)$$

$$\frac{\partial d_N^*}{\partial \boldsymbol{y}} = -\frac{1}{\parallel \boldsymbol{A}^T \boldsymbol{p}_x \parallel^2}\left(d \frac{\partial d_3}{\partial \boldsymbol{y}} - d_3 \frac{\partial \parallel \boldsymbol{A}^T \boldsymbol{p}_x \parallel}{\partial \boldsymbol{y}}\right)$$

其中，偏微分

$$\frac{\partial \parallel \boldsymbol{A}^T \boldsymbol{p}_x \parallel}{\partial \boldsymbol{y}} = \frac{1}{\parallel \boldsymbol{A}^T \boldsymbol{p}_x \parallel}\left(d_1 \frac{\partial d_1}{\partial \boldsymbol{y}} + d_2 \frac{\partial d_2}{\partial \boldsymbol{y}} + d_3 \frac{\partial d_3}{\partial \boldsymbol{y}}\right)$$

以下仅给出偏微分 $\partial d_1/\partial \boldsymbol{y}$、$\partial d_2/\partial \boldsymbol{y}$ 和 $\partial d_3/\partial \boldsymbol{y}$ 中的非零项：

$$\frac{\partial d_1}{\partial \lambda} = c_l p_{e_x} + s_l p_{e_y}$$

$$\frac{\partial d_1}{\partial p_\lambda} = -2$$

$$\frac{\partial d_1}{\partial p_{e_x}} = s_l \quad (\text{F}-6)$$

$$\frac{\partial d_1}{\partial p_{e_y}} = -c_l$$

$$\frac{\partial d_2}{\partial a} = 2p_a$$

$$\frac{\partial d_2}{\partial \lambda} = -2s_l p_{e_x} + 2c_l p_{e_y}$$

$$\frac{\partial d_2}{\partial p_a} = 2a \qquad (F-7)$$

$$\frac{\partial d_2}{\partial p_{e_x}} = 2c_l$$

$$\frac{\partial d_2}{\partial p_{e_y}} = 2s_l$$

$$\frac{\partial d_3}{\partial \lambda} = -s_l p_{i_x} + c_l p_{i_y}$$

$$\frac{\partial d_3}{\partial p_{i_x}} = c_l \qquad (F-8)$$

$$\frac{\partial d_3}{\partial p_{i_y}} = s_l$$

令 $K_{i,j}$ 代表矩阵 K i 行 j 列的元素，以下仅给出矩阵 K 的非零元素：

$$K_{1,1} = \left(\frac{2}{v} + \sqrt{\frac{a}{\mu_e}}\right)\frac{u^* T}{m} d_T^*$$

$$K_{1,7} = -2a \frac{u^* T}{m^2 v} d_T^* \qquad (F-9)$$

$$K_{2,1} = -\frac{3}{2}\sqrt{\frac{\mu_e}{a^5}} - \frac{u^* T}{m}\sqrt{\frac{1}{\mu_e a}} d_R^*$$

$$K_{2,7} = \frac{2u^* T}{m^2 v} d_R^* \qquad (F-10)$$

$$K_{3,1} = \frac{u^* T}{2m}\sqrt{\frac{1}{\mu_e a}}(2c_l d_T^* + s_l d_R^*)$$

$$K_{3,2} = \frac{u^* T}{mv}(-2s_l d_T^* + c_l d_R^*) \qquad (F-11)$$

$$K_{3,7} = -\frac{u^* T}{m^2 v}(2c_l d_T^* + s_l d_R^*)$$

$$K_{4,1} = \frac{u^*T}{2m}\sqrt{\frac{1}{\mu_e a}}(2s_l d_T^* - c_l d_R^*)$$

$$K_{4,2} = \frac{u^*T}{mv}(2c_l d_T^* + s_l d_R^*) \qquad (\text{F}-12)$$

$$K_{4,7} = -\frac{uT}{m^2 v}(2s_l d_T^* - c_l d_R^*)$$

$$K_{5,1} = \frac{u^*T}{m}\left(\frac{1}{2}\sqrt{\frac{1}{\mu_e a}}\right)c_l d_N^*$$

$$K_{5,2} = -\frac{u^3 T}{mv}s_l d_N^* \qquad (\text{F}-13)$$

$$K_{5,7} = -\frac{u^*T}{m^2 v}c_l d_N^{\ *}$$

$$K_{6,1} = \frac{u^*T}{m}\left(\frac{1}{2}\sqrt{\frac{1}{\mu_e a}}\right)s_l d_N^*$$

$$K_{6,2} = \frac{u^*T}{mv}c_l d_N^* \qquad (\text{F}-14)$$

$$K_{6,7} = -\frac{u^*T}{m^2 v}s_l d_N^{\ *}$$

$$K_{8,1} = \frac{u^*T}{4m}\sqrt{\frac{1}{\mu_e a^3}}\boldsymbol{p}_x^{\mathrm{T}}\boldsymbol{A}\boldsymbol{d}^* - \frac{2u^*T}{m}\sqrt{\frac{1}{\mu_e a}}p_a d_T^* - \frac{15}{4}p_\lambda\sqrt{\frac{\mu_e}{a^7}}$$

$$K_{8,2} = -\frac{u^*T}{2m}\sqrt{\frac{1}{\mu_e a}}\boldsymbol{C}^{\mathrm{T}}\boldsymbol{d}^*$$

$$K_{8,7} = \frac{u^*T}{2m^2}\sqrt{\frac{1}{\mu_e a}}\boldsymbol{p}_x^{\mathrm{T}}\boldsymbol{A}\boldsymbol{d}^* + \frac{2u^*T}{m^2 v}(p_a d_T^*)$$

$$K_{8,8} = -\frac{3u^*T}{mv}d_T^*$$

$$K_{8,9} = \frac{3}{2}\sqrt{\frac{\mu_e}{a^5}} + \frac{u^*T}{m}\sqrt{\frac{1}{\mu_e a}}d_R^* \qquad (\text{F}-15)$$

$$K_{8,10} = -\frac{u^*T}{2m}\sqrt{\frac{1}{\mu_e a}}(s_l d_R^* + 2c_l d_T^*)$$

$$K_{8,11} = -\frac{u^*T}{2m}\sqrt{\frac{1}{\mu_e a}}(-c_l d_R^* + 2s_l d_T^*)$$

$$K_{8,12} = -\frac{u^*T}{2m}\sqrt{\frac{1}{\mu_e a}}(c_l d_N^*)$$

$$K_{8,13} = -\frac{u^*T}{2m}\sqrt{\frac{1}{\mu_e a}}(s_l d_N^*)$$

$$K_{9,1} = -\frac{u^*T}{2m}\sqrt{\frac{1}{\mu_e a}} \boldsymbol{C}^{\mathrm{T}} \boldsymbol{d}^*$$

$$K_{9,2} = -\frac{u^*T}{mv}\begin{bmatrix} p_{e_x}(-2c_l d_T^* - s_l d_R^*) + p_{e_y}(-2s_l d_T^* + c_l d_R^*) \\ -c_l p_{i_x} d_N^* - s_l p_{i_y} d_N^* \end{bmatrix}$$

$$K_{9,7} = \frac{u^*T}{m^2 v}\boldsymbol{C}^{\mathrm{T}} \boldsymbol{d}^*$$

$$K_{9,10} = -\frac{u^*T}{mv}(-2s_l d_T^* + c_l d_R^*)$$

$$K_{9,11} = -\frac{u^*T}{mv}(2c_l d_T^* + s_l d_R^*)$$

$$K_{9,12} = -\frac{u^*T}{mv}(-s_l d_N^*)$$

$$K_{9,13} = -\frac{uT}{mv}(c_l d_N^*)$$

（F-16）

$$K_{14,1} = \frac{u^*T}{2m^2}\sqrt{\frac{1}{\mu_e a}}\boldsymbol{p}_x^{\mathrm{T}}\boldsymbol{A}\boldsymbol{d}^* + 2\frac{u^*T}{m^2 v}p_a d_T^*$$

$$K_{14,2} = \frac{u^*T}{m^2 v}\boldsymbol{C}^{\mathrm{T}} \boldsymbol{d}^*$$

$$K_{14,7} = -\frac{2u^*T}{m^3 v}\boldsymbol{p}_x^{\mathrm{T}}\boldsymbol{A}\boldsymbol{d}^*$$

$$K_{14,8} = \frac{2au^*T}{m^2 v}d_T^*$$

$$K_{14,9} = -\frac{2u^*T}{m^2 v}d_R^*$$

$$K_{14,10} = \frac{u^*T}{m^2 v}(2c_l d_T^* + s_l d_R^*)$$

$$K_{14,11} = \frac{u^*T}{m^2 v}(2s_l d_T^* - c_l d_R^*)$$

$$K_{14,12} = \frac{u^u T}{m^2 v}(c_l d_N^*)$$

$$K_{14,13} = \frac{u^*T}{m^2 v}(s_l d_N^*)$$

（F-17）

附录 G 偏微分 $\partial S/\partial y$

燃料最优开关函数 S 相对于矢量 y 的偏微分为

$$\frac{\partial S}{\partial a} = -\frac{2d_2 p_a I_{sp} g_0}{p_0 mv \parallel \boldsymbol{A}^T \boldsymbol{p}_x \parallel} - \frac{I_{sp} g_0}{2 p_0 m} \parallel \boldsymbol{A}^T \boldsymbol{p}_x \parallel \sqrt{\frac{1}{au_e}}$$

$$\frac{\partial S}{\partial \lambda} = \frac{I_{sp} g_0}{p_0 mv} Cd^*$$

$$\frac{\partial S}{\partial e_x} = \frac{\partial S}{\partial e_y} = \frac{\partial S}{\partial i_x} = \frac{\partial S}{\partial i_y} = 0$$

$$\frac{\partial S}{\partial m} = \frac{I_{sp} g_0}{p_0 m^2 v} \parallel \boldsymbol{A}^T \boldsymbol{p}_x \parallel$$

（G-1）

$$\frac{\partial S}{\partial p_a} = -\frac{2d_2 a I_{sp} g_0}{p_0 mv \parallel \boldsymbol{A}^T \boldsymbol{p}_x \parallel}$$

$$\frac{\partial S}{\partial p_x} = \frac{2d_1 I_{sp} g_0}{p_0 mv \parallel \boldsymbol{A}^T \boldsymbol{p}_x \parallel}$$

$$\frac{\partial S}{\partial p_{e_x}} = -\frac{I_{sp} g_0 (d_1 s_l + 2 d_2 c_\lambda)}{p_0 mv \parallel \boldsymbol{A}^T \boldsymbol{p}_x \parallel}$$

$$\frac{\partial S}{\partial p_{e_y}} = -\frac{I_{sp} g_0 (-d_1 c_l + 2 d_2 s_l)}{p_0 mv \parallel \boldsymbol{A}^T \boldsymbol{p}_x \parallel}$$

（G-2）

$$\frac{\partial S}{\partial p_{i_x}} = -\frac{d_3 c_l I_{sp} g_0}{p_0 mv \parallel \boldsymbol{A}^T \boldsymbol{p}_x \parallel}$$

$$\frac{\partial S}{\partial p_{i_y}} = -\frac{d_3 s_l I_{sp} g_0}{p_0 mv \parallel \boldsymbol{A}^T \boldsymbol{p}_x \parallel}$$

$$\frac{\partial S}{\partial p_m} = -\frac{1}{p_0}$$

索　引

A~Z, Δ

ConeXpress 项目轨道延寿飞行器系统　15

Cowell 法　66

DEOS 捕获　262、263

　　机构（图）　262、263

　　过程　263

e. Deorbit 项目中的鱼叉结构（图）　267

Encke 法　66

ESA　8

Gauss 法　70、71

Hamiltonian 函数时间历程（图）　190

J_{22} 摄动导致的半长轴改变与转移时间关系（图）　205

J_{22} 摄动导致的经度改变与转移时间关系（图）　206

J_{22} 项摄动对半长轴改变量的影响　226

Jacobian 矩阵　172、201、289、294

Jacobian 矩阵 J_f　294

Jacobian 矩阵 J_t　289

Kepler 轨道　35、36、44

　　3 个常数　36

　　方程　35

Kepler 运动微分方程　35

Lagrange 法　70

Lambert 转移策略　21

Liu 半解析理论　286

MDA 空间基础设施服务系统　16

RemoveDEBRIS 飞网实验（图）　266

　　过程（图）　266

R 轴逼近走廊　256

R 轴撤离（图）　271

ViviSat 延寿飞行器系统　15

V 轴撤离（图）　271

V 轴逼近和 R 轴逼近的不同捕获策略（图）　256

V 轴停泊点（图）　253

XXS-10、XSS-11 微小卫星　10

Δv_2 与固定时间轨道转移的中点经度关系（图）　229

A~B

阿波罗号飞船　6

　　与联盟号飞船交会对接（图）　6

索 引

阿波罗计划 5、6

凹面椎体中的回弹轨迹（图） 264

半长轴改变量与固定时间轨道转移的中点经度
关系（图） 227

半长轴和经度 176、193

  变化 193

  协态初值 176

半长轴偏差时间历程（图） 158、161

半长轴时间历程（图） 187

半长轴协态初值与定点经度改变量关系（图）
185

半长轴协态时间历程（图） 189

半径相同的非共面圆轨道之间机动 106、114

包括 J_{22} 和不包括 J_{22} 修正转移时间为 100 天的
需要的半长轴改变量（表） 238

包括和不包括月球引力长周期项的轨道倾角
时间历程（图） 236

包括田谐项 J_{22} 修正和不包括田谐项 J_{22} 修正
的地理经度的时间历程（图） 237

被动航天器 1

本书主要内容 27

逼近到接触 58

逼近过程中追踪航天器的轨道约束 3

逼近目标和终端条件 257

避免奇异性的轨道摄动方程 76

捕获 58、258~261

  方法分类（图） 261

  瞬时对接轴（图） 258

  问题讨论 260

不包括 J_{22} 项摄动的轨道正向最优在轨服务
（表） 239

不考虑 J_{22} 项摄动的二脉冲机动策略 221

不考虑 J_{22} 修正转移时间为 100 天的不同转移
区间的终端经度误差（表） 222

不同半径的非共面圆轨道之间转移 112

不同飞行时间的静止轨道相位调整终端误差
（表） 214

不同摄动组合的小推力燃料消耗与转移时间
关系（图） 210

不同同伦参数的推力幅值比时间历程（图）
208

不同坐标系下航天器质心运动的动力学方程
34

C

采用横向控制的偏心率矢量终值（图） 184

参考文献 273

测控要求 247

长轨道转移时间时的简化解 142

长时间轨道平面内转移 219

撤离 58、270

  限制和问题 270

撤离段 270

  目标和终端条件 270

赤道平面与黄赤交角（图） 93

初始轨道参数要求 247

初始协态猜测 202

船载系统 4

从调相轨道向交会轨道转移（图） 252

D

大气摄动加速度 84

大气阻力摄动 84

单机械臂捕获 262

单脉冲机动 106

导航和控制要求 258

导航偏差 59、60

    引起的轨道偏差 60

地理经度时间历程（图） 237

地球扁率影响下可变小推力非共面椭圆最优轨道 143

地球非球形摄动主项在惯性坐标系的分量 284

地球非球形引力摄动 77

地球三轴性 193、219

    导致的半长轴和经度变化 193

    作用下经度和半长轴变化 219

地球引力摄动分量（图） 78

地心赤道惯性坐标系 31

地心赤道惯性坐标系 $Ox_iy_iz_i$（图） 31

地心赤道旋转坐标系 33

地心拱点线坐标系 S_p 和地心轨道坐标系 S_o 的关系（图） 33

地心拱线坐标系 32

地心惯性系建模 117

地心轨道坐标系 33

地心黄道坐标系与地心赤道坐标系的关系（图） 32

第一个转移区间半长轴偏差时间历程（图） 242

第一个转移区间经度时间历程（图） 242

第一轨道和第二轨道坐标系（图） 45

第一组轨道摄动方程 71

第二组轨道摄动方程 74

第三组轨道摄动方程 75

典型连续推力机动轨道 124

电推进 23

    静止轨道时间/燃料最优定点位置调整 23

迭代田谐项修正和近似解析田谐项修正（图） 196

定点位置调整 14

动力学方程 34

对接轨道 248

对接和停靠（图） 264

对接或停靠段 259

对系统和操作影响 4

多脉冲综合变轨 165、166

    瞄准点偏差方程 165

    数值求解 166

多目标交会优化 26、238

    方法 26

多圈 Lambert 算法 21

E ~ F

俄罗斯联盟/进步飞船的远距离导引变轨策略（图） 20

二脉冲机动策略 221、222

发射窗口 245

发射段 245

发射末段航天器状态 246

发射作业适应度 245

非共面圆轨道之间转移 112

非合作目标分类（表） 261

非奇异轨道要素 218

飞船与飞船交会对接 7

飞网捕获 265、266

    技术瓶颈 266

飞行时间 175、184
  与定点经度改变量关系（图） 184
服务卫星的初始轨道要素（表） 240
服务卫星与目标卫星的定点经度（表） 236
附录 284

G

杆—锥型结构 6
刚性连接捕获 264
各个转移过程中用于交会的速度增量（表） 241
拱线相同的椭圆轨道之间的转移（图） 111
共面椭圆轨道转移 110
共面有交点的圆轨道、椭圆轨道之间的机动 107
故障公差 57、58
  和轨道设计要求 57
  要求 58
轨道安全 57、58
  设计原则 58
  与轨道偏离 57
轨道半通径和偏心率的摄动 79
轨道保持 103
轨道法向脉冲 229
轨道法向相对运动的时间历程（图） 159、163
轨道方程 38
轨道改变 103
轨道机动 103、105、131、247
  概念 103
  条件 247
轨道机动分类 103、104

按照机动目的划分 103
按照机动前后轨道是否共面划分 104
按照主动力持续时间长短划分 104
轨道接近 104
轨道近地点幅角的摄动 83
轨道进动的解释（图） 81
轨道模型要求 247
轨道偏差成因 59
轨道偏离与摄动 57
轨道平面 91、106、250
  改变（图） 106
  摄动 91
  修正机动 250
轨道平面内二脉冲和三脉冲转移策略（图） 228
轨道平面内交会三脉冲机动策略 227
轨道倾角 93、160、163、229、236
  偏差时间历程（图） 160、163
  漂移微分方程 229
  摄动 93
  时间历程（图） 236
轨道倾角改变量 230、231、234
  与转移时间关系 234
轨道倾角和升交点赤经的摄动 80
轨道摄动 65、66
  Cowell 法和 Encke 法 66
  概念 65
轨道修正 103
轨道要素 44、47、69、122、123
  变动法 69
  变化率达最大的俯仰控制角 α 和偏航控制角 β（表） 122

变化率达最大的真近点角 θ（表） 123

　　　变换（图） 47

　　　定义 44

轨道因素和弹性时间因素 253、255

轨道运动状态量的变换 45

轨道正向最优在轨服务（表） 239

轨道周期 43

轨道转移 103、208、236

　　　推力方向单位矢量三轴分量时间历程（图） 208

国际空间站 9

国外交会对接技术发展和现状 5

H

航天飞机 5、7

航天器伴随运动性质 53

航天器初始平均轨道要素（表） 156

航天器定点位置调整方法 22

航天器轨道 29、103、、131

　　　机动最优控制数学模型 131

　　　运动方程 29

　　　转移交会 103

航天器交会对接 1、17

　　　任务 17

航天器交会轨道转移 168、214

　　　多目标优化 214

　　　优化问题 168

航天器交会最优轨道转移 168

航天器近距离相对运动 49、55

　　　方程推广 55

航天器纬度幅角偏差与半长轴偏差的关系（图） 148

航天器系统产生的轨道偏差 60

航天器相对运动 49、49（图）

　　　方程 49

航天器远程自主交会 5、17、144、244

　　　方法现状及趋势 17

　　　任务分析与设计 244

　　　任务历史发展 5

　　　调相策略 144

航天器运动方程 29

航天器质心运动方程 29、34

　　　动力学方程 34

航天员手动对接 11

恒定小推力控制约束 136

恢复 14

霍曼转移 108、108（图）

J

基于 J_{22} 修正的轨道转移 236

基于轨道预报的特殊点变轨基本模型 145

基于协态齐次化的初始协态猜测 202

基准轨道与实际轨道（图） 67

积分求解 141

极坐标示意（图） 116

极坐标系建模 115

简化假设 139

间接法 24

交会逼近过程不同阶段 244

交会对接 1、3、248

　　　飞行过程 1

　　　轨道设计 248

　　　过程 1

　　　基本概念 1

条件　3

　　约束　3

交会对接飞行阶段划分　1~3

　　撤离段　3

　　对接或停靠段　2

　　发射段　2

　　返回准备段和返回段　3

　　近距离导引段　2

　　远距离导引段　2

　　组合体运行段　2

交会对接工程总体方案论证组　10

交会对接技术　5、7、10、13

　　发展　5、10

　　现状　5

交会对接任务追踪航天器入轨轨道设计　248

交会对接追踪航天器/目标航天器对接轨道设计　248

交会时的相对导航　252

交会时间要求　247

交会调相任务主要约束　155

接近段轨道选择因素　255

接近段与平移靠拢段　254

接近要达到的目标和终点条件　254

节气与太阳黄经的关系（表）　30

解析协态初值估计　179

近地点幅角改变（图）　107

近地点幅角偏差时间历程（图）　158、162

近地点轨道机动　249

近距离导引段　250

近距离交会接近段　17

近圆 Kepler 轨道与基准圆轨道偏差方程和解析解　164

进动轨迹在赤道面投影（图）　98

经度时间历程（图）　187

经度协态初值与定点经度改变量关系（图）　185

经度协态时间历程（图）　189

静止轨道　169、192、213~216

　　多目标交会任务（图）　216

　　模型　169、192

　　调相模型有效性验证　213

　　相位调整终端误差（表）　214

K

考虑 GEO 主摄动的静止轨道模型　192

考虑 GEO 主摄动的小推力燃料最优轨道调相　191

考虑 J_{22} 项摄动的二脉冲机动策略　222

考虑地球三轴性、日月引力和太阳光压的定点位置调整初末边界条件（表）　207

考虑较大面质比的三脉冲转移策略（图）　211

考虑静止轨道卫星主摄动的交会精度　240

考虑静止轨道主摄动的静止轨道调相模型有效性验证　213

考虑田谐项修正的长时间轨道平面内转移　219

考虑主摄动的每个转移过程的交会误差（表）　241

可变小推力控制约束　136

空间飞行器在径向、横向和副法向常加速度作用下轨道要素的平均变化率（表）　119

空间交会对接　1、244、247

　　技术　1、244

追踪航天器远距离导引的一般技术要求
和约束条件 247

空间绳系机器人 265

  概念（图） 265

  工作原理（图） 265

控制偏差 60

快速转移 109、110（图）

L

联盟/进步飞船的远距离导引变轨策略（图）
20

联盟号飞船 6、7

连续（有限）推力作用下的轨道机动 115

连续横向推力机动轨道 128

连续径向推力机动轨道 124

连续力轨道机动的动力学模型 115

连续切向推力机动轨道 129

连续式机动 104

连续推力机动轨道 124

连续推力与脉冲机动的燃料消耗对比 210

两级预设参数（表） 154

M

脉冲式机动 104

脉冲推力模型 105

脉冲推力作用下的轨道机动 105

美国航天飞机的远距离导引策略（图） 19

密切轨道和密切轨道要素 69

密切椭圆轨道（图） 69

目标航天器 1

目标或终极条件 260

N~P

牛顿中心场中可变小推力非共面椭圆最优轨
道控制 138

欧洲航天局 8、10

偏近点角 E 与真近点角 θ 的关系（图） 42

偏微分 $\partial S/\partial y$ 299

偏心率偏差的时间历程（图） 158、162

偏心率摄动圆（图） 100

偏心率矢量变化示意（图） 102

偏心率矢量时间历程（图） 187

偏心率矢量协态初值与定点经度改变量关系
（图） 186

偏心率与曲线类型的关系（表） 38

平均掉方程 178

平移靠拢段 254

Q~R

球面三角形（图） 101

球面三角形 CB_1B_2（图） 106

燃料消耗对比 210

燃料最优静止不同同伦参数的推力幅值比时
间历程（图） 208

燃料最优静止轨道调相 207

燃料最优开关函数 S 的一阶时间微分和二阶
时间微分 292

燃料最优问题 198

  建模 198

绕飞和 R 轴捕获 255

任务描述 216

任务延寿飞行器与用户卫星对接在一起
（图） 16

任意初值和改良初值的最优轨道正向服务
　　（表）　238
日本工程试验技术-7卫星　9
日本交会对接技术　9
日心黄道坐标系　29
日心黄道坐标系 $O_g x_g y_g z_g$（图）　30
日、月相对于地球的距离表示法（图）　88
日月第三体引力导致的轨道倾角矢量改变量
　　196、206
　　与转移时间关系（图）　206
日月第三体引力摄动　87
日月引力导致的轨道倾角漂移的微分方程
　　229

S

三脉冲非共面轨道转移（图）　114
三脉冲机动　113
三脉冲转移策略（图）　211
摄动力分量法　71
摄动运动方程　118
摄动造成因素　65
神舟八号与天宫一号交会对接过程（图）
　　11
神舟号　11
升交点赤经偏差的时间历程（图）　159、163
绳系抓捕装置　264
时间-状态关系　217
时间固定燃料优化问题的求解框图（图）
　　204
时间弹性因素（图）　253
时间自由轨道　137
　　交会　137

转移　137
时间最优静止轨道调相　186
时间最优调相卫星以及推力器参数（表）
　　179
时间最优问题　170
时间最优问题建模　169
使用迭代法和近似解析法的 J_{22} 修正的终端经
　　度误差（表）　196
使用解析协态初值估计方法的偏心率矢量协
　　态初值平均重置次数（图）　181
使用解析协态初值估计方法的平均迭代次数
　　（图）　182
使用解析协态初值估计方法的平均运行时间
　　（图）　183
使用随机协态初值的平均迭代次数（图）
　　182
使用随机协态初值的平均运行时间（图）
　　183
使用随机协态初值的协态初值平均重置次数
　　（图）　181
双脉冲机动　108
双椭圆转移　113、113（图）
速度分量（图）　40

T

太阳光压导致的偏心率矢量改变量　197、
　　207
　　与转移时间关系（图）　207
太阳光压摄动　98
太阳光压引起轨道变化的趋向（图）　99
太阳同步轨道　81、82
　　倾角（图）　82

太阳引力导致的轨道倾角改变量 230

弹性时间因素 253、255

特定轨迹优化问题 25

特殊点变轨 18、144、145

  策略 18、144、145

  基本模型 145

  原理基本原则 145

天宫号 11

天空实验室 5

通信链路约束 4

通用支持技术演示卫星-3 10

推进偏差引起的轨道偏差 61

推进器-打开故障 64

推进器-关闭故障 64

推进器故障 60、64

  导致的轨道偏差 64

  造成的偏差 60

推进矢量偏差 60

推力方向单位矢量法向分量与赤经的关系（图） 209

推力方向单位矢量三轴分量时间历程（图） 208

推力幅值比时间历程（图） 208

推器和卫星参数（表） 207

椭圆轨道（图） 39、112

  之间转移的一般情况（图） 112

W

微分方程 145

微小推力作用下的轨道机动 131

卫星、地球和日、月之间的几何关系（图） 90

卫星修复任务 5

问题建模 216

我国交会对接技术发展 10

无奇点轨道要素 192

无人环月轨道自主交会对接 12

无人货运飞船任务 19

无田谐项修正的地理经度时间历程（图） 196

X

现代小卫星 9

相对导航 252

相对运动方程 50

相对运动方程的解 52

相对运动轨迹（图） 54

相位角定义（图） 251

小推力燃料消耗与转移时间关系（图） 210

小推力燃料最优轨道调相 191

小推力转移的质量消耗与脉冲机动的速度增量的比值（图） 213

协态初值估计 174

需要的半长轴改变量（表） 238

需要机动形成自然调相轨道 156

需要重置偏心率矢量协态初值才能收敛算例（表） 180

绪论 1

寻的段 251

Y

沿 Kepler 轨道运动的时间历程 41

一次故障 58

引力摄动加速度 77

索 引

永久载人空间站 7
用于修正轨道倾角的轨道法向脉冲 229
优化方法 218
优化控制问题转换为初值问题和打靶函数的
　　流程（图） 24
优化模型 138
有效载荷的要求和约束 4
鱼叉捕获 267
鱼叉穿透实验（图） 268
鱼叉装置概念设计（图） 267
与目标航天器的通信联系 253
与太阳光照条件和工作周期同步约束 4
预设参数确定 154
圆轨道演变 85
圆化轨道机动 250
远程调相各子飞行阶段的变轨操作 150
远地点高度机动修正 249
远距离导引策略（图） 18、19（图）
　　变轨策略 18
远距离导引段 5、246、249
　　交会轨道机动设计 249
　　终点状态设计 249
远距离导引轨道机动设计 249
远距离导引交会轨道机动目的 249
远距离导引设计约束条件 247
远距离导引终端条件要求 247
月轨道倾角漂移的幅值和方向与 Ω_M 和 u_s
　　（图） 235
月球轨道交会对接飞行阶段划分示意（图）
　　 12
月球轨道球面三角形（图） 232
月球引力导致的轨道倾角改变量 231

运动学方程 34

Z

载人航天 5
在惯性空间观察的 Kepler 轨道 44
在轨道平面内考察 Kepler 轨道 35
在轨道坐标系中的相对运动方程 50
在轨服务 13～17
　　技术 14
　　任务 15、17
　　自主交会应用 13
在轨监测 14
在轨试验 12
增强 14
正向和负向定点位置变化的轨道参数（表）
　　 180
质量协态初值 178、185
　　与定点经度改变量关系（图） 185
质量协态时间历程（图） 189
中国载人航天程办公室 10
终端边界与转移时间的关系 205
终端经度误差（表） 222
主动航天器 1
转移时间整数倍轨道周期 288
转移卫星初始轨道要素（表） 213
追踪航天器 1、3、157～161
　　发射和调相约束 3
　　轨道机动速度增量时间历程 157
　　（图）、160、160（图）
　　接近目标航天器过程中沿横向和径向的
　　运动轨迹（图） 157
　　接近目标航天器沿横向和径向的运动轨

迹（图） 161
　　入轨轨道设计 248
　　推进羽流对目标航天器影响 259
自动交会对接 7
自动转移航天器 9
自然调相轨道到调整轨道的变轨过程（图）
　　152
自由号空间站 7、8
自主交会轨迹优化 23
自主快速交会对接技术攻关团队 11
自主调相过程描述 147
综合变轨策略 19、164
　　方法 164
总速度增量随服务卫星的初始经度变化
　　（图） 240
组合体航天器 268

组合体运行段 268
组合修正机动 250
组装 14
最后逼近段 257、258
　　其他约束 258
最后逼近轨迹 257
最优轨道正向服务（表） 238
最优控制变量约束条件 136
最优控制时间历程（图） 188
最优控制性能指标 137
最优控制终端条件 137
最优控制状态方程 132
最优小推力转移和脉冲机动的燃料消耗
　　（图） 212
坐标系与变量定义 29

（王彦祥、张若舒 编制）